高职高专计算机系列

计算机组装与维护教程

Assembly and Maintenance of Computer

李焱 战忠丽 贾如春 ◎ 主编
曹文梁 王强 ◎ 副主编
张洪斌 ◎ 主审

人民邮电出版社
北京

图书在版编目（CIP）数据

计算机组装与维护教程 / 李焱，战忠丽，贾如春主编. -- 北京 : 人民邮电出版社，2014.2(2020.3重印)
工业和信息化人才培养规划教材. 高职高专计算机系列
ISBN 978-7-115-34080-1

Ⅰ. ①计… Ⅱ. ①李… ②战… ③贾… Ⅲ. ①微型计算机－组装－高等职业教育－教材②微型计算机－计算机维护－高等职业教育－教材 Ⅳ. ①TP36

中国版本图书馆CIP数据核字(2013)第317377号

内 容 提 要

本书从计算机的硬件结构入手，详细讲解最新计算机的各个组成部件及常用外部设备的分类、结构、主要参数，硬件的选购和组装，BIOS 参数设置，Windows 7 的安装和设置，设备驱动程序的安装和设置，计算机的日常维护及常见故障的判断和排除。本书注意突出流行的产品部件及实物照片，在图片中大量使用标注，以方便识别。注意以培养职业能力为核心，以工作实践为主，结合产品性能，为销售服务，在组装上突出行业规范，在维护上结合硬件工程师的认证相关内容，总体面向计算机硬件维护工程师岗位设置课程内容。

本书可作为高等职业院校计算机及相关专业的教材、计算机硬件学习班的培训资料及广大计算机用户的参考书。

◆ 主　　编　李　焱　战忠丽　贾如春
副 主 编　曹文梁　王　强
主　　审　张洪斌
责任编辑　王　威
责任印制　杨林杰

◆ 人民邮电出版社出版发行　　北京市丰台区成寿寺路 11 号
邮编　100164　　电子邮件　315@ptpress.com.cn
网址　http://www.ptpress.com.cn
固安县铭成印刷有限公司印刷

◆ 开本：787×1092　1/16
印张：15　　2014 年 2 月第 1 版
字数：371 千字　　2020 年 3 月河北第 9 次印刷

定价：35.00 元

读者服务热线：(010)81055256　印装质量热线：(010)81055316
反盗版热线：(010)81055315

前 言 PREFACE

随着时代的进步，计算机早已深入人们的学习、生活和工作等各个领域，但是很多人并不清楚计算机究竟是由什么样的硬件设备组成的，以及它们是如何工作的。在日常生活工作中该怎么使用计算机正是本书要解决的问题。

本书紧扣最新的技术，全面介绍了计算机各主要部件的特性、选购、组装与维护等基本知识。注意从计算机的硬件结构入手，详细讲解最新计算机的各个组成部件及常用外部设备的分类、结构、主要参数，硬件的选购和组装，BIOS 参数设置，Windows 7 的安装和设置，设备驱动程序的安装和日常维护及常见故障的判断和排除。并结合应用，将实训内容贯穿在基础知识中，读者可以根据实训指导中介绍的方法和步骤进行实践。

本书具有以下特点。

1. 内容新、技术新。本书注意突出最新主流的产品部件理论及实践知识，在图片中大量使用标注，以方便识别。

2. 注重职业能力的培养。本书注意立足工作实践，结合产品性能，为销售服务，组装上突出行业规范，维护上结合硬件工程师的认证相关内容，总体上面向计算机硬件维护工程师岗位设置课程内容。

3. 资源丰富。书中原理性强的知识配有动画演示，操作方面有专业技术人员视频展示，还有全面包含本书知识点的多媒体学习资源。本课程的精品课程网址为 http://222.184.16.210/zzwh/。

本书编写人员大都是经验丰富的工程师，所以将行业规范以及工作经验有机地融入到教材中，保证了教材的质量。

本书由李焱、战忠丽、贾如春任主编，曹文梁、王强任副主编，张洪斌任主审。具体的编写分工为李焱编写第 1 章、第 2 章、第 3 章、第 4 章、第 5 章，战忠丽编写了第 6 章、第 16 章，刘夏编写了第 7 章，王强编写了第 8 章，谢峰编写了第 9 章、第 10 章、第 11 章、第 12 章和第 13 章，曹文梁编写了第 14 章，贾如春编写了第 15 章。本书还得到了联想高级工程师徐强老师的大力支持，在此一并表示感谢。

由于编者水平有限，书中疏漏和不足之处在所难免，恳请广大读者批评指正。

编 者

2013 年 10 月

目 录 CONTENTS

第 1 章 概述 1

第 2 章 中央处理器 15

第 3 章 主板 32

第 8 章　显示器　100

第 9 章　其他设备　111

第 10 章　计算机硬件的组装　127

第 11 章　BIOS 设置　136

第 12 章 硬盘的分区与格式化 145

第 13 章 安装系统与应用软件 160

第 14 章 笔记本电脑 171

第 15 章 计算机的日常维护 197

第 16 章　计算机故障及维修　207

参考文献　231

PART 1

第 1 章 概述

计算机（Computer）俗称电脑，是一种用于高速计算的电子计算机器，可以进行数值计算，又可以进行逻辑计算，还具有存储记忆功能，能够按照程序运行，自动、高速处理海量数据的现代化智能电子设备。由于其具备人脑的某些功能，所以也称其为“电脑”。计算机包括大型机、中型机、小型机以及微型计算机等。其中微型计算机简称微机又称“微电脑”。微机是由大规模集成电路组成的、体积较小的电子计算机。一般公司办公和家用的电脑都是微机。PC 机（Personal Computer）则是指个人电脑。

1.1 计算机概述

计算机产生的动力是人们想发明一种能进行科学计算的机器，因此称之为计算机。计算机的发明事实上是对人脑智力的继承和延伸。而计算机的应用日益深入社会的各个领域中，如管理和办公自动化等。现代电子计算机技术的飞速发展，以致于没有一项技术的发展速度可与计算机相比拟。正是计算机技术构筑了今天的“信息大厦”。我们以现代计算机的发展为主线，介绍计算机发展历史。

1.1.1 计算机的发展历史

标志现代计算机诞生的 ENIAC（The Electronic Numerical Integrator And Computer）由美国于 1946 年 2 月公诸于世。

计算机经过 60 多年的发展，以计算机硬件的元器件的发展为主要标志。

第一代电子管计算机（1946-1957 年），其特征是使用真空电子管和磁鼓储存数据。它使用机器语言和汇编语言，主要应用于国防和科学计算，运算速度为每秒几千次至几万次。

第二代晶体管计算机（1957-1964 年），用晶体管代替电子管，软件上出现了操作系统和算法语言，例如 COBOL 和 FORTRAN 等语言，使计算机编程更容易。新的职业（程序员、分析员和计算机系统专家）和整个软件产业由此诞生，运算速度为每秒几万次至几十万次。

第三代集成电路计算机（1964-1972 年），将 3 种电子元器件结合到一片小小的硅片上。更多的元件集成到单一的半导体芯片上，体积缩小，功耗更低，运算速度为每秒几十万次至几百万次。这一时期的发展还包括使用了操作系统，使得计算机在中心程序的控制协调下可以同时运行许多不同的程序。

第四代大规模集成电路计算机（1972-今），大规模集成电路（LSI，Large Scale Integration）可以在一个芯片上容纳几百个元器件。到了 20 世纪 80 年代，超大规模集成电路（VLSI）在芯片上容纳了几十万个元器件，后来的甚超大规模集成电路（ULSI）将数字扩充到百万级。运算速度达到每秒几百万次至上万亿次。

1981 年，IBM 推出个人计算机 PC（Personal Computer）用于家庭、办公室和学校。个人计算机不需要共享其他计算机的处理、磁盘和打印机等资源，能独立运行并完成特定功能。随着 IBM PC 的问世，微型计算机产业的标准被建立起来。IBM 把 PC 的语言和操作系统的设计合同交给了当时的一个叫 Microsoft 的小公司。这一决定成就了 Microsoft 公司，如今 Microsoft 公司已成为 PC 软件业的霸主。

1.1.2 计算机的分类

计算机按照其用途分为通用计算机和专用计算机。按照所处理的数据类型可分为模拟计算机、数字计算机和混合型计算机等。

按照 1989 年由 IEEE 科学巨型机委员会提出的运算速度分类法，可分为巨型机、大型机、小型机、工作站和微型计算机。

巨型机有极高的运算速度、极大的储存容量。用于国防尖端技术、空间技术、大范围长期性天气预报和石油勘探等方面。目前这类机器的运算速度可达每秒万亿次。大型通用机这类计算机具有极强的综合处理能力和极大的性能覆盖面。在一台大型机中可以使用几十台计算机或计算机芯片，用以完成特定的操作。可同时支持上万个用户，可支持几十个大型数据库。主要应用在政府部门、银行、大公司、大企业等。小型机的机器规模小、结构简单、设计试制周期短，便于及时采用先进工艺技术，软件开发成本低，易于操作维护。它们已广泛应用于工业自动控制、大型分析仪器、测量设备、企业管理、大学和科研机构等，也可以作为大型与巨型计算机系统的辅助计算机。

个人计算机主要有台式机、一体机、笔记本电脑、掌上电脑 PDA（Personal Digital Assistant）、平板电脑、嵌入式计算机。

台式机（Desktop）也叫桌面机，是一种独立相分离的计算机，完全与其他部件没有联系，相对于笔记本和上网本体积较大，其主要部件如主机、显示器等设备一般都是相对独立的，一般需要放置在电脑桌或专门的工作台上，因此命名为台式机。图 1-1 所示为台式机，是现在非常流行的微型计算机，多数人家里和公司用的机器都是台式机。

电脑一体机，是由一台显示器、一个电脑键盘和一个鼠标组成的电脑，如图 1-2 所示。它的芯片、主板与显示器集成在一起，显示器就是一台电脑，因此只要将键盘和鼠标连接到显示器上，机器就能使用了。随着无线技术的发展，电脑一体机的键盘、鼠标与显示器可实现无线连接，机器只有一根电源线。这就解决了台式机线缆多而杂的问题。有的电脑一体机还具有电视接收、AV 的功能。

图 1-1 台式机

图 1-2 一体机

笔记本电脑 （Notebook 或 Laptop），也称手提电脑或膝上型电脑，是一种小型、可携带的个人电脑，通常重 1～3 公斤。它和台式机架构类似，但是其较小的体积和较轻的重量提供了台式机无法比拟的绝佳便携性，图 1-3 所示为笔记本电脑。

掌上电脑（Personal Digital Assistant，PDA），一般不配备键盘。PDA 是一种运行在嵌入式操作系统和内嵌式应用软件之上的、小巧、轻便、易带、实用且价廉的手持式计算设备。图 1-4 所示为掌上电脑，它无论在体积、功能还是在硬件配备方面都比笔记本电脑简单轻便，但在功能、容量、扩展性、处理速度、操作系统和显示性能方面又远远优于电子记事簿。掌上电脑除了用来管理个人信息（如通讯录，计划等）、上网浏览页面、收发 E-mail、甚至当作手机来用以外，还具有录音机功能、英汉汉英词典功能、全球时钟对照功能、提醒功能、休闲娱乐功能和传真管理功能等。

平板电脑是一款无须翻盖、没有键盘、大小不等、形状各异却功能完善的电脑。其构成组件与笔记本电脑基本相同，但它以触摸屏作为基本的输入设备，允许用户通过触控笔或数字笔来进行作业而不是通过传统的键盘或鼠标。并且打破了笔记本电脑键盘与屏幕垂直的 L 型设计模式。

图 1-3　笔记本

图 1-4　掌上电脑

嵌入式计算机是计算机市场中增长最快的领域。它的种类繁多，形态也多种多样，如掌上电脑、计算器、电视机顶盒、手机、数字电视、多媒体播放器、汽车、微波炉、数字相机、家庭自动化系统、电梯、空调、安全系统、自动售货机、蜂窝式电话、消费电子设备、工业自动化仪表与医疗仪器等。嵌入式系统（Embedded Systems）是一种以应用为中心、以微处理器为基础，软硬件可裁剪的，适用于应用系统对功能、可靠性、成本、体积和功耗等综合性要求严格的专用计算机系统。它一般由嵌入式微处理器、外围硬件设备、嵌入式操作系统以及用户的应用程序等四部分组成。嵌入式系统几乎包括了生活中的所有电器设备。

总的来说，微型机技术发展速度迅猛，平均每 2～3 个月就有新产品出现，1～2 年产品就更新换代一次。平均每两年芯片的集成度可提高一倍，性能提高一倍，价格降低一半。

1.2　计算机的组成

目前计算机的组成和工作原理基本上采用的都是冯·诺依曼于 1946 年提出的存储程序和程序控制的设计思想。

1.2.1 计算机的组成原理

1．冯·诺依曼存储程序的基本思想

（1）计算机内部以二进制形式表示指令和数据。

数据和指令在代码的外形上并无区别，都是由 0 和 1 组成的代码序列，只是各自约定的含义不同而已。采用二进制，使信息的数字化容易实现，可以用二值逻辑工具进行处理。

（2）采用存储程序方式。

存储程序方式是冯·诺依曼思想的核心内容，人们事先编制程序，然后将程序（包括指令和数据）存入主存储器中，计算机在运行程序时就能自动地、连续地从存储器中依次取出指令且执行，这是计算机能高速自动运行的基础。计算机的工作体现为执行程序，计算机功能的扩展体现为所存储程序的扩展。

（3）基本组成。

运算器、存储器、控制器、输入设备和输出设备等组成计算机的系统，并规定了各部分的功能。其逻辑组成如图 1-5 所示。

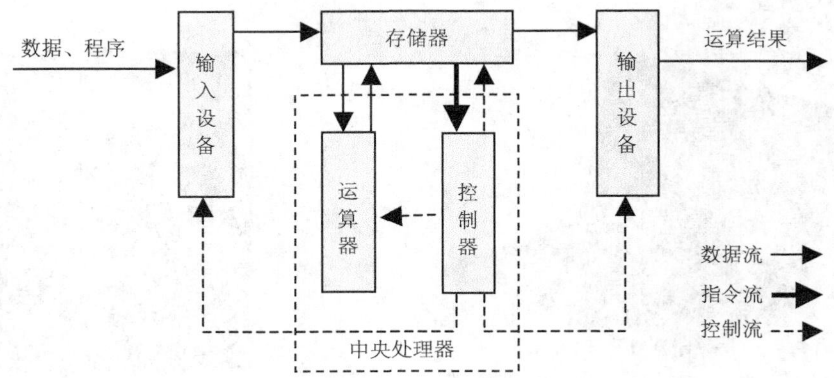

图 1-5　计算机硬件系统逻辑结构示意图

2．五大部件功能

（1）运算器。

运算器是进行算术运算和逻辑运算的部件。其任务是对二进制信息进行加工处理。

（2）存储器。

存储器是用来存放程序和数据的部件，具有“记忆”功能。它的基本功能是按照指定的位置“存入”或“取出”信息。

（3）控制器。

控制器是统一指挥和控制计算机各部件进行工作的中央机构，控制和协调整机各功能部件工作。它根据人们预先确定的操作步骤，产生各种控制信号，然后向其他部件发出相应的操作命令和控制信号，控制各部分有条不紊地工作。

（4）输入设备。

输入设备是将程序和原始数据送到计算机的存储器中。其功能是将外界的信息转换成机器能够识别的电信号，并将这些电信号存入计算机的存储器中。

（5）输出设备。

输出设备是将计算机工作结果输出。其功能是将机器中用二进制描述的结果转换成人类认识的符号进行输出。

3．计算机的工作过程

计算机的工作过程从本质上说就是取出指令、执行指令的过程。具体工作过程由以下 5 个步骤组成。

① 输入信息（程序和数据）在控制器的控制下由输入设备输入到存储器。

② 控制器从存储器中取出程序的一条指令。

③ 控制器分析该指令，并控制运算器和存储器一起执行该指令规定的操作。

④ 运算结果在控制器的控制下，送存储器保存（供下一次处理）或送输出设备输出，第一条指令执行完毕。

⑤ 返回第②步，继续取下一条指令，分析并执行，如此反复，直至程序结束。

1.2.2　计算机的系统组成

计算机是一个有机的整体，一个完整的计算机系统是由硬件系统和软件系统两大部分组成的。

硬件（Hardware）即硬设备，是指计算机中的各种看得见、摸得着的实实在在的物理设备的总称，是计算机系统的物质基础。而软件（Software）是无形的，就如同人的知识和思想，它是计算机的灵魂，是在硬件系统上运行的各类程序、数据及有关文档的总称。

软件和硬件是相辅相成、缺一不可的。没有配备软件的计算机叫“裸机”，不能供用户直接使用。而没有硬件对软件的物质支持，软件的功能就无法发挥。只有软件与硬件相结合才能充分发挥计算机的功能。

计算机系统组成如图 1-6 所示。

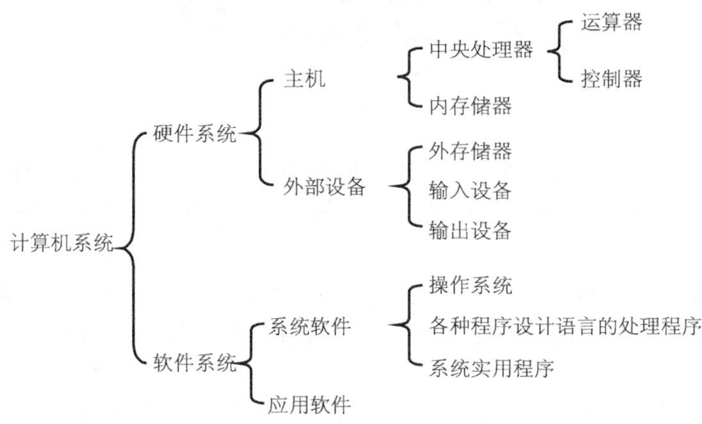

图 1-6　计算机系统组成

微型计算机是由多个实际的部件组成的，这些部件经过多年的不断发展，有的被合并了，有的功能更强大、更丰富了。例如以前在微型计算机中，要连接硬盘、软驱等设备，要专门有一个 I/O 卡（也叫多功能卡），而现在它们都集成在了主板上；又如，在现在的主板上，一片南桥芯片，就实现了 I/O 控制、中断控制等过去需要五六个芯片才能完成的功能。功能的集成和丰富，大大提高了微型计算机的性能价格比，从而使其更加普及。

如图 1-7 所示，从外部看，典型的计算机系统，由主机、显示器、键盘和鼠标等部分组成。

图 1-7　典型的计算机系统

1．主机

主机指计算机除去输入输出设备以外的主要机体部分。通常包括主板、CPU、内存、硬盘、光驱、电源以及其他各种功能扩展卡（如显卡）等，它们都安装在主机箱内。其中 CPU 在风扇下面，无法直接显示，其他内部主要部件如图 1-8 所示。

图 1-8　主机内部结构

2．显示器

显示器（Display）通常也被称为监视器。显示器是属于电脑的 I/O 设备，即输入输出设备。它是一种将一定的电子文件通过特定的传输设备显示到屏幕上再反射到人眼的显示工具。

3．键盘

键盘是最常见的计算机输入设备，它广泛应用于微型计算机和各种终端设备上。利用键盘和显示器与计算机对话，用户通过键盘向计算机输入各种指令、数据，指挥计算机的工作。

4．鼠标

鼠标是计算机显示系统纵横坐标定位的指示器，因形似老鼠而得名。鼠标可以代替键盘的繁琐指令，使用户对计算机地操作更加简便。

表 1-1 对组成一台现代基本的微型计算机所需的部件分别进行了说明。

表 1-1　　组成微型计算机的基本部件

部　件	说　　明
处理器	处理器通常被认为是系统的“发动机”，也称为 CPU（中央处理单元）
主板	主板是系统的核心。安装了组成计算机的主要电路系统，其他各个部件都与它连接，它控制系统中的一切操作

续表

部　件	说　　明
内存	系统内存通常称为 RAM（随机存取存储器）。这是系统的主存，保存在任意时刻处理器使用的所有程序和数据
机箱	机箱中包含了主板、电源、硬盘、适配卡和系统中其他物理部件
电源	电源负责给 PC 中的每个部分供电
硬盘	硬盘是系统中最主要的存储设备
光驱	读写光碟内容的机器，是一种高容量可移动的光驱动器
键盘	键盘是人们用于与系统通信并控制系统的最主要的 PC 设备
鼠标	虽然如今市场上有许多点设备，但首要的、最流行的还是鼠标
显卡	显卡控制了屏幕上显示的信息
显示器	显示计算机运行的结果及人们向计算机输入的内容
声卡	声卡是多媒体技术中最基本的组成部分，是实现声波与数字信号相互转换的一种硬件
网卡	网卡将计算机通过网络互相连接起来，可以共享资源和集中管理
音箱	与声卡配合使用

在这些部件中，有些并不是必须的，而有些部件如果缺少的话，计算机就不能真正地工作起来，在实际应用中，大家经常提的最小化系统是一个动态的，例如，音箱在一个系统中就不是一个必须的部件，但当计算机不能发出的声音，就必须选取这个部件，显卡则根据主板情况，如集成，可以不选。

计算机主要的部件有 CPU、主板、内存、外部存储设备、显示设备及电源机箱键盘鼠标，我们需要认识计算机的主要硬件设备，理解它们在计算机中的主要作用，掌握其主要的性能参数。通过观察、了解、剖析个人计算机的所有硬件，掌握硬件设备的基本性能、指标、主要技术参数以及各种硬件之间的兼容性，就可以去配置、管理、维护一台计算机了，本书将围绕这一根本主题加以阐述。

1.2.3 计算机的性能指标

计算机系统的性能主要有以下技术指标。

1．CPU 字长

字长就是计算机每一次能直接处理的二进制数据的位数。字长由 CPU 的内部寄存器、算术逻辑单元位数及总线的位数决定。所以能处理字长为 8 位数据的 CPU 通常就叫 8 位的 CPU。同理，32 位的 CPU 就能在单位时间内处理字长为 32 位的二进制数据。当前的 CPU 大部分是 32 位的 CPU 和 64 位的 CPU。

2．CPU 主频

CPU 的主频是指计算机 CPU 运行的时钟频率，即电路上脉冲信号的频率，单位是 Hz（赫兹，即次/秒），一般用 MHz（百万赫兹）或 GHz（十亿赫兹）。主频曾经很大程度上决定了计算机的运行速度，即主频越高，运算速度越快。

3．CPU 的运算速度

CPU 的运算速度是指每秒钟能执行多少条指令，单位一般用 MIPS（百万条/秒）。由于执行不同指令所需的时间周期数不同，因此运算速度与主频意义不同。衡量运算速度的标准有多种，可以用各条指令的统计平均方法来衡量，也可以用执行时间最短的指令来衡量，还可以直接给出每条指令的执行时间来衡量。

4．总线频率

用于衡量数据的传输速率。总线频率即传输线路上传输数据的时钟频率，单位是 Hz。早期，一个时钟周期传输一次数据，现在一个周期传输两次或四次，另外传输数据的速率还与传输线路的位宽有关，即传输速率（亦称带宽，Bandwidth）为总线频率、总线宽度和每周期传输次数的乘积，其单位是 B/s（字节/秒）。总线分为前端总线（CPU 与内存之间）、显示总线和外部总线（内存与外存之间）。

5．内存容量及速度

内存容量是指内存中能存储信息的总字节数，单位是 MB（百万字节）或 GB（十亿字节）。内存容量的大小反映了计算机的信息处理能力（运行空间），容量越大，能力越强。内存速度是指读写内存单元的速度，一般用频率（单位是 Hz）、读写时间周期（单位是纳秒）或速率（单位是 B/s）来衡量。

6．外存容量及速度

外存容量是指存储器（如硬盘、光盘、U 盘等）中能存储信息的总字节数，单位用 MB 或 GB。外存容量的大小反映了存储文件（包括程序和数据文件）的能力，它比内存大得多且关机后仍然能保存数据。针对不同的外存储器，衡量其速度的指标也不同，硬盘一般用转速和接口速率，光驱用倍速，U 盘用接口速率来衡量。

7．外部设备性能

由显示器、键盘、鼠标、音箱、网络接口和打印机等外设的种类和性能决定。

计算机的性能主要由各部件的性能及相互配合决定。相关的性能指标可以从计算机各部件产品的标签或说明查询，值得注意是，某些计算机部件需要相互支持才能达到最高性能，例如 CPU 及主板的前端总线频率、内存频率不一致时，只能以最低的工作频率为准；显示器的最大分辨率、显示接口卡分辨率不一致时，只能以较低的分辨率为准。

1.3 计算机中的信息表示

计算机要处理的信息是多种多样的，如日常的十进制数、文字、符号、图形、图像和语言等。但是计算机无法直接“理解”这些信息，所以计算机需要采用数字化编码的形式对信息进行存储、加工和传送。信息的数字化表示就是采用一定的基本符号，使用一定的组合规则来表示信息。计算机中采用的二进制编码，基本符号是“0”和“1”。

1.3.1 数值数据的表示

对普通数字，可以用“+”或“−”符号在数的绝对值之前来区分数的正负。在计算机中有符号数包含三种表示方法：原码、反码、补码。

原码用机器数的最高位代表符号位，其余各位是数的绝对值。符号位若为 0 则表示正数，若为 1 则表示负数。正数的反码和原码相同，负数的反码是对原码除符号位外各位取反。正数的补码和原码相同，负数的补码是该数的反码加 1。

例如：X=+101011，$[X]_{原码}$= 00101011，$[X]_{反码}$=00101011，$[X]_{补码}$=00101011，位数不够字节数则用 0 补足位数。X=−101011，$[X]_{原码}$= 10101011，$[X]_{反码}$=11010100，$[X]_{补码}$=11010101。

在计算机系统中，数值一律用补码来表示（存储）。主要原因是由于使用补码，可以将符号位和其他位统一处理，同时减法也可按加法来处理。

1.3.2 非数值数据表示

1. 字符的表示

在计算机处理信息的过程中，要处理数值数据和字符数据，因此需要将数字、运算符、字母、标点符号等字符用二进制编码来表示、存储和处理。目前通用的是 ASCII 码（American Standard Code for Information Interchange，美国标准信息交换码），它已被国际标准化组织定为国际标准。每个字符用 7 位二进制数来表示，共有 128 种状态，这 128 种状态表示了 128 种字符，包括大小字母、0…9、其他符号、控制符。

2. 汉字的表示

汉字交换码是指不同的具有汉字处理功能的计算机系统之间在交换汉字信息时所使用的代码标准。自国家标准 GB2312—80 公布以来，我国一直延用该标准所规定的国标码作为统一的汉字信息交换码。GB2312—80 标准包括了 6763 个汉字，将其按使用频度分为一级汉字 3755 个和二级汉字 3008 个。一级汉字按拼音排序，二级汉字按部首排序。此外，该标准还包括标点符号、数种西文字母、图形、数码等符号 682 个。

区位码的区码和位码均采用从 01 到 94 的十进制，国标码采用十六进制的 21H 到 73H（数字后加 H 表示其为十六进制数）。区位码和国标码的换算关系是：区码和位码分别加上十进制数 32。如“国”字在表中的 25 行 90 列，其区位码为 2590，国标码是 397AH。

由于 GB2312—80 是 20 世纪 80 年代制定的标准，在实际应用时常常感到不够，所以，建议处理文字信息的产品采用新颁布的 GB18030 信息交换用汉字编码字符集，这个标准繁、简字均处同一平台，可解决两岸三地间 GB 码与 BIG5 码间的字码转换不便的问题。

3. 图像信息的数字化

一幅图像可以看作是由一个个像素点构成的。图像的信息化，就是对每个像素用若干个二进制数码进行编码。图像信息数字化后，往往还要进行压缩。图像文件的后缀名有 bmp、gif、jpg 等。

4. 声音信息的数字化

自然界的声音是一种连续变化的模拟（Analog）信息，对声音信息进行数字化处理成数字（Digital）信息，这种转换称为 A/D（模/数）转换。转换后的声音文件的后缀名有 wav 和 mp3 等。

5. 视频信息的数字化

视频信息可以看成连续变换的多幅图像构成，播放视频信息，每秒需传输和处理 25 幅以上的图像。视频信息数字化后的存储量相当大，所以需要进行压缩处理。视频文件后缀名有 avi 和 mpg 等。

1.4 计算机的选购

随着计算机的应用与普及，它已经逐渐成为人们学习、工作和生活中不可缺少的工具。同时，它的价格在逐渐下降，很多用户开始准备选购自己的计算机。

要想选择一台称心如意的计算机呢，需要做到以下四点。第一是熟知选购原则及注意要点；第二是合理的综合选购；第三是防止进入选购误区；第四是加强学习，通过 IT 常用网站学习交流。

1.4.1 计算机的选购原则及注意要点

选购家用计算机首先要做的是需求分析，应做到心中有数、有的放矢。用户在购买计算机之前一定要明确自己购买计算机的用途，也就是说究竟想让计算机做什么工作、具备什么样的功能。只有明确了这一点后才能有针对性地选择适合自己的计算机。

用户在购买计算机的过程中应该遵循够用和耐用这两个原则。

所谓够用原则，是指在满足使用需求的同时要精打细算，节约每一分钱，不用花大价钱去选那些配置高档、功能强大的计算机，因为这些计算机的一些功能也许对用户来说根本就没有用。例如用户使用计算机只是打打字、上上网、听听音乐、学习一些常用软件之类的，那么三四千元的计算机配置足以应对，选择六七千元的计算机就显得太奢侈了。

所谓耐用原则，是指在精打细算的同时必要的花费不能省，用户在做购机需求分析的时候要具有一定的前瞻性。也许随着用户计算机水平的提高需要使用 Photoshop、3ds Max、AutoCAD 之类的软件，如果在配置低的计算机上进行升级肯定是不划算的，为此需要选购那些配置档次较高的、功能较强大的计算机。

用户在选用家用机的时候还需要避免了以下几个问题。

1．重价格轻品牌

有些用户在选购的时候往往过分地看重价格因素而忽视计算机的品牌。知名品牌的产品虽然价格上贵一些，但是无论是产品的技术、品质性能还是售后服务等都是有保证的。而杂牌产品为了降低产品的成本，通常会使用一些劣质的配件，其品质甚至还没有兼容机的好（有关品牌机和兼容机的区别将在后面的章节中进行介绍），并且它的售后服务更是没有任何保障。

2．重配置轻品质

多数购买电脑的用户往往只关心诸如 CPU 的档次、内存容量的多少或硬盘的大小等硬件的指标，但对于一台电脑的整体性能却视而不见。CPU 的档次、内存的多少、硬盘的大小只是局部的参考标准，只有电脑中的各种配件能完美整合，也就是说组成电脑的各种配件能够完全兼容并且各种配件都能充分地发挥自己的性能，这样的电脑才是一台物有所值的电脑。

3．重硬件轻服务

与普通的家电产品相比，电脑的售后服务显得更为重要，因为电脑像其他电器一样会出现问题。所以用户在选购电脑的时候，售后服务问题应该着重考虑（特别是那些对电脑不是很了解的用户）。电脑的整体性能是集硬件、软件和服务于一体的，服务在无形中影响着计算机的性能。用户在购买电脑之前，一定要问清楚售后服务条款再决定是否购买。说得具体一些，尽管现在计算机售后服务有“三包”约束，但是各厂家的售后服务各有特色、良莠不齐，对此用户一定要有明确的了解。

1.4.2 计算机的合理选购

选购电脑的用户要综合考虑自身需求、价格、品牌、售后服务等因素。

1．明确需求

购买电脑之前，首先要确定用户购买电脑的用途，即需要电脑为其做哪些工作。只有明确了自己的具体需求，才能建立正确的选购方案。下面列举几种不同的计算机应用领域来介绍其各自相应的购机方案。

（1）商务办公类型。对于办公型电脑，主要用途为处理文档、收发 E-mail 以及制表等，需要的电脑应该是稳定的。在商务办公中，电脑能够长时间地稳定运行非常重要，建议购置办公电脑一体机。

（2）家庭上网类型。一般的家庭中，使用电脑进行上网的主要作用是浏览新闻、处理简单的文字、玩一些简单的小游戏、看看网络视频等，这样的用户不必要配置高性能的电脑，选择一台中低端的配置就可以满足用户的需求了。因为用户不运行较大的软件，所以感觉不到这样配置的电脑速度慢。

（3）图形设计类型。对于这样的用户，因为需要处理图形色彩、亮度等，图像处理工作量大，所以需要运算速度快、整体配置高的计算机，尤其在 CPU 和内存上要求较高配置，同时应该配置性能较好的显卡与显示器来达到更好的显示效果，例如可以购置苹果（Apple）iMac 系列电脑。

（4）娱乐游戏类型。当前开发的游戏大都采用了三维动画效果，所以这样的用户对电脑的整体性能要求更高，尤其在内存容量、CPU 处理能力、显卡技术、显示器、声卡等方面都有一定的要求。

2．确定购买台式机还是笔记本

随着微型计算机技术的迅速发展，笔记本电脑的价格在不断下降，好多即将购买电脑的顾客都在考虑是购买台式机还是笔记本。对于购买台式机还是笔记本，应从以下几点考虑。

（1）应用环境。台式机移动不太方便，对于普通用户或者固定办公的用户来说，可以选择台式机。笔记本的优点是体积小，携带方便，经常出差或移动办公的用户应该选购笔记本。

（2）性能需求。同一档次的笔记本和台式机在性能上有一定的差距，并且笔记本的可升级性较差。对有更高性能需求的用户来说，台式机是更好的选择。

（3）价格方面。相同配置的笔记本比台式机的价格要高一些，在性价比上，笔记本比不上台式机。

3．确定购买品牌机还是组装机

目前，市场上台式机主要有两大类：一种是品牌机，另一种就是组装机（也称兼容机）。

（1）品牌机。品牌机指由具有一定规模和技术实力的计算机厂商生产，注册商标、有独立品牌的计算机。如 IBM、联想、戴尔、惠普等都是目前知名的品牌。品牌机出厂前经过了严格的性能测试，其特点是性能稳定、品质有保证、易用。

（2）组装机。组装机是计算机配件销售商根据用户的消费需求与购买意图，将各种计算机配件组合在一起的计算机。组装机的特点是计算机的配置较为灵活、升级方便、性价比略高于品牌机，也可以说，在相同的性能情况下，品牌机的价格要高一些。对于选择品牌机还是组装机，主要看用户。如果用户是一个计算机初学者，对计算机知识掌握不够深，那么购买品牌机就是很好的选择。如果对计算机知识很熟悉，并且打算随时升级自己的计算机，则可以选择组装机。

4．综合考虑电脑性能指标

对于一台电脑来说，其性能的好坏并非由一项指标决定的，而是由各部分总体配置决定的。衡量一电脑的性能，主要看以下几个性能指标。

（1）CPU 的运算速度。CPU 的运算速度是衡量电脑性能的一项重要指标，它通常采用主频高低来描述。现在市场上流行的双核 CPU，在主频速度提高的同时，采用多核技术，总体的主频越高，运算速度就越快。

（2）显卡类型。显卡是将 CPU 送来的影像数据处理成显示器可以接收的格式，再送到显示屏上形成画面。市场上显卡分为集成与独立两大类。对于独立显卡，市场上主要有 NVIDIA、ATI 显卡，主要要注意其核心芯片的型号。

（3）内存储器容量。内存是 CPU 直接访问的存储器，电脑中所有需要执行的程序与需要处理的数据都要先读到内存中。内存大小反映了电脑即时存储信息的能力，随着操作系统的升级和应用软件功能的不断增多，对内存的需求容量越来越大。

注意：计算机硬件更新速度太快，不必过份追求高配置，应当根据实际情况选择合适的配置。

1.4.3 计算机的选购误区

选购过程中常见有两种错误观点。

观点一：一步到位。计算机技术可谓日新月异，其发展的速度非常迅速，因此购买电脑不可能一步到位。今天的先进技术可能不出一年或更短的时间内就会变成落后的技术，因此用户今天购买的电脑也许是市面上最先进的，但或许过不了多久就会变成配置一般的电脑了。在计算机领域遵循的自然规律是“摩尔定律”，即每 18～24 个月为一个周期，每个周期计算机性能提高一倍，价格下降一半。

观点二：等等再买。有的用户认为，计算机的价格降得很快，迟一些可能会买到性能更好、价格更低的电脑。但是需要注意的是：电脑发展是遵循“摩尔定律”的，低价和高价只是相对的。另外电脑只是一种工具，早些使用也就早给用户带来方便，使用户早些受益。所以用户在选购计算机的时候首先不要盲目地追求高档次，其次也不要过分地期待降价，这一点在选购的过程中要多加注意。

1.4.4 IT 常用网站

IT 常用网站如表 1-2 所示。

表 1-2 IT 常用网站

网站名称	网　址
中关村在线	http://www.zol.com.cn/
太平洋电脑网	http://www.pconline.com.cn/
电脑之家 PChome	http://www.pchome.net/
IT168	http://www.it168.com/
天空下载	http://www.skycn.com/

1.5 实训：计算机系统的启动与关闭操作

1.5.1 实训任务

自已动手将计算机的外部线缆连接起来，并且学会计算机的启动与关闭操作。

1.5.2 实训准备

计算机硬件部分主机、显示器、键盘、鼠标、计算机外部线缆。

1.5.3 实训实施

首先学会计算机外部线缆的连接，熟悉机箱接口，掌握计算机的启动与关闭。

1．外部线缆的连接

外部线缆的连接遵循先连信号线，再连电源线的原则。机箱背部接口如图 1-9 所示。

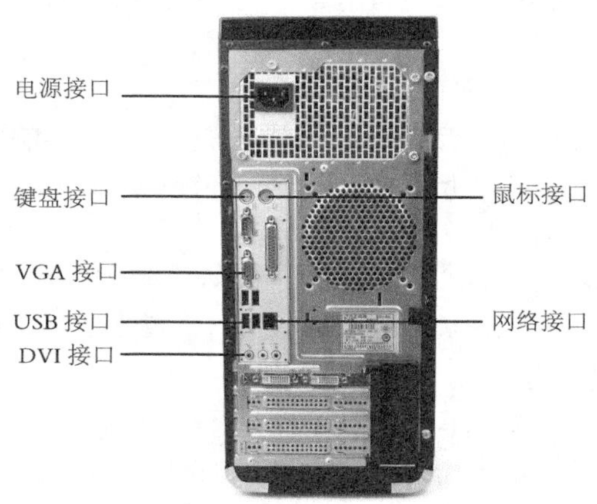

图 1-9 机箱背部接口

其步骤如下。

（1）连接显示器信号电缆。将白色（数字 DVI-D）或蓝色（模拟 D 下位）显示器电缆连接在计算机后面相应的视频端口上。在同一个 PC 上不能同时使用两个电缆。只有当两个电缆与使用相应的视频系统的两个不同的 PC 连接时才能同时使用两个电缆。图 1-10 中的①表示的是显示器数据线与主机信号电缆连接的情况。

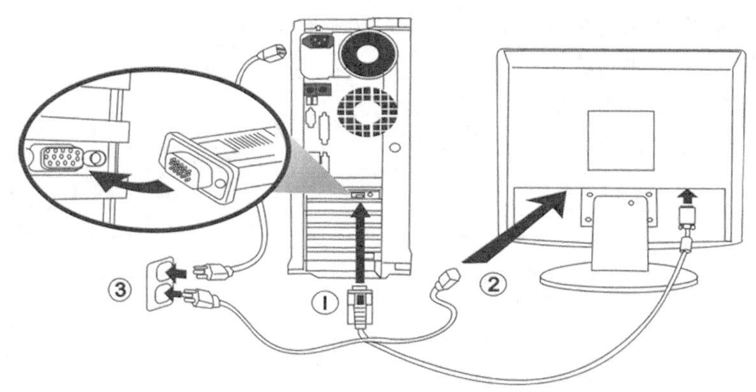

图 1-10 显示器与主机连接

（2）连接键盘及鼠标。首先注意接口与主机对应，如果是 USB 接口可以接入任意一个主机的 USB 接口中。如果是 PS/2 接口，规范的键盘 PS/2 接口是紫色的，鼠标接口是绿色的。一定注意是在断电情况下对应连接好。

（3）连接主机及显示器电源。将计算机及显示器背面的电源线连接到电源插座。注意电源供应是 220 伏特电压 50～60Hz 频率。图 1-10 中的②连接是显示器的供电，③连接是主机的供电连接，按次序将显示器与主机电源线连接好。

2．计算机的启动与关闭

计算机的启动方式主要有冷启动、热启动和复位启动。

冷启动，指计算机在没有加电的状态下初始加电，一般原则是，先开外设电源，后开主机电源，因为主机的运行需要非常稳定的电源。为了防止外设启动引起电源波动影响主机运行，应该先把外设电源接通，然后打开主机电源，机器将进行全面自检，最后完成操作系统的引导。

热启动是在不断电状态下进行计算机的程序启动。

复位启动，指在计算机停止响应后（死机），甚至连键盘都不能响应时采用的一种热启动方式，一般在主机面板上都有一个复位按钮开关，轻轻按一下即可，计算机会重新加载硬盘等所有硬件以及系统的各种软件。

复位启动按钮，一般标有“Reset”英文字样。这种方式的启动，硬盘会由于来不及保存数据造成再启动的不正常，甚至引起硬盘的损坏，当然，重启动后系统会立即对硬盘进行检测和修复，大多情况下都能正常修复。

正常的关机方法是在关闭计算机程序后，由操作系统关闭主机，最后关闭外设，这样可以防止外设电源断开一瞬间产生的电压感应冲击对主机造成意外伤害。常用的 Windows 操作系统关闭主机的操作是鼠标单击“开始”菜单，选取“关闭系统”下的“关闭计算机”，选取“是”即可。然后关闭显示器电源开关及其他外设开关，最后关闭总电源开关。

1.6 习题

1. 简述计算机的发展历史及发展趋势。
2. 计算机是如何分类的？
3. 计算机的系统是如何组成的，各部分的功能有哪些？
4. 计算机的性能参数有哪些？
5. 购买计算机应注意哪些问题？
6. 购买计算机选品牌机好还是组装机好？

PART 2

第2章 中央处理器

2.1 中央处理器概述

2.1.1 中央处理器简介

CPU（Central Processing Unit）即指中央处理单元，也称中央处理器，是进行系统的计算和处理，决定计算机性能的核心部件，它不仅是整个系统的核心，也是计算机中最高的执行单元。负责计算机指令的执行、数学与逻辑运算、数据的存储与传送以及内对外的输入、输出控制。

CPU内部结构分为控制单元、逻辑单元和存储单元3个部分，它们之间相互协调，可以进行分析、判断、运算并控制计算机各部分之间的协调工作。

CPU作为PC最重要的部件，多年来它一直遵循摩尔定律高速发展：CPU性能每隔18个月提高一倍，价格下降一半。

2.1.2 CPU的分类

1．按CPU的生产厂家分类

目前CPU的主要生产商有两家，分别是Intel公司及AMD公司，由此CPU可分为Intel CPU和AMD CPU等，Intel CPU如图2-1所示，AMD CPU如图2-2所示。

图2-1 Intel CPU

图2-2 AMD CPU

Intel系列的CPU都有明确定位的，Intel公司有三大系列：酷睿（Core）、奔腾（Pentium）和赛扬（Celeron）。在同核心数，同频情况下，酷睿系列（i3，i5，i7）性能优于奔腾系列（G2010，G2020，G2030），而赛扬系列（G1610）又低于奔腾系列。

AMD公司对应的也有三个产品系列：羿龙（Phenon）、速龙（Ahtlon）和闪龙（Sempron）。在同核心数，同频率的情况下，其性能羿龙优于速龙，而速龙又优于闪龙。一般情况下，羿龙有三级缓存，而速龙没有，速龙和闪龙主要差别在于二级缓存闪龙最低，速龙高于闪龙，因此闪龙是最低端的。总的来看 AMD 的闪龙为其低端产品，速龙为中端，羿龙为高端，皓龙则是服务器 CPU 产品。

2．按 CPU 的接口分类

Intel 系列分为 Socket 7、Socket 370、Socket 478、LGA 775、LGA1155、LGA1156、LGA1366、LGA 2011 等。AMD 系列分为 Socket 7、Socket A（462）、Socket 754、Socket 939、Socket AM2、Socket AM3、Socket AM3+、Socket FM1、Socket FM2 等。

3．按标识频率分类

同一型号的 CPU 按照其标称频率又可分为不同档次，频率越高就表示规格越高。如 Celeron 系列直接采用频率标注， Celeron 2.1GHz、Celeron 2.4GHz、 Celeron 2.6GHz 等，Pentium 4 有 1.6 GHz，2.0 GHz，2.4 GHz，3.2 GHz 等，Core i3 2120（3.1GHz），Core i3 2130（3.4GHz）等。

4．按 CPU 的内核分类

核心又称为内核，是 CPU 最重要的组成部分。CPU 中心那块隆起的芯片就是核心，是由单晶硅以一定的生产工艺制造的，CPU 所有的计算、接收/存储命令、处理数据都由核心执行。各种 CPU 核心都具有固定的逻辑结构，一级缓存、二级缓存、执行单元、指令级单元和总线接口等逻辑单元都会有科学的布局。例如 Core 是目前 Intel CPU 的内核的主流架构。

2.2 CPU 性能参数

在谈论处理器性能的时候常常引用许多容易引起混乱的性能术语。这些术语主要有：速度、数据总线和地址总线。而这 3 个术语常常是与微处理器的性能密切相关的，它们分别对应处理器中 3 个方面的性能——处理速度、数据宽度和寻址能力，概括起来即是速度和宽度。如表 2-1 所示为 Intel 酷睿 i3 2120 性能参数，下面结合之讲解 CPU 主要参数的含义。

表 2-1　　Intel 酷睿 i3 2120 性能参数

性能参数	值	性能参数	值
CPU 系列	酷睿 i3 2100	热设计功耗（TDP）	65W
CPU 主频	3300MHz	一级缓存	2×64KB
外频	100MHz	二级缓存	512KB
倍频	33 倍	三级缓存	3MB
总线类型	DMI 总线	指令集	SSE4.1/4.2，AVX
总线频率	5.0GT/s	内存控制器	双通道 DDR3 1066/1333
插槽类型	LGA 1155	支持最大内存	32GB
针脚数目	1155pin	超线程技术	支持
核心代号	Sandy Bridge	虚拟化技术	Intel VT
CPU 架构	Sandy Bridge	64 位处理器	是
核心数量	双核心	Turbo Boost 技术	不支持
线程数	四线程	病毒防护技术	支持
制作工艺	32 nm		

1. 主频、外频和倍频

主频也叫时钟频率。主频越高，CPU 在一个时钟周期里所能完成的指令也就越多，其运算速度也就相应的越快，但并不是说主频一样的 CPU 其性能就完全一样。

外频是指 CPU 与主板之间同步运行的速度，它直接影响到 CPU 对内存访问的速度，外频越高，CPU 就可以在相同的时间内读取更多的数据，从而使整个系统的速度提高。

倍频是指 CPU 的运行频率（即主频）与外频之间的比值，这个数值可以由用户自己决定，不过大部分情况下这个数值已被锁定，如用户确定要通过修改这个数值超频，只需使设定的值大于默认值即可。

主频、外频和倍频三者之间的关系为主频＝外频×倍频。

2. 前端总线

前端总线（Front Side Bus，FSB）。其速度越快 CPU 的数据传输就越快，前端总线是 CPU 与外界的通道，早期处理器必须通过它才能获得数据，也只能通过它来将运算结果传送给其他对应设备，因此就处理器的速度而言，前端总线比外频更有意义。

由于内存速度的提高滞后于 CPU 的发展速度，于是为了缓解内存带来的瓶颈，出现了二级缓存，以协调两者之间的差异，而前端总线速度就是指 CPU 与二级（L2）缓存和内存之间的工作频率。

3. DMI 总线

DMI 是指 Direct Media Interface（直接媒体接口）。DMI 是 Intel（英特尔）公司开发用于连接主板南北桥的总线，取代了以前的 Hub-Link 总线。DMI 采用点对点的连接方式，时钟频率为 100MHz，由于它是基于 PCI-Express 总线，因此具有 PCI-E 总线的优势。DMI 实现了上行与下行各 1Gbit/s 的数据传输速率，总带宽达到 2Gbit/s，这个高速接口集成了高级优先服务，允许并发通讯和真正的同步传输能力。

随着新的微架构处理器的发布，FSB（前端总线）被 QPI（快速通道互连）总线（如 Bloomfield/Gulftown，Core i7-900 系列）、DMI 总线（如 Lynnfield/Clarkdale，Core i7-800 系列、Core i5-700/600 系列、Core i3-500 系列）取代，为新一代处理器提供更快、更高效的数据带宽，FSB 的系统瓶颈问题也随之得以解决。

4. 核心类型

为了便于对 CPU 设计、生产和销售的管理，CPU 制造商会对各种 CPU 核心给出相应的代号，这也就是所谓的 CPU 核心类型。

同一档次的 CPU，按其制造内核技术的不同，又分为多种类型或版本。不同的内核采用不同的制造技术，会直接影响 CPU 的性能。

不同的 CPU（不同系列或同一系列）都会有不同的核心类型（例如 Pentium 4 的 Northwood，Willamette 等），甚至同一种核心都会有不同版本的类型（例如 Northwood 核心就分为 B0 和 C1 等版本），核心版本的变更是为了修正上一版中存在的一些错误，并提升一定的性能，而这些变化普通消费者是很少去注意的。每一种核心类型都有其相应的制造工艺（例如 45nm、32 nm 等）、核心面积（这是决定 CPU 成本的关键因素，成本与核心面积基本上成正比）、核心电压、电流大小、晶体管数量、各级缓存的大小、主频范围、流水线架构和支持的指令集（这两点是决定 CPU 实际性能和工作效率的关键因素）、功耗和发热量的大小、封装方式（例如 PGA、FC-PGA、FC-PGA2 等）、接口类型（例如 LGA1155、LGA1156、LGA1366、Socket 940）等。因此，核心类型在某种程度上决定了 CPU 的工作性能。

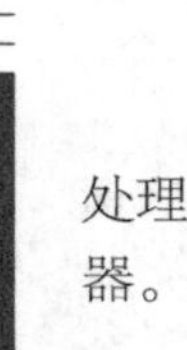

目前针对 Intel CPU 的核心类型是 Core 架构，2010 年的 Intel 推出代号为 Sandy Bridge 的处理器，该处理器采用 32nm 制程。2012 年又推出了代号为 Ivy Bridge 的第三代智能酷睿处理器。AMD 主要有的 Bulldozer 架构及 Trinity 架构。

5．CPU 架构

CPU 架构是 CPU 厂商给属于同一系列的 CPU 产品定的一个规范，主要目的是为了区分不同类型 CPU 的重要标志。

Sandy Bridge 架构更多的是现有架构的一种改进和增强，不过这种改进更多的体现在模块化和细节设计方面。在整个架构带来的功能特性、性能和功耗等各方面都有不错表现。Sandy Bridge 新增微指令缓存，重新规划了分支预测单元，使得预测精度更高，并且降低了功耗，提升了性能效率。

最为重要的变化当属 Sandy Bridge 架构对图形核心与媒体引擎的整合，使 GPU 和 CPU 实现真正融合，全面提升多媒体运算性能。另外，还引入了环形总线和三级缓存共享的设计方案。这种底层架构设计极大增强了系统扩展性，能够支持不断增长的核心数量 、三级缓存容量和 GPU 性能，也有望将多核心时代变成众核心时代。

6．核心数量

基于单个半导体的一个处理器上拥有一样功能的处理器核心数量的多少，目前主要有 Core 双核、Core 四核、Core 六核、速龙双核和羿龙四核。

7．线程

线程，有时被称为轻量级进程（Lightweight Process，LWP），是程序执行流的最小单元。一个标准的线程由线程 ID，当前指令指针（PC），寄存器集合和堆栈组成。另外，线程是进程中的一个实体，是被系统独立调度和分派的基本单位，线程自已不拥有系统资源，只拥有一点在运行中必不可少的资源，但它可与同属一个进程的其他线程共享进程所拥有的全部资源。一个线程可以创建和撤销另一个线程，同一进程中的多个线程之间可以并发执行。

线程是程序中一个单一的顺序控制流程。在单个程序中同时运行多个线程完成不同的工作，称为多线程。通常在一个进程中可以包含若干个线程，它们可以利用进程所拥有的资源。由于线程比进程更小，基本上不拥有系统资源，故对它的调度所付出的开销就会小得多，能更高效的提高系统内多个程序间并发执行的程度，从而显著提高系统资源的利用率和吞吐量。因而近年来推出的通用操作系统都引入了线程，以便进一步提高系统的并发性，并把它视为现代操作系统的一个重要指标。

8．制作工艺

制造工艺是指芯片上最基本功能单元门电路的宽度。因为实际上门电路之间连线的宽度和门电路的宽度相同，所以线宽也用来可以描述制造工艺。

提高制造工艺不仅能生产出体积更小的芯片，还可以大幅度降低制造成本。因为就提升处理器性能而言，一般是通过加入更多的寄存器、执行单元或者更大的缓存、更多的内核来实现，而这些方法都必须耗费大量的晶体管，假如制造工艺维持不变，那么处理器核心的面积将越来越大，成本越来越高。制造工艺的进步还带来另一个好处，那就是产品功耗下降了。由于现代处理器都是由 CMOS 门电路所构成的，提高制造工艺所带来的好处就是使驱动电流减小，而电流与功耗两者之间存在正比关系，降低工作电流就间接地让 CMOS 门电路的功耗得以降低；另一方面，由于制造工艺的提升使得晶体管的体积相应减小，内核中千万个甚至上亿个晶体管整体功耗下降的程度相当可观。

9．工作电压

工作电压是指 CPU 正常工作时所需要的电压。早期的 CPU 由于制造工艺落后，工作电压一般为 5V，但随着制造工艺的提高，CPU 的工作电压有逐步下降的趋势，当前 Intel Core 2 Duo E6550 的内核电压为 1.3V。较低的工作电压可以解决耗电过大和发热过高的问题，这点对于笔记本电脑来说尤为重要。

10．高速缓存（Cache）

高速缓存（高速缓冲存储器，Cache）是一种速度比主存更快的存储器，其功能是减少 CPU 因等待低速主存所导致的延迟，以改进系统的性能。Cache 一般分为 L1 Cache（一级缓存）、L2 Cache（二级缓存）和 L3 Cache（三级缓存）。

L1 Cache 位于 CPU 的内部，用来暂时存储 CPU 运算时的部分指令和数据，其存取速率与 CPU 的主频相同。一级缓存越大，CPU 工作时与二级缓存和内存交换的次数减少，相对来说计算机的运算速度就越高。在 CPU 面积不能太大的情况下，L1 Cache 的容量不可能做的太大，其容量通常为 32～256KB。

L2 Cache 是 CPU 的第二层高速缓存，是为了弥补一级高速缓存容量不足，以最大限度地减少内存对 CPU 运行造成的延缓而配置的，分为内部和外部两种。内部的二级缓存的运行速度与主频相同，而外部二级缓存的速度只有主频的一半。L2 Cache 的容量也会影响 CPU 的性能，其容量通常在 512KB～6MB。

L3 Cache 是为读取二级缓存后未命中的数据设计的一种缓存，在拥有三级缓存的 CPU 中，只有约 5%的数据需要从内存中调用，进一步提高了 CPU 的效率。例如：AMD Athlon X2 7750 拥有 2M 的三级缓存。

11．HT（超线程技术）

Intel 的超线程技术（Hyperthreading Technology，HT），是利用特殊的硬件指令，把两个逻辑内核模拟成两个物理芯片，让单个处理器都能使用线程级并行计算，从而兼容多线程操作系统和软件，并提高处理器的性能。AMD 的 HT 技术是指双向传输总线技术（HyperTransport，HT）。

12．VT（虚拟化技术）

虚拟化技术 Virtualization Technology 是一个广义的术语，在计算机方面通常是指计算元件在虚拟的基础上而不是真实的基础上运行。虚拟化技术可以扩大硬件的容量，简化软件的重新配置过程。CPU 的虚拟化技术可以单 CPU 模拟多 CPU 并行，允许一个平台同时运行多个操作系统，并且应用程序都可以在相互独立的空间内运行而互不影响，从而显著提高计算机的工作效率。

13．64 位技术

这个位数指的是 CPU GPRs（General-Purpose Registers，通用寄存器）的数据宽度为 64 位，64bit（位）指令集就是运行 64 位数据的指令，也就是说处理器一次可以处理 64 位数据。

14．Turbo Boost 技术

Intel Turbo Boost 技术的中文叫法又称为“英特尔睿频加速技术”。英特尔睿频加速技术是英特尔酷睿 i7/i5 处理器的独有特性，也是英特尔新宣布的一项技术， 这个技术实际上可以理解为在保证处理器总功耗不变的情况下，处理器根据计算量的大小自动调整多核心的开启与关闭状态，同时，也会适当提高运行主频来提高效率。

15. 病毒防护技术

处理器内嵌的防病毒技术是一种硬件防病毒技术，与操作系统相配合可以防范大部分针对缓冲区溢出（buffer overrun）漏洞的攻击。Intel 的硬件防病毒技术是 EDB（Excute Disable Bit），AMD 的硬件防病毒技术是 EVP（Ehanced Virus Protection）。其实，EDB 和 EVP 都是用来防止因为内存缓冲区溢出而导致系统或应用软件崩溃的，而这内存缓冲区溢出有可能是恶意代码所为，也有可能是应用程序设计的缺陷所致，因此我们将其称为“防缓冲区溢出攻击”更为恰当些。

缓冲区溢出攻击最基本的实现途径是向正常情况下不包含可执行代码的内存区域插入可执行的代码，并欺骗 CPU 执行这些代码。如果我们在这些内存页面的数据区域设置某些标志（No eXecute 或 eXcute Disable），当 CPU 读取数据时检测到该内存页面有这些标志时就拒绝执行该区域的可执行指令，从而可防止恶意代码被执行，这就是 CPU 的防缓冲区溢出攻击实现的原理。

16. 封装技术

封装技术是一种将集成电路用绝缘的塑料或陶瓷材料打包的技术。以处理器为例，我们实际看到的体积和外观并不是真正的处理器内核的大小和面貌，而是内核等元件经过封装后的产品。

封装对于芯片来说是必须的，也是至关重要的。因为芯片必须与外界隔离，以防止空气中的杂质对芯片电路的腐蚀造成的电气性能下降。另一方面，封装后的芯片也更便于安装和运输。目前采用 Socket 插座进行安装的处理器大多采用 PGA 封装形式，PGA 英文全称是 Pin Grid Array，是引脚栅格阵列的缩写。

17. Turbo Core 技术

Turbo Core 译为动态超频技术，是由 AMD 提出并用于其多核产品上的一种智能调频技术。其目的是为了增强多核平台在运行不支持多核处理的程序时提高系统性能。

18. APU 技术

APU（Accelerated Processing Unit）的中文名字叫加速处理器，是 AMD 融聚理念的产品，它第一次将处理器和独显核心做在一个晶片上，它同时具有高性能处理器和最新独立显卡的处理性能，支持 DX11 游戏和最新应用的“加速运算”，大幅提升电脑运行效率，实现了 CPU 与 GPU 的真正融合。

19. 指令集

所谓指令集，就是 CPU 中用来计算和控制计算机系统的一套指令的集合，而每一种新型的 CPU 在设计时就规定了一系列与其他硬件电路相配合的指令系统。而指令集的先进与否，也关系到 CPU 的性能发挥，它也是 CPU 性能体现的一个重要标志。

SSE（Streaming SIMD Extensions）是对 MMX 中的 SIMD 进行的一种改进，称为流式 SIMD 扩展，它包括 70 条用于图形和声音处理的指令。SSE2 是于 2000 年 11 月与 Pentium 4 处理器一起推出的，共有 144 条指令。相比 SSE2，SSE3 在其基础上又增加了 13 个额外的 SIMD 指令。目前 AMD 的部分处理器也提供了对这三种指令集的支持。

SSE4.1 及 SSE4.2 为计算机系统指令集，主要针对向量绘图运算、3D 游戏加速、视频编码加速及协同处理的加速。首先它对视频压缩编码帮助很大（视频图象制作处理），其次对有的游戏及 3D 内容制作有益，但对看电影及一般的文档处理作用不大。

3DNow!技术是 AMD 相对于 Intel 处理器的 SSE 指令而实现的技术。目前主要有 3DNow!、

3DNow!Enhanced 、3DNow!Professional 三种版本。3DNow!Enhanced 和 3DNow!Professional 都是对 3DNow! 指令集的扩展升级。3DNow! 发布于 Pentium Ⅲ的 SSE 之前。

AVX 即 Intel 公司将为 Sandy Bridge 带来的全新指令扩展集 Intel Advanced Vector Extensions（Intel AVX）。AVX 是在之前的 128bit 扩展到和 256bit 的 SIMD（Single Instruction, Multiple Data 单指令多数据流）。而 Sandy Bridge 的 SIMD 演算单元扩展到 256bits 的同时数据传输也获得了提升，所以从理论上看 CPU 内核浮点运算性能提升到了 2 倍。

20．迅驰移动计算技术

英特尔公司为笔记本电脑专门设计开发的一种芯片组的名称，我国计算机界常称之为“迅驰”。“迅驰”是一种计算功能强、电池寿命长，具有移动性、无线连接上网等功能的 CPU、芯片组、无线网卡结合的名称。

2.3 CPU 的主要产品

全球 CPU 主要生产厂商有 Intel、AMD、VIA 等公司，其中 Intel 的市场占有份额最大，AMD 其次。

2.3.1 Intel 公司的 CPU

成立于 1968 年的英特尔公司是全球最大的半导体芯片制造商。其商标如图 2-3 所示。

Intel 的处理器类型多，从性能上一般分为高端的英特尔处理器和性价比高的低端赛扬处理器，从使用的角度上可分为笔记型电脑处理器、台式机处理器和服务器用处理器。

笔记型电脑处理器主要有凌动超低功耗处理器（Atom）、赛扬双核（Intel Celeron Dual-Core）、奔腾双核（Intel Pentium Dual-Core）、酷睿单核（Intel Core Solo）、酷睿双核（Intel Core Duo）、酷睿 2 单核/双核（Intel Core 2 Solo/ Duo）、酷睿 2（Intel Core 2）、移动式酷睿 i3/i5/i7-双核心等类型处理器，目前主流的酷睿 3 代处理器，其标志如图 2-4 所示。服务器用处理器主要有至强（Xeon）和安腾（Itanium）处理器。台式机处理器非常多，一般以字长发展为主线，后面将详细介绍。

图 2-3 Intel 商标

图 2-4 酷睿 3 代处理器商标

CPU 按照其处理信息的字长可以分为 4 位微处理器、8 位微处理器、16 位微处理器、32 位微处理器以及 64 位微处理器等。

1971 年，Intel 公司的推出了世界上第一个商用微处理器——4004，一年后英特尔推出 8008 微处理器时，其频率为 200kHz，能处理 8 比特的数据。

1978 年，英特尔推出了首枚 16 位微处理器 8086，同一年推出了性能更出色的 8088 处理器。Intel 成功将 8088 销售给 IBM 全新的个人计算机部门，1981 年，IBM 推出的首批个人电脑机选用了英特尔 8088 芯片，随着个人电脑的流行，英特尔名扬四海。Intel 公司被评为“七十大商业奇迹之一（Business Triumphs of the Seventies）”。1982 年，英特尔推出 80286 微处理器，286 是最后一块 16 位处理器。

1985 年，英特尔推出 32 位的具有“多任务”功能的处理器 80386。1989 年，Intel 80486 处理器首次采用内建的数学协处理器，将负载的数学运算功能从中央处理器中分离出来，从而显著加快了计算速度。

1993 年，英特尔发布了 Pentium（俗称 586）中央处理器芯片（CPU）。本来按照习惯的命名规律是 80586，但是由于相关规定，586 这样的数字不能注册成为商标使用。奔腾是一个划时代的产品，并且影响了 PC 领域十年之久，目前该“名字“依然在沿用。1993 年的 Intel Pentium 处理器，到 1997 年 Pentium MMX，1998 年又推出了 Pentium Ⅱ 处理器。

CPU 发展到这个时期，就不能不说说 Intel Pentium Ⅱ Cerelon 处理器了。英特尔将 Celeron 处理器的 L2 Cache 设定为只有 Pentium Ⅱ 的一半（也就是 128KB），这样既有合理的效能，又有相对低廉的售价（有 A 字尾的），这样的策略一直延续到了今天。

1999 年 2 月 26 日，英特尔发布 Pentium Ⅲ 450MHz、Pentium Ⅲ 500MHz 处理器，Pentium III 是给桌上型计算机的中央处理器芯片（CPU），等于是 Pentium Ⅱ 的加强版，新增 70 条新指令（SIMD，SSE）。SIMD（Single Instruction Multiple Data）是指单指令多数据流，SSE（Streaming SIMD Extensions）是指单指令多数据流扩展。

2000 年进入新纪元，英特尔推出了 Pentium 4 处理器。2005 年进入了双核处理器时代，英特尔推出奔腾 D 处理器。

从 2005 年开始，英特尔就制定了一套“钟摆计划”（Tick-Tock 战略）。Tick-Tock 就是时钟的“嘀嗒”的意思，一个嘀嗒代表着一秒，而在 Intel 的处理器发展战略上，每一个嘀嗒代表着 2 年一次的工艺制程进步。

2006 年 7 月，英特尔发布了全新酷睿 2 双核处理器和英特尔酷睿至尊处理器。全新处理器可实现高达 40%的性能提升，其能效比最出色的英特尔奔腾处理器高出 40%。

2009 年，Intel 处理器制程迈入 32nm 时代，2010 年，Intel 推出代号为 Sandy Bridge 的处理器，该处理器采用 32nm 制程。凭借着睿频加速与超线程等众多先进技术，最主要特点则是加入了 game instrution AVX（Advanced Vectors Extensions）技术，也就是之前的 VSSE。intel 宣称，使用 AVX 技术进行矩阵计算的时候将比 SSE 技术快 90%。如图 2-5 是主流的 Core i7 LOGO，其商务版本还加上了 vPro 字样，如图 2-6 所示。

图 2-5　Core i7 商标

图 2-6　Core i7 商务版商标

Intel 于 2012 年 4 月 8 日发布基于 22nm 3-D 晶体管技术的 Ivy Bridge，也就是第三代 Core。2013 年，英特尔发布第四代酷睿处理器 Haswell，其商标如图 2-7 所示。相对于第三代 U 系列和 Mobile H 系列酷睿处理器 Ivy Bridge 中的图形芯片（Iris）的 3D 性能提高了一倍。U 系列和 Mobile H 系列处理器分别针对超极本和高性能笔记本。英特尔称 Iris 图形芯片将带来令人心动的视觉体验，用户不再需要额外的显卡。

图 2-7 第四代英特尔酷睿处理器商标

2.3.2 AMD 公司的 CPU

AMD（Advanced Micro Devices）中文就是超威半导体公司。AMD 成立于 1969 年，总部位于加利福尼亚州桑尼维尔，AMD 公司专门为计算机、通信和消费电子行业设计和制造各种创新的微处理器、闪存和低功率处理器解决方案。AMD 是目前业内唯一一个可以提供高性能 CPU、高性能独立显卡 GPU、主板芯片组三大组件的半导体公司，商标如图 2-8 所示。

采用直连架构的 AMD8 皓龙（Opteron）（TM）处理器可以提供领先的技术，使 IT 管理员能够在同一服务器上运行 32 位与 64 位应用软件，前提是该服务器使用的是 64 位操作系统。

1999 年 6 月，AMD 发布了一款改变 CPU 市场的产品，那就是基于 K7 微架构的 Athlon（速龙，俗称：阿斯龙），2003 年 9 月 23 日，第八代 CPU（K8）——Athlon 64 登场，首次支持 64bit 计算，AMD 将内存控制器集成到处理器内部，目的就是为将来的双核心甚至多核心做奠基。2005 年，AMD 推出了双核版 K8 处理器 AMD 速龙 X2 3800+，Athlon 64 X2 就此诞生了，Athlon 64 X2 如图 2-9 所示。

图 2-8 AMD 商标

图 2-9 Athlon 64 X2

AMD 炫龙（TM）64（Turion64）移动计算技术可以利用移动计算领域的最新成果，提供最高的移动办公能力，其具备 64 位计算技术。

2000 年 6 月，AMD 针对入门市场推出了 Druon（钻龙，俗称毒龙，代号：Spitfire/烈火）品牌。这是 AMD 首次针对市场划分 CPU 品牌。2004 年 8 月，AMD 针对中低端市场发布了全新的 Sempron 品牌，取代 Duron 原来的位置。作为 Celeron 的对手而存在。

AMD 羿龙（Phenom）处理器 2007 年 11 月基于 K10 架构的 4 核处理器，进一步满足用户需求（在命名中取消“64”，因为现今的 CPU 都是 64 位的，不必再标明）。为满足消费者的不同需求，AMD 也推出了 3 核羿龙产品。首次推出的型号为 Phenom 9500 和 9600，主频 2.2/2.3GHz，二级缓存 2MB，三级缓存 2MB，热设计功耗 95W，HT 总线频率 3.6GHz。它们采用的是 65nm 工艺生产、Socket AM2+接口封装。

2011 年 6 月底，AMD 正式发布代号为“Llano”的新处理器所用的桌上型电脑 CPU 插槽。针脚有 905 个。“Llano” 处理器于笔记本电脑所用的插槽为 Socket FT1；于上网本所用的插槽为 Socket FS1。其革命性产品——A 系列 APU，APU 全称是 Accelerated Processing Units（中文名：加速处理器），它是由 AMD 收购 ATI 之后提出的，是 CPU 与 GPU 两种异架构芯片真正融合后的产品，也是电脑里面两个最重要处理器的融合，相互补足，实现异构计算加速以发挥最大性能。APU 被划分为 A8、A6 和 A4 三个系列，逐步取代 Athlon Ⅱ 和部分 Phenom Ⅱ 成为 AMD 今后的主力，其商标如图 2-10 所示。对于 A 系列 APU，CPU 部分一般，但 GPU 部分性能相当给力，对 500 元内的独立显卡构成重大威胁，入门独显将发生改变。

Socket FM2 接口，是现有的 FM1 接口的升级，代号为 Trinity。FM2/FM1 都采用了 AMD 偏爱的 PGA 封装，并且在针脚的物理布局上，两者如出一辙，但对比图片还是暴露了两款处理器具有的不同针脚方案，FM1 的针脚数为 905 个，而 trinity 的则为 904 个， FM2 接口与 FM1 不兼容。

2011 年 10 月，发布 FX 系列 CPU，代号为 Bulldozer（推土机），它是全新的微架构，在核心架构、功能与效能上都有很大改进，对 AMD 来说，“推土机”是近 10 年来、继 K7 之后的最具革命性的微架构，其商标如图 2-11 所示。

图 2-10　AMD 的 APU 系列商标

图 2-11　AMD 的推土机商标

主要有以下几点。

（1）全新模块化设计，更高效、核心扩展更容易。

（2）32nm SOI（Silicon-On-Insulator，绝缘衬底上的硅）制作工艺，功耗控制更为出色。

（3）全新多线程架构，多线程运算性能更强。

（4）指令 4 发射（K10 只有 3 发射）与 AVX 指令，整数/浮点运算更强，单核心性能提升。

（5）第二代 Turbo Core 技术，更好适应各种应用环境。其产品主要有 FX-8150 及六核 FX-6100。

推土机处理器采用 Socket AM3+接口，942 个针脚，不同于目前 938 个针脚的 Socket AM3 接口，其好处是可以支持 DDR3-1600 内存和高级节能技术，而且 AM3+将是 AMD 的最后一代针脚栅格阵列（PGA）封装，之后将改用触点栅格阵列（LGA），等到 Fusion 融合处理器降临的时候就会使用 LGA AF1 新接口，触点多达 1591 个，支持 DisplayPort 1.2 标准、PCI-E 3.0 规范（32 条信道）、四通道内存。

2.3.3　VIA 公司的 CPU

威盛电子股份有限公司（VIA Technologies, Inc.， VIA），公司的图标如图 2-12 所示。成立于公元 1992 年 9 月，为全球 IC 设计与个人计算机平台解决方案领导厂商。威盛为个人电脑、瘦客户机、超移动及嵌入式设备提供了一系列低功耗的处理器。

威盛处理器以其领先行业的每瓦性能、精巧设计、低耗能和与全系列多功能威盛数字多媒体芯片组的兼容性著称，为嵌入式产品、移动产品和电子消费产品市场注入了崭新的创新活力。

威盛四核处理器采用最新的 40nm 工艺制程，21mm×21mm 威盛 NanoBGA2 封装，核心尺寸仅为 11mm×6mm。威盛四核处理器支持 64 位操作系统，此外还具有自适应超频、4MB 二级高速缓存及 1333MHz V4 总线等一系列性能。其低功耗设计在业内处于领先地位，主频为 1.2+ GHz 的威盛四核处理器热设计功耗（TDP）仅为 27.5W。VIA 低功耗处理器如图 2-13 所示。

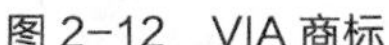
图 2-12 VIA 商标

图 2-13 VIA 低功耗处理器

2.4 CPU 散热器

2.4.1 CPU 散热器的分类

CPU 散热器大类分为 2 种：被动式散热（无风扇辅助）和主动式散热。主动式散热又分为风冷式和液冷式 2 种。如图 2-14 传统 CPU 散热器是采用风冷式散热。

图 2-14 传统 CPU 散热器

2.4.2 散热器结构与工作原理

散热器的原理就是根据热传递的方式而制定的，主要有三种方式。

第一种是传导方式，在物质本身或当物质与物质接触时，能量的传递就被称为热传导，这是最普遍的一种热传递方式，由能量较低的粒子和能量较高的粒子直接接触碰撞来传递能量。相对而言，热传导方式局限于固体和液体，因为气体的分子构成并不是很紧密，它们之间能量的传递被称为热扩散。

第二种是对流方式，对流指的是流体（气体或液体）与固体表面接触，造成流体从固体表面将热带走的热传递方式。

第三种是辐射方式，热辐射是一种在没有任何介质的情况下，不需要接触，就能够发生热交换的传递方式，也就是说，热辐射其实就是以波的形式达到热交换的目的。任何散热器也都会同时使用以上三种热传递方式，只是侧重有所不同。

以 CPU 散热为例，整个热传导过程包括 4 个环节：第一个环节是 CPU，它是热源产生者，热由工作中的 CPU 不断地散发出来；第二个环节是底座和散热片，它们是热的传导体，与 CPU 核心紧密接触的散热片底座将热以传导的方式传递到散热片；第三个环节是风扇，它是增加热传导和指向热传导的媒介，到达散热片的热量再通过其他方式如风扇吹动将热量送走；第四个环节是空气，这是热交换的最终流向，要保证有良好的散热，机箱内部就得有充裕空间和科学的风道。

实际操作中 CPU 散热器的散热片与 CPU 是两个固体部件，固体和固体再怎么紧密接触，一样会留下微小的空隙，空气的热传导性能很差，热量的传递会很慢，因此利用导热硅脂将空隙填补起来，这样可以加速热量的传递。

散热风扇带来冷空气带走热空气，空气中静电吸附灰尘。灰尘的积累，不仅会带来噪声，还会影响散热效果，因此建议至少一年清洁电脑一次。

针对笔记本，散热以热管的高导热效能来作为主流的散热介质，热管的工作原理是在密闭的铜管中抽真空并填入沸点较低的液体，当铜管的一头温度升高时，这段铜管里面的液体就会受热而汽化，并依靠铜管内部两端的蒸汽压力差而向另一端移动。由于另一端的温度较低，气体移动到这里时，遇冷液化并反向流回，这个反向的流动是依靠热管内壁丝网结构提供的毛细泵力进行的。当液体变成气体时要吸收大量的热，而当气体变成液体时会放出大量的热，热管就是利用这个原理来传导热量。其工作原理如图 2-15 所示。

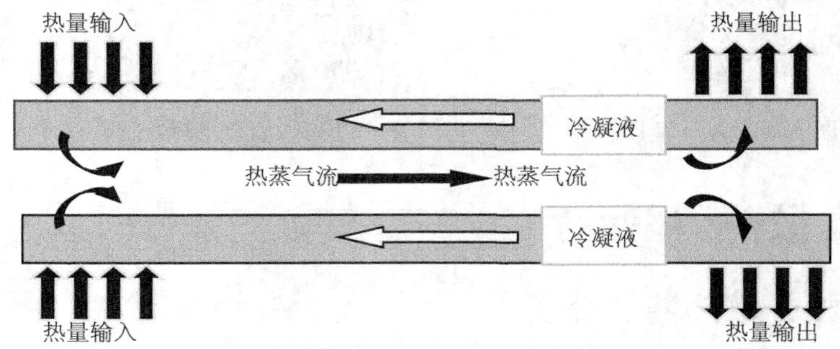

图 2-15 热管工作原理

针对台式机，主要是风扇散热。简单讲就是铝或铜散热器传导芯片热量，风扇向散热器吹风加速热量散发到空气中的过程。通过加大散热面积，利用硅胶等导热材料，将芯片的发热传导至散热器，然后散发出去。带风扇的为主动散热，不带风扇的为被动散热，另外还有水冷甚至液氮等高级散热器。

2.4.3 CPU 散热器主要参数

要了解 CPU 散热器参数。首先要看风扇支持的 CPU 有哪些，其次看风量、风速、静音效果和使用寿命。

2.4.4 CPU 散热器的选购

传导、对流、辐射是热量传递的基本方式。从热量传递的过程看，要保证散热效果，就必须保证这三种传递热量的方式迅速有效。好的风冷散热器需要满足以下的三点要求。

1. 传导好

散热片要采用优质的材料；金和银的导热性能最好，但价格太高，纯铜散热效果次之，但已经非常优良，缺点是造价高，重量大，不耐腐蚀等。所以大多数散热片都是采用轻盈坚固的铝材来制作的，专业音响的功率放大器的散热片绝大多数都采用的铝合金，CPU 风冷散热器也采用铝合金，如富士康散热器，TT 涡轮散热器等。一些杂牌的散热器就采用纯铝散热片，纯铝的热传导效果很一般，质地很轻，用手指弹击的时候声音不如铝合金清脆。但价格便宜，这种散热片的风冷散热器，容易导致发热量大的 CPU 的损坏。

2. 对流好

对流好的关键是散热风扇可以提供足够的风量，以确保凉快的空气可以源源不断的补充。市面上的散热风扇主要有（轴承风扇和滚珠风扇）两种，轴承风扇成本低，但噪声大，转速受限制；滚珠风扇噪声小，转速高，但成本也高。

CPU 风扇的噪声问题已经逐渐成为了一个不容忽视的问题，在相同转速的情况下，滚珠风扇的噪音较低，无疑是一个大优势。为了让风扇可以在较低的转速下获得较高的风量，最新出品的好风扇都采用了多叶片、镰刀形状，这样可以有效增大风量，降低噪声，所以值得优先考虑。为了加速对流，部分散热器在散热片底板上打了一些孔，使得风扇的风可以吹到 CPU 压在散热片下的部分，这样的设计思想新颖而实用，是值得各种风扇借鉴的好办法。有的散热器精心设计了散热鳍片的角度，使风可以更为有效地带走热量。

3．辐射好

风冷散热器的散热片应该具有足够的散热面积，这里所说的散热面积不同于一般意义上的体积和面积，它是指散热片的表面积，如果散热片的鳍片很高很多，那么散热面积可以成倍增加，换来的是非常出色的散热效果，有的散热器将散热片的表面做成带有棱状突起的形式，就是为了增加表面积，提高辐射热量的传递。

掌握了以上三点，就基本可以判断任何一款风冷散热器的优劣了。目前常提的 G 涡轮风扇，就非常符合上面所说的特点，从原理上基本做到了出色的散热，如体积大、表面积大、鳍片设计合理、底板带有通风孔的特点决定了它是一款很好的风冷散热器。

最后总结一下选购风冷散热器要注意的因素。

（1）散热片形状。风冷散热器的散热效果不仅仅决定于散热面积，还跟散热片形状有很大关系。散热片都有一个底板，就是最厚的用来接触 CPU 的那一面。如果底板过厚，散热速率就会有所降低，导致散热片两边温差明显，不利于散热；如果底板过薄，则散热稳定性差，温度容易出现骤然升高降低的现象，合适的底板厚度是 4 ~ 10 毫米。

（2）紫铜板的效果。在散热片下面衬垫紫铜片，可以提高散热效果，必须设法让原有的散热片与紫铜片牢牢接触，必要时使用导热硅脂，这样才能及时将热量散出。

（3）热容量。很少有人注意这个问题，但它确实很有影响，热容量仿佛就是硬盘的缓存一样，起到稳定高效传输热量和热量寄存的作用，好的散热片应有一定的热容量，质量大的散热片热容量高，紫铜材质的更为突出，紫铜又叫红铜或纯铜，而黄铜为铜合金，导热性不佳。

（4）双风扇。采用双风扇，它要比单风扇来得安全，万一有一个风扇坏了，另外一个也可以工作，同时可以带来更大的风量，但遗憾的是也带来了很大的噪音，除了两个风扇本身的噪声，还会产生很大的气流呼啸声，如果您对噪音很头痛建议不要选用双风扇。

（5）风扇转速。风扇转速采用“rpm”作为计量单位（每分钟转数），如果一个风扇转速是（6000）转，则一秒钟它就可以旋转 100 周。硬盘的转速也是如此。

（6）风扇供电电源。目前的风扇供电电源一般采用主板带的供电插座，三根连线的表示具备测量转速功能，有的主板还支持温控，如果 CPU 温度过高会自动加速风扇运行，但同时如果有待机模式，则有可能会使风扇停转，这非常危险，容易烧毁 CPU。切记要注意自己的电脑有没有这个功能，有的话尽可能关闭。最安全的做法是将电源风扇直接接在 12V 的机箱电源上，这需要一点焊接之类的功夫，同时也不能检测它的转速了。

（7）温度估测。如果没有测温计，大家也可以用自己的主观感觉大致估计，一般讲，手感觉不到的温度在 20℃左右，微温的感觉大概在 35℃左右，温暖的感觉大概在 45℃左右。

2.5　CPU 的选购

总的来说，选购 CPU，首先考虑的是 CPU 的主频，然后考虑 CPU 的生产厂家、性价比、包装方式以及超频能力等，当然应该注意的是 CPU 一定要与主板的插槽匹配。购买计算机时仅仅依靠 CPU 并不能提升整机的性能，只有配件间搭配合理、性能均衡才能发挥最佳效果。在选择 CPU 时，要根据自己的实际需要及资金实力合理地进行选择。下面介绍主要的选购参考原则。

1．按需购置

在决定选购何种 CPU 之前，一定要明确装机的目的，不要盲目追赶潮流。同时要注意的是计算机的性能会受到各部件的影响，因此各部件搭配要合理，这样才能充分发挥计算机的性能。

2．选择 Intel 还是 AMD 的处理器

在确定 CPU 的档次，接下来就要决定选购何种 CPU。目前市面上的主流 CPU 都是 Intel 和 AMD 的产品。所以用户对这个问题总是感到很头疼。

3．选择盒装还是散装

盒装和散装 CPU 在本质上并没有区别，也就是说两者在性能、稳定性以及超频能力方面不存在任何差距，而差距主要在于质保时间的长短与是否带有散热风扇。一般来说，盒装的 CPU 质保时间更长一些，并附有一只质量较好的散热风扇，而散装的 CPU 质保时间往往只有一年，且不带散热风扇。

4．注意不要购买假的 CPU

CPU 市场种类繁多，情况复杂，假货水货较多。不法商家的主要伎俩就是以次充好，也有一些商家将散装的 CPU 经过简单的拼装后充当盒装的销售。

2.6 实训：CPU 的安装及维护

2.6.1 实训任务

完成 CPU 的拆装维护及 CPU 的性能检测。

2.6.2 实训准备

1．组装工具

防静电桌布、防静电腕带、十字螺丝刀、导热硅脂。

2．计算机部件

主板、CPU、CPU 散热风扇。

3．注意事项

防静电及正确安装。

2.6.3 实训实施

具体操作步骤如下。

1．CPU 安装

（1）打开主板 CPU 插槽。安装 CPU 前将主板平放在安装台上，找到 CPU 插座，适当用力向下微压固定 CPU 的压杆，同时轻轻往外推压杆，使其脱离固定卡扣，卡扣脱离后，便可顺利的将压杆拉起。

打开和关闭装载杆时用右手拇指压住装载杆，否则装载杆会像“老鼠夹子”一样弹起。压下装载杆使其脱离扣钩，扳动装载杆大约至 135° 使其尽量打开，扳动装载盖板大约至 100° 使其尽量打开。

（2）移除保护盖板。用左手食指和拇指拿住装载盖板，再用右手拇指按压保护盖板的中心使其脱离装载盖板。把保护盖板放置一旁。保护盖板移除后，确认插槽装载盖板和触点没有其他杂质。

（3）安装处理器。从包装里取出处理器，注意只能拿着处理器的边框。拿起处理器的方向应为三角形标示在左下方并且所有的标示键都在左边，处理器的顶盖向上。找到 1 号针脚和两个定位缺口。小心地把处理器垂直的放置在插座内。检查处理器按正确方向放置在插槽内，如图 2-16 所示。将 CPU 安放到位以后，盖好扣盖，并反方向微用力扣下处理器的的压杆。如图 2-17 所示。轻轻地按住装载盖板并扣住装载杆，确保装载盖板被扣在装载杆的突出处，关闭好插槽，CPU 的安装过程结束，如图 2-18 所示。

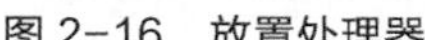

图 2-16　放置处理器

图 2-17　处理器的的压杆

图 2-18　CPU 正确安装

（4）安装处理器散热片。检查处理器顶盖有没有散热硅脂，如没有，加散热硅脂。

把散热片放置在处理器顶盖上，确保风扇电缆线靠近风扇电源接口一端，把风扇扣件对准主板的扣件孔。如图 2-19 所示是 Intel LGA775 针接头处理器的原装散热器，安装时将 CPU 散热器的四角对准主板相应位置，然后用力压下四角扣具。针对采用螺丝设计的散热器，安装时注意主板背面对应的位置安放螺母。

（5）检查。确保电缆线不会妨碍扣件的安装，确保扣件孔对准散热器的扣件。

（6）安装扣件。拿住散热器不要倾斜，用拇指按压扣件帽并锁住扣件，所有的扣件以同样方法安装，确保扣件安装到位，确保所有扣件紧固于主板。

（7）连接风扇电源线。固定好散热器后，还要将散热风扇的电源线插头接到主板上的风扇插头（主板上标识字母为 CPU_FAN），连接完成，如图 2-20 所示。

（8）确保电缆线不会妨碍风扇和其他组件的正常工作。注意：AMD 的 CPU 安装与 Intel CPU 的安装类似。

2．CPU 拆卸

CPU 拆卸与安装操作顺序相反，先拆风扇，如是扣具的就拆扣具，如是螺丝的就松开螺丝。完全松开后取下风扇与散热片。扳动装载杆差不多垂直于主板的角度，翻开 CPU 上面的盖子，轻轻拿下 CPU。

图 2-19　LGA775 针原装散热风扇

图 2-20　连接风扇电源线

3．CPU 的性能检测

CPU-Z 是一款 CPU 检测软件，是检测 CPU 使用程度最高的一款软件。它支持的 CPU 种类相当全面，软件的启动速度及检测速度都很快。另外，它还能检测主板和内存的相关信息，其中就有常用的内存双通道检测功能。

CPU-Z 软件的使用很简单，直接启动软件，就可以看到 CPU 名称、厂商、内核进程、内部和外部时钟、局部时钟监测等参数。通过该软件可以准确地判断 CPU 性能。

以 CPU-Z 1.60 官方中文版为例，从网上下载 cpu-z_1.60-setup-cn.zip，解压后执行 cpu-z_1.60-setup-cn.exe，使用该软件，如图 2-21 查看 CPU 的信息。还可以按如图 2-22 所示查看一级缓存、二级缓存和三级缓存的大小及描述。

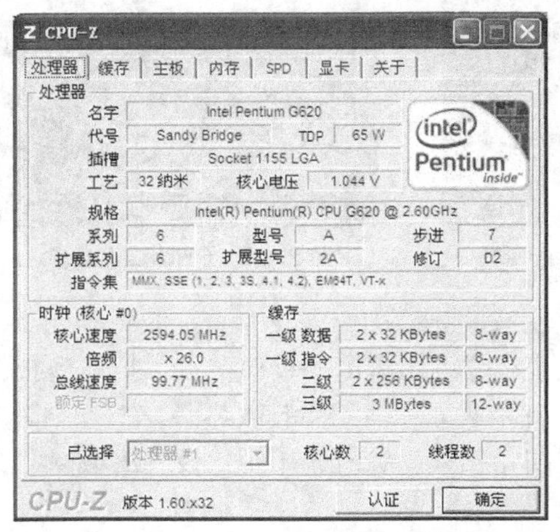

图 2-21 CPU-Z 检测处理器信息

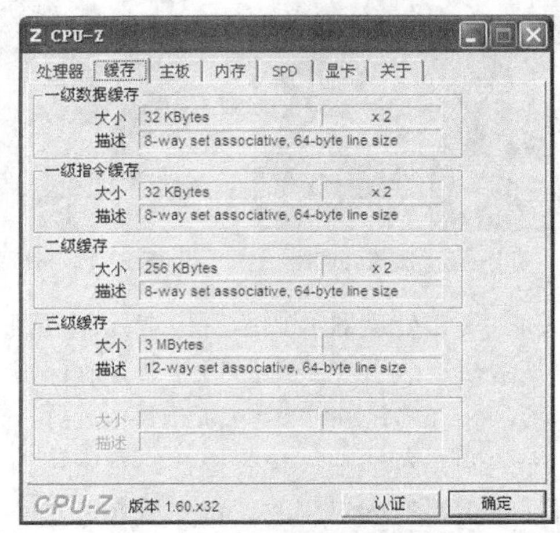

图 2-22 CPU-Z 检测缓存信息

使用 CPU-Z 时需选择正确的版本。CPU-Z（1.5）版本以上支持 Windows 8 操作系统，支持 AMD Maranello（服务器）推土机平台的 SR56x0 系列北桥芯片、SP5100 南桥芯片。支持 Intel Sandy Bridge-E Core i7-3960X/3930K/3820 处理器。支持 VIA Nano 1000/2000/3000、Eden X2、Nano X2/X3、Nano QuadCore 全系列处理器。V1.6 以上新增对英特尔 Atom“Cloverview”、Ivy Bridge-E/EP/EX 处理器支持，新增对 AMD Richland APUs 支持。

4．CPU 的维护

CPU 维护注意以下几点：

第一，要定期换硅胶；

第二，要安装一个给力的风扇；

第三，要定期清理灰尘尤其是 CPU 的针脚（没有针脚的不用清理）；

第四，切忌超低温运行和超高温运行，超频要有节制。

由于 CPU 在主机上处于比较隐蔽的地方，被 CPU 风扇遮盖，一般大家不会随意插拔 CPU 的，因此对于 CPU 的维护，主要是解决散热的问题。主要注意以下几点。

（1）不建议超频。这里建议不要超频，或者不要超频太高。在超频的时候，也须一次超一个档位地进行，而不要一次性大幅度提高 CPU 的频率。因为超频都具有一定的危险性，如果一次超得太高，容易出现烧坏 CPU 的情况。另外，如果 CPU 超频太高也会容易产生 CPU 电压在加压的时候不能控制的现象，当电压的范围超过 10%的时候，就会对 CPU 造成很大的伤害。只因增加了 CPU 的内核电压，就直接增加了内核的电流，这种电流的增加会产生电子迁移现象，从而缩短了 CPU 的寿命，甚至导致 CPU 内伤而烧毁。

要解决 CPU 的散热问题，大家可以尽量不要超频太高（从维护角度来看，最好不要超频）并且采用更良好的散热措施。其中，散热措施可以为 CPU 改装一把强劲的风扇，最好能够安装机箱风扇，让机箱风扇与电源的抽风风扇形成对流，使用主机有一个更良好的通风环境。

（2）及时清除 CPU 风扇与散热片上的灰尘。由于 CPU 风扇以及风扇下面的散热片是负责通风散热的工作，要不断旋转使平静的空气形成风，因此与空气中的灰尘也接触得较多，这样就容易在风扇与及散热片上囤积灰尘影响风扇的转速及散热性能了。所以使用一段时间后，要及时清除 CPU 风扇与散热片上的灰尘。

（3）不要同时运行太多的应用程序。对于 CPU 的维护还需要将 BIOS 的参数设置正确，并且不要在操作系统上同时运行太多的应用程序。这是因为 BIOS 参数设置不正确或同时运行太多应用程序的话，会容易导致 CPU 工作不正常或工作量过大，从而使 CPU 在运转的过程中产生大量热量，这样就加快了 CPU 的磨损且容易导致死机现象的出现。

2.7 习题

1. CPU 的全称是什么？其组成及功能是什么？
2. CPU 的主要技术参数有哪些？
3. 什么是主频？什么是外频，主频与外频有何联系？CPU 的工作频率又是什么？
4. 选购 CPU 应注意什么问题？
5. 如何检测 CPU 性能？
6. 怎样维护 CPU？

第 3 章 主板

3.1 主板概述

3.1.1 简介

PC 系统最重要的部件之一是主板（Mainboard），或称为母板（Motherboard），有的公司把主板也称系统底板（Systemboard）。主板的重要之处在于：计算机中几乎所有的部件、设备都在它作为平台上运行，一旦主板发生故障，整个系统都不可能正常工作。

主板在加电并收到电源的 Power Good 信号后，由时钟产生系统复位信号，CPU 在复位信号作用下开始执行 BIOS（Basic Input Output System，基本输入输出系统）中的 POST（Power On Self Test，上电自检）程序。POST 一旦顺利通过，就开始操作系统引导及接受用户的任务至关机。在计算机的整个运行期间，主板的工作就是在芯片、时钟、BIOS 的统一配合下，完成 CPU 与内存、内存与外设间的数据传送。也可以说，主板的作用就是同步、传递数据。

3.1.2 主板的分类

计算机主板的分类方式通常有以下几种。

（1）按 CPU 的架构划分。

主板上使用的 CPU 类型不同，则在 CPU 接口类型、封装、主频、工作电压等方面都有差异。尤其需要注意的是，同一名称的 CPU 由于内核不同，能支持它的芯片就不同，与之配套的主板也不同。例如家用台式机中 Core 架构就有 LGA775 及 LGA1155 两种。

（2）按主板架构划分。

主板架构就主板的板型布局，生产主板时都必须遵循行业规定的技术结构标准，以保证主板安装的兼容性和互换性。

目前使用的主板结构有 ATX（Advanced Technology Extended，先进技术扩展）、Micro ATX、Mini-ATX、NLX、BTX（Balanced Technology Extended，平衡技术扩展）等，其中主流的是 ATX 和 Micro ATX 结构。

ATX 官方规范由 Intel 于 1995 年 7 月发布，且是开放的工业规范。直至 1996 年中期，ATX 主板才迅速占领市场。这一标准得到世界主要主板厂商支持，目前已成为最广泛的工业标准；1997 年 2 月推出了 ATX2.01 版；至今 PC 使用的主板大多数依然是 ATX 架构。

标准的 ATX 主板俗称大板，尺寸为 305mm×244mm，有 6～8 个扩展插槽；Micro ATX 俗称小板，尺寸为 244mm×244mm，有 3～4 个插槽。Mini-ATX 尺寸为 284mm×208mm。

大板插槽多，扩展性强，小板体积小，可用各种漂亮的小机箱，一般以集成显卡的多。一般来说大板的用料足，价格稍高，一线大厂或主流主板大都是大板，而小板集成度高，经济实惠，对于喜欢小机箱且不需要太多扩展的用户来说很合适。

图 3-1 所示为以技嘉 P75-D3 为例，展示了一款典型的 ATX 主板。

图 3-1 技嘉 P75-D3 ATX 主板

2003 年，英特尔发布全新的 BTX 主板规格，以其作为 ATX 的替代规格。虽然如此，直到如今 ATX 规格仍为组装计算机最通行的主板规格。

BTX 规范仍然提供某种程度的向后兼容。图 3-2 所示为 BTX 系统的布局。

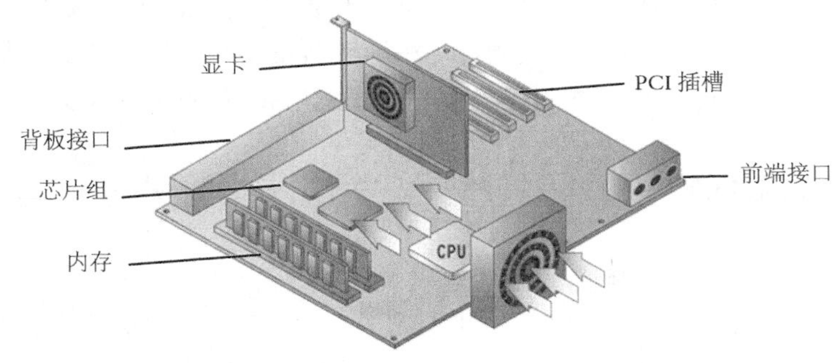

图 3-2 BTX 架构的布局

BTX 具有如下特点。

① 针对散热和气流的运动，对主板的线路布局进行了优化设计。

② 支持 Low-profile，即窄板设计，系统结构更加紧凑。

③ 主板的安装更加简便，机械性能也经过最优化设计。

比较 ATX 和 BTX 主板，可以很快发现两者最大的区别在于处理器的位置。BTX 主板将处理器插座移到了机箱前部，这就使它能够从机箱外得到更为顺畅、凉爽的气流，其独立风道式设计也进一步提升了散热效率。处理器后面是芯片组，在风道式结构中也同样可以得到良好的散热效果。

在 ATX 主板中，内存槽的位置是垂直摆放的，这样的布局会阻挡气流通过。BTX 主板将内存插槽转了 90°，使气流可以顺着内存通过，对于工作频率越来越高的内存来说，此举也可以让内存得到更好的散热条件。

BTX 主板的外部 I/O 连接器和扩展槽的位置与 ATX 相比刚好交换了位置。图 3-3 所示为 BTX 和 ATX 主板的比较。

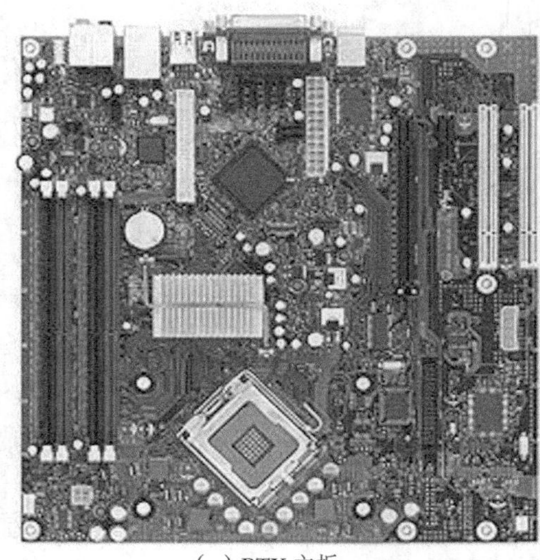

（a）BTX 主板

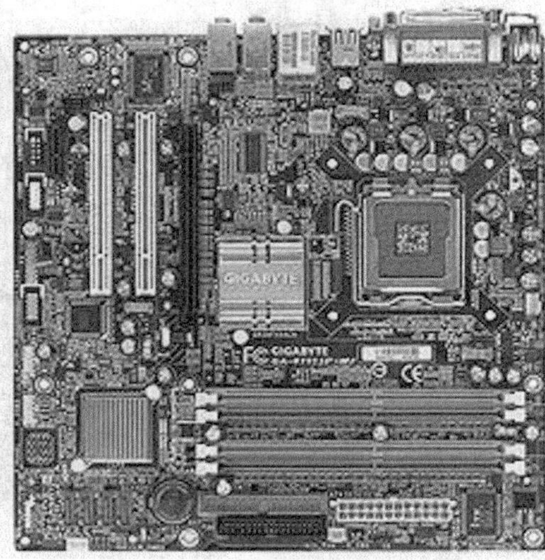

（b）ATX 主板

图 3-3　BTX 和 ATX 主板的比较

（3）按照是否集成显卡划分。

按照是否集成显卡划分，可分为集成显卡和独立显卡。集成显卡是指芯片组集成了显示芯片，所以没有卡，其连接显示器的接口也就不在卡上，一般和主板背板的 I/O 接口放在一起。集成了显卡的芯片组也常常叫做整合型芯片，这样的主板也常常被称为整合型主板。独立显卡的性能虽强，但发热量和功耗比较高。在 3D 性能方面独立显卡要优于集成显卡。

3.2　主板的组成

一块主板主要由以下部分组成。

（1）电子元器件部分。包括芯片组、BIOS 芯片、I/O 芯片、时钟芯片、串口芯片、门电路芯片、监控芯片、电源控制芯片、三极管、场效应管、二极管、电阻和电容等。

（2）接口部分。包括 CPU 接口、USB 接口、IDE 接口、SATA 接口、FDD 软驱接口、LPT 并行接口、COM 串行接口、PS/2 键盘鼠标接口等，还包括集成声卡、网卡和显卡接口等。

（3）电路部分。包括供电电路、时钟电路、复位电路、开机电路、BIOS 电路和接口电路等。

（4）总线部分。包括处理器总线、内存总线、I/O 总线、连接器总线、特殊总线等。

主板的核心部件其组成结构包含以下几个部分，图 3-1 所示为主板的组成结构。

1. CPU 插座

CPU 插座用来安装 CPU，其接口与 CPU 的接口标准相对应，目前主要分为两类 Socket

插座和 LGA（Land Grid Array，栅格阵列封装）插座。

Socket 插座采用 ZIF（Zero Insertion Force，零插拔力）拉杆，非常方便 CPU 的插拔，但安装要注意 CPU 与插座的方向。

LGA 插座是一排排的金属触须，并有一块保护盖板，安装时先压下并掀起侧面的金属杆，打开上面的金属框并取下保护盖板，将 CPU 的凹槽对准插座凸缘，手指对齐插座上的缺口位置。垂直放入插座，然后将金属框盖扣下，最后将侧面的金属杆压下扣住即可。

2．芯片组

在讨论主板时不能不提到芯片组。主板上的芯片组不仅控制计算机中各部件或设备如何工作，何时工作，还决定了一个计算机系统中可以使用什么样的部件或设备，例如可以使用的 CPU 类型、内存的类型及各种接口、总线等。芯片组控制着 CPU 与内存、外存和输入、输出设备之间的数据传输，相当于 CPU 与计算机系统其它部件的总接口。可以这样说，如果处理器是计算机的大脑，那么，芯片组就是计算机的中枢神经系统。任何有相同芯片组的主板，其功能都是基本一致的。

1986 年，一个名为 Chips and Technologies 的公司引入了一种叫做 82C206 的革命性部件，它是第一个 PC 芯片组的主要部分。这是一个集成了 AT 兼容系统中主板芯片的所有主要功能的单芯片。它的功能包括时钟生成器、总线控制器、系统定时器、中断及 DMA 控制器，甚至还包括 CMOS RAM/实时时钟芯片。勿庸置疑，这是 PC 主板生产上的革命性概念。不仅使得生产 PC 主板的费用降低许多，还使主板设计更容易。较少的部件数目还意味着有更多的空间来集成其他最初在扩展卡上出现的器件。

Intel 的早期芯片组以及其他生产厂商的大多数芯片组采用的是多层体系，该体系被称为南北桥（South/South Bridge）架构。

（1）南北桥体系结构。

北桥（North Bridge）芯片通常负责 CPU、内存和显卡三者之间的“交通协调”，决定了主板支持的 CPU 类型、前端总线频率、内存的类型和最大容量、显卡接口类型等。整合型芯片组的北桥芯片还集成了图形芯片。北桥芯片距离 CPU 比较近，这主要考虑到北桥芯片与处理器之间的通信最密切，为了提高通信性能而缩短传输距离。北桥芯片的数据处理量非常大，发热量也越来越大，当前北桥芯片都覆盖着散热片，以加强其散热能力，有些主板的北桥芯片还会配合风扇进行散热。北桥芯片是主板芯片组中起主导作用的最重要的组成部分，也称为主桥（Host Bridge）。一般来说，芯片组的名称就是以北桥芯片的名称来命名的。

北桥芯片的一个重要功能是控制内存，而内存标准与处理器一样变化比较频繁，所以不同芯片组中的北桥芯片肯定是不同的，当然这并不是说所采用的内存技术就完全不一样，而是不同芯片组中的北桥芯片间肯定存在一些差别。值得注意的是，K8 核心的 AMD 64 位处理器将内存控制器集成在了处理器内部，于是支持 K8 核心处理器的北桥芯片变得简化很多，甚至还能采用单芯片芯片组结构。

南桥芯片（South Bridge）一般位于主板上离 CPU 插座（槽）较远的下方、PCI 插槽的附近，这种布局是考虑到它所连接的 I/O 总线较多，离处理器远一点有利于布线。相对于北桥芯片来说，其数据处理量并不算大，所以南桥芯片一般都没有覆盖散热片。南桥芯片不与处理器直接相连，而是通过一定的方式（PCI 总线、VIA 的 V-Link 总线、NVIDIA 的 HT 总线以及 SiS 的 MuTIOL 总线）与北桥芯片相连。

南桥芯片负责外部设备的数据处理与传输，例如 PCI 总线、USB、LAN、ATA、SATA、音频控制器、实时时钟控制器和高级电源管理等。南桥芯片也决定了主板对这些设备的支持规格情况。例如，是否支持 USB 2.0，是否支持 SATA-300，是否支持 High Definition Audio 等。这些技术相对来说比较稳定，所以不同芯片组中的南桥芯片可能是一样的，不同的只是北桥芯片。

南桥芯片的发展方向主要是集成更多的功能，例如网络、RAID、IEEE-1394，甚至 Wi-Fi 无线网络等。

超级 I/O 芯片是一个独立的芯片，附加在 ISA 总线上，而且通常不被当做芯片组的组成部分，它经常由第三方如 National Semiconductor 或 SMSC（Standard Microsystems Corp）提供。超级 I/O 芯片将通常使用的外围设备的控制器都整合到一块芯片里。例如，多数超级 I/O 芯片提供串行接口、并行接口、软驱以及键盘/鼠标接口。还可以选择性地包含进 CMOS RAM/实时时钟、IDE 控制器、游戏接口等。南北桥体系结构如图 3-4 所示。

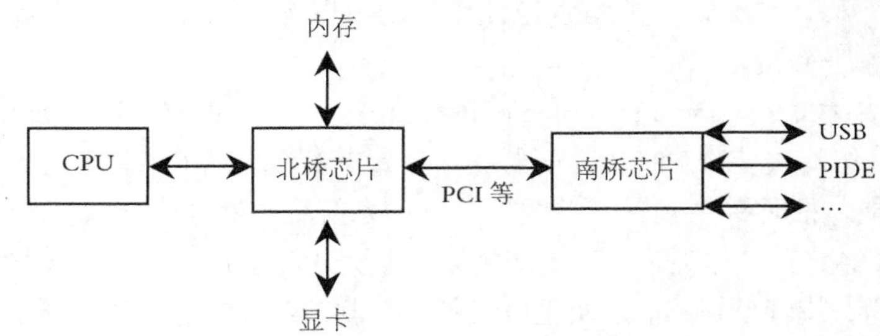

图 3-4　南北桥体系结构

（2）HUB 体系结构。

Intel 公司从 8xx 系列芯片组开始使用 HUB 体系结构。在 HUB 体系结构中，北桥芯片被称做 Graphics/Memory Controller Hub（简写 GMCH/MCH），其中 GMCH 集成了图形芯片，南桥芯片被称做 I/O Controller Hub（简写 ICH），它们经由 Hub-Link 总线连接，而不是如同标准南北桥设计中的通过 PCI 总线来连接，前者速度远高于后者。915/925 系列芯片组之后采用速度更快的基于 PCI Express 技术的 DMI（Direct Media Interface）总线连接 MCH（GMCH）和 ICH。图 3-5 所示为 G45 芯片组的连接。

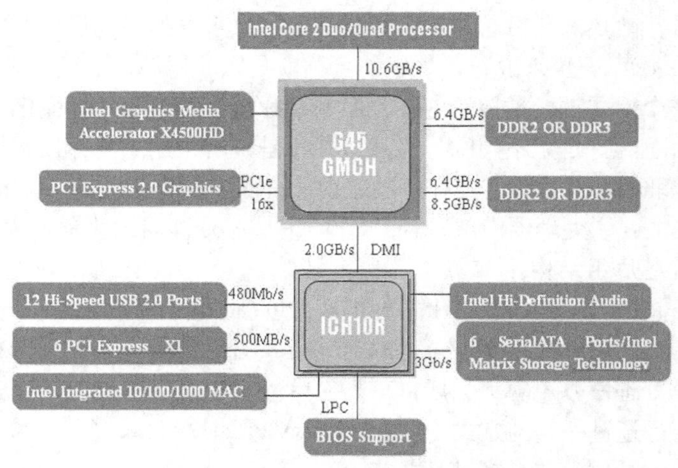

图 3-5　G45 芯片组框架示意图

与传统的南北桥结构相比。HUB 结构具有以下几个优点。

第一，HUB 结构速度更快。

Hub-Link 的速率为 4×66MHz×1Byte=266MB/s，这是 PCI 输出（33MHz×32bit=133MB/s）的 2 倍。DMI 总线更是达到了 2.0GB/s 的并发带宽。

第二，PCI 负载减少。

HUB 接口独立于 PCI 总线，它不共享或抢占芯片组和超级 I/O 的 PCI 总线带宽。由于 PCI 总线不再处理这些相关的事务，因而提高了与 PCI 总线相连的其他设备的性能。

第三，主板的布线减少。

尽管 HUB 接口速率是 PCI 的 2 倍。但它只需要 8bit 宽，DMI 更是采用了串行点对点的连接方式。

随着技术的发展，Intel 推出了 i3、i5、i7 系列 CPU，MCH 被集成到 CPU 当中，这样 CPU 访问内存中的数据时，无需再通过 FSB，Intel 为此专门开发了新的 QPI 总线。

Intel 的 QuickPath Interconnect 技术缩写为 QPI，译为快速通道互联。事实上它的官方名字叫做 CSI（Common System Interface 公共系统界面），用来实现芯片之间的直接互联，而不是再通过 FSB 连接到北桥，矛头直指 AMD 的 HT 总线。包括速度、每个针脚的带宽、功耗等一切规格都要超越 HT 总线。

QPI 最大的改进是采用单条点对点模式，QPI 的输出传输能力非常惊人，在 4.8Gbit/s 至 6.4GT/s 之间。一个连接的每个方向的位宽可以是 5、10、20bit。因此每一个方向的 QPI 全宽度链接可以提供 12GB/s 至 16GB/s 的带宽，此时每一个 QPI 链接的带宽为 24 GB/s 至 32GB/s。

3．扩展总线插槽

扩展总线插槽用于插接外设的接口卡并通过接口连接各种外部设备，其标准有 ISA（EISA）、FDC（软驱接口）、AGP、PCI、PIC-E、ATA、SATA 和 PCMCIA 等。其中 ISA（EISA）标准已淘汰；FDC 标准、AGP 标准也处于淘汰的边缘；ATA 则逐渐被 SATA 取代；PCMCIA（亦称 PC 卡）仅用于笔记本电脑中，已被 PCI-E 取代。

PCI 插槽主要用于声卡、网卡和内置 Modem 卡等，速率为 133MB/s。由于这些卡上的芯片基本都集成到南桥芯片中，所以主板上 PCI 插槽越来越少。当集成的某功能芯片有故障或不想使用其支持的标准时，可插单独的接口卡使用。

AGP 插槽只用显卡。AGP 标准有 AGP 1X、AGP 2X、AGP 4X 和 AGP 8X 等。最高的 AGP 8X 的传输速率可达 2.1GB/s。

PCI-E 即 PCI-Express，其标准根据位宽（通道数）不同有 1X、4X、8X、16X、32X 等。它是在 PCI 基础上发展起来的。且比 PCI 快得多的总线接口标准并支持热插拔，其中 PCI-E 16X 专为显卡设计，用于取代 AGP 总线，其双向数据传输速率可达 8GB/s。PCI-E 16X2.0 则达到 16GB/s。预计 PCI-E 3.0 规范可达到 32GB/s。

SATA 是 Serial ATA 的缩写，即串行 ATA，如图 3-6 所示。这是一种完全不同于并行 ATA 的新型硬盘接口类型，由于采用串行方式传输数据而得名。SATA 总线使用嵌入式时钟信号，具备了更强的纠错能力，与以往相比其最大的区别在于能对传输指令（不仅仅是数据）进行检查，如果发现错误就会自动矫正，这在很大程度上提高了数据传输的可靠性。串行接口还具有结构简单、支持热插拔的优点。个人计算机上主要用来连接硬盘和光驱。

SATA 的接口有 SATAI 和 SATAII，SATAI 的带宽为 150MB/s，SATAII 的带宽为 300MB/s。目前主流接口为 SATAII。

4．内存插槽

内存插槽用于插接内存条，有 168、184 和 240 线等规格，分别对应 168 线的 SDRAM 内存条、184 线的 DDR 内存条和 240 线的 DDR2 和 DDR3 内存条。这些插槽的外观尺寸一样。但凸点位置不同。另外，有一种 184 线的 RDRAM 内存条，由于数据传输模式不同，不能与 DDR 内存条通用 184 线的插槽。

对于双通道内存的配置，必须成对地配备内存条。支持双通道内存的主板一般用颜色和距离来区分内存插槽，颜色不同、距离紧挨着的是一对，将两条完全一样的内存条插入一对插槽中即可。一般来说，Intel 芯片组的主板配置双通道时对内存类型和容量要求很高，两根内存条必须完全一致，而其他芯片组的主板则允许不同容量和类型的内存共存，只要是两根内存条即可，如图 3-7 所示。

图 3-6　SATA 接口

图 3-7　内存插槽

5．电源插座

电源插座是为主板及其上各部件供电的输入口，不同布局结构的主板其电源插座是不一样的，目前常用的主板上都有一个 20Pin+4 Pin 或 24Pin 的主板电源，具有防插错结构。在软件的配合下，ATX 电源可以实现软件开机或关机。现在的主板上一般还有一个 4Pin 或 8Pin 的+12V CPU 供电插座。

6．外设端口

外设端口用于直接连接某些外设，这些外设接口的控制芯片都已集成到主板上。外设接口包括键盘接口、USB 接口、IEEE 1394 接口、eSATA 接口、并行及串行通信接口（已逐渐淘汰）、显示器接口（整合显卡，包括 DVI、HDMI 及 D-sub 三种标准）、网线接口（整合网卡）以及音频输入/输出接口（整合声卡，有三孔 5.1 声道和三孔 7.1 声道两种）。它们的接口标准一般都不相同，所以通常不会发生插接错误的情况。各主板集成的外设端口类型、数量及排列布局有所不同。

主板 I/O 接口丰富，图 3-8 所示为典型的 ATX 主板外部 I/O 连接器面板的情况。其主要组成有如下几部分。

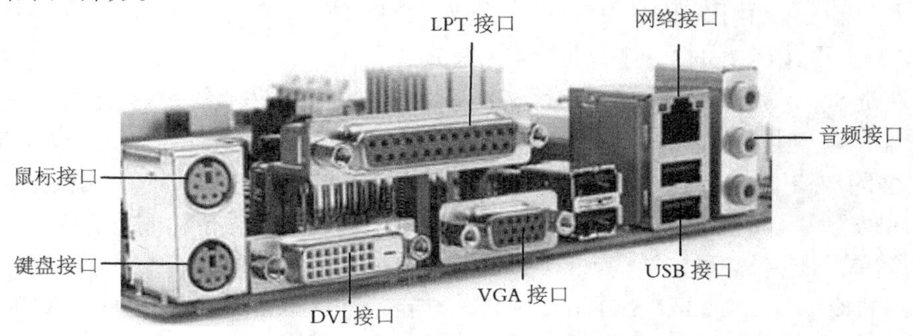

图 3-8　典型的 ATX 主板外部 I/O 连接器面板

（1）键盘和鼠标的接口一般是 PS/2 或 USB 接口，对于 USB 接口可不用区分，对于 PS/2 接口则要区分，通常用不同的颜色来区分，绿色 PS/2 为鼠标接口，紫色为键盘接口，有时在插口旁也印有标识。

（2）USB 接口的特点是数据传输速率高、支持热拔插，USB 1.1 接口高速方式的传输速率为 1.5MB/s（12Mbit/s），USB 2.0 接口的传输速率为 60MB/s（480 Mbit/s）且兼容 USB 1.1 的设备，USB 3.0 的传输速率为 5Gbit/s，Superspeed USB 的最高传输速率将是 USB 2.0 的 10 倍，最低传输速率达到 300MB/s。采用 USB 接口的设备很多，如闪存盘、移动硬盘、键盘鼠标、数码相机、打印机、扫描仪和摄像头等。

（3）另外，有些主板集成有 IEEE 1394 接口，也称火线（Firewire）接口，可以连接各种 1394 接口外部设备，IEEE 1394 接口的最大传输速率为 50MB/s（400 Mbit/s），IEEE 1394b 的接口的传输速率为 100MB/s（800 Mbit/s）。目前，连接高速外设的接口开始逐渐采用 eSATA 接口，实际上就是外置的 SATA 接口。

7．BIOS 芯片及 CMOS 芯片

BIOS（Basic Input Output System，基本输入/输出系统）芯片是主板上的一块只读存储器，存放系统部件的初始化及引导程序，直接控制计算机输入输出设备的各种服务程序。目前，BIOS 芯片都是由 Flash Memory（闪存）做成的，便于将其内容进行刷新，以适应新的硬件，容量一般为几 Mbit。

CMOS 芯片是主板上的一块随机存取存储器，它保存着当前系统的硬件配置和用户参数的设置。CMOS 可能是一块单独的芯片，也可能与系统实时时钟、后备电池集成到一块芯片中。

另外，主板上还装有一个纽扣电池，在关机断电后维持 CMOS 芯片的内容不消失以及系统时钟的运行。

3.3 主流芯片组

芯片组（Chipset）是主板中最重要的部件，是主板的灵魂，主板的功能主要取决于芯片组。每出现一种新型的 CPU，就会有厂商推出与其配套的主板控制芯片组。生产主板芯片组的厂商主要有 Intel、AMD、NVIDIA、VIA 等，虽然生产芯片组的厂家不多，但生产主板的厂家很多。由于当前 CPU 市场上以 Intel 和 AMD 为主，芯片组依附于 CPU，所以现在的芯片组一般分为 Intel 平台和 AMD 平台两大系列，而 Intel 平台占有的份额最大。

1．Intel 平台芯片组

首先介绍 Intel 平台芯片组命名规则。总体来说，Intel 芯片组的命名方式大致情况如下：没有后缀字母通常是最初版本；M（Mobile）是移动版本，用于笔记本电脑；P（Performance）是主流版本，无集成图形芯片；G（Graphics）是主流的集成图形芯片的版本；S（Special）是特别版本（简化）；E（Enhance）是增强、进化版本；V（Value）是低价版本；L（Lite）是精简版本。PL 相对于 P 是简化版本；PE 相对于 P 是进化版本；GV 和 GL 相对于 G 是集成图形芯片的简化版，没有外接显卡插槽；GL 在规格上有所简化；GE 相对于 G 是集成图形芯片的进化版。

近期 Intel 芯片组的命名方式发生了变化，取消后缀，而采用前缀方式。表示芯片组 H 表示消费入门级芯片组，Z 表示消费主流级芯片组，B 表示商业入门级芯片组，Q 是指面向商业用户的企业级芯片组，X 是指面向发烧友的消费芯片组。例如 P965 和 Q965 等，X 和 XE 系列在高端芯片组中，无集成图形芯片。

目前市场上 Intel 主流芯片组有 4 系列、5 系列、6 系列和 7 系列芯片组。

（1）4 系列芯片组。

INTER 4 系列芯片组，主要包括 P45、P43、G45、G43 四款型号。4 系列芯片组全面支持 Core/Penryn Core 2 Duo/Quad 和奔腾 E 系列 775 接口 CPU，G45 承担了 Intel 在整合主板市场的希望，至少在理论上其高清性能并不弱（硬解 VC-1 和 H.264），而且同样支持 DX10。高清播放与输出（HDMI 1.3 和 DisplayPort）是 G45 的一大重点，这全赖于整合的 GMA X4500HD 显示核心。这四款芯片组的主要差异是内存支持规格不同，以及集成显卡与否和功能。四者均同时支持 DDR2-800 和 DDR3-1066 内存，但 P45 和 G45 最多支持 16GB DDR2 和 8GB DDR3，P43 和 G43 则是 8GB DDR2 和 4GB DDR3，而且 G43 每 DIMM 插槽仅支持一个通道。当然 G45 和 G43 都集成了图形核心，但前者是 GMA X4500HD，全面支持高清播放与输出，而后者是 GMA X4500，不支持 MPEG-2、VC-1、H.264 视频硬件解码。

（2）5 系列芯片组。

INTER 5 系列主要是应用于第一代酷睿 I 系的主板，主要产品有 H55、P55 和 X58 芯片组主板，其中 H55 主要适用于低端 I3 平台，P55 主要适用于 I5 和 I7 低端，这两种主板都是 1156 针脚平台。而最高端的 X58 做工用料最好，支持 1366 的顶级 I7 处理器。

（3）6 系列芯片组。

INTER 6 系列主板支持第二代酷睿俗称 SBU 的平台，搭配第二代酷睿 i 系列 1155 接口 CPU。主要产品有 H61、H67、P67 和 Z68 芯片组主板。其中 H61 主要对应的是第一代酷睿 775 针脚平台的 G41 主板升级，H61 不支持 SATA3、USB3.0 等新技术，用料做工方面也较为节省以减低成本，因此售价较低，适用于最低端的用户。H67 的规格比 H61 高，对应的是原来的 H55 系列主板，支持 SATA3 和 USB3.0，普遍适用于 I3 平台，这两种主板都可以支持 CPU 整合的 GPU。P67 作为中端主流产品，普遍适用于 I5 和 I7 低端，很显然，其定位是取代原来的 P55 主板。P67 不支持 CPU 整合的 GPU，因此必须上独显。用料做工方面比 H67 更上一层楼，对硬件的支持更加出色。其最高端是 Z68，毫无疑问是对应原来的 X58，适用于最高端的 I7 平台。

（4）7 系列芯片组。

新的（VB）平台有四款主板，分别为 B75、Z75、H77 和 Z77。B75 主板定位于入门级商用市场，增加了商用的通锐技术，但却失掉了 RAID 磁盘阵列和 SRT 固态硬盘加速技术，定位最低端。Z75 主板是针对中低端超频用户，具备了 RAID 磁盘阵列、处理器超频以及双卡交火功能，但却取消了 SRT 固态硬盘加速技术。H77 主板是当家主打，因此添加了 RAID 磁盘阵列和 SRT 固态硬盘加速技术。Z77 主板针对高端超频用户，不但具备了 RAID 磁盘阵列、处理器超频、SRT 固态硬盘加速技术，甚至还支持三卡交火平台。

2．AMD 平台芯片组

VIA（威盛）支持 AMD AM2 接口 K8 平台的芯片组一共有四款，威盛的芯片组排序比较简单，非内建图形芯片的芯片组为 K8T900 高于 K8T890。在内建图形芯片的芯片组当中，规格排序应为 K8M900 高于 K8N900。另外，威盛的南桥芯片按照功能规格排序为 VT8251 高于 VT8237R Plus，而 VT8237R Plus 高于 VT8237A。值得一提的是 VIA 超便携芯片组 VX800 系列芯片组包括两种型号："VIA VX800" 适合超轻薄笔记本、迷你 PC、嵌入式设备，最大功耗 5W；“VIA VX800U” 为超低电压版本，适合 Mini-Note、UMPC、UMD 等快速发展的超级便携设备，最大功耗 3.5W。

AMD 芯片组的命名方式大致情况如下：M（Mobile）是移动版本，用于笔记本电脑；G（Graphics）是主流的集成显卡芯片组；V（Value）是低价版本；X 是指高端消费芯片组；FX 是指高端消费芯片组面向发烧友的顶级芯片组平台。

AMD 平台原来叫 AM3 平台，芯片组方面，大部分 770、780G、785G、790GX 支持或兼容 AM3；而 870、880G、890GX、890FX 原生搭配 AM3 接口产品。

现在 AMD 平台分两类，第一类 FM1 及 FM2 平台，FM1 配套的主板是 A55 和 A75 二种芯片，AMD 公司于 2011 年 6 月所发表研发代号为“Llano”的新处理器所用的桌上型电脑 CPU 采用 Socket FM1 插槽，针脚有 905 个。目前桌面已经上市的台式机处理器为 AMD Athlon II X4 631、APUA43300、APUA43400 等。“Llano” 处理器于笔记本电脑所用的插槽为 Socket FT1；于上网本所用的插槽为 Socket FS1。

FM1 接口 A75/A55 主板，搭配集成了独显核心的 APU，如 A4 3300 ~ A8 3870。A75 主板与 A55 主板最大的区别，在于是否支持 USB3.0。而更低的价格，则赋予了 A55 主板更为出色的性价比优势。AMD APU 平台最大的优势在于其出色的图形处理性能，根据相关测试 APU 独显核心的图形处理性能已经达到入门独显的性能，面对主流游戏已经可以轻松满足。另一方面，A75 主板原生提供了对 USB3.0 的支持，而价格与 880G 主板基本一致，在整机预算上更占有优势。

Socket FM2 APU 处理器与初代 APU 处理器在处理性能上差距并不大，甚至是持平。但由于 APU 所主打的独显核心性能在新一代 APU 处理器上提升非常明显，因此选择新一代 APU 平台是大势所趋。

由于处理器底座接口的更换使得两代 APU 平台互不兼容，这使得想要选用新一代 APU 处理器的用户无法沿用原有的 A55/A75 主板。市场上采用 FM2 接口 A55 以及 A75 主板应运而生。

新一代 APU 平台芯片组名为 A85，处理器命名方面则进化为 A6/A8/A10。A85 芯片组相对 A75 芯片组在规格方面还是有着不小的提升的。首先在磁盘阵列（RAID）的功能上，A85 芯片组支持 RAID 5 功能，这是 A75 所不具备的。A85 芯片组原生提供了多达 8 个 SATA3 接口的支持，而 A75 为 6 个。A85 将支持多屏的数量由 A75 的 3 个提升到了 4 个。

第二类 AMD 平台接口为 AM3+接口，简单的区别就是看 CPU 插槽的颜色，白色的底座为 AM3，黑色的底座为 AM3+，新的黑色 AM3+接口将全面支持新款 AMD 推土机系列处理器，目前 AMD 主推的推土机型号是 FX4100 四核处理器，另外还有更高端的 6 核及 8 核处理器。支持 AM3+接口的推土机架构目前最好的是 AMD 的 970 芯片组主板；其次是 890 芯片组和 880 芯片组主板。900 系列与 800 系列最大的区别在于支持 IOMMU（Input/Output Memory Management Unit）。IOMMU 是管理对系统内存的设备访问，它位于外围设备和主机之间，将来自设备请求的地址转换为系统内存地址，并检查每个接入的适当权限。

3.4 主板总线及接口

3.4.1 总线简介

总线（Bus）是计算机各种功能部件之间传送信息的公共通信干线，它是由导线组成的传输线束，按照计算机所传输的信息种类，计算机的总线可以划分为数据总线、地址总线和控制总线，分别用来传输数据、数据地址和控制信号。总线是一种内部结构，它是 CPU、内存、输入、输出设备传递信息的公用通道，主机的各个部件通过总线相连接，外部设备通过相应的接口电路再与总线相连接，从而形成了计算机硬件系统。在计算机系统中，各个部件之间传送信息的公共通路叫总线，微型计算机是以总线结构来连接各个功能部件的。在计算机系统中，各个功能部件都是通过系统总线交换数据的，总线的速度对系统性能有着极大的影响。

总线结构有很多优越性。

（1）简化了硬件的设计。便于采用模块化结构设计方法，面向总线的微型计算机设计只要按照这些规定制作 CPU 插件、存储器插件以及 I/O 插件等，将它们连入总线就可工作，而不必考虑总线的详细操作。

（2）简化了系统结构。整个系统结构清晰。连线少，底板连线可以印制化。

（3）系统扩充性好。一是规模扩充，规模扩充仅仅需要多插一些同类型的插件。二是功能扩充，功能扩充仅仅需要按照总线标准设计新插件，插件插入机器的位置往往没有严格限制。

（4）系统更新性能好。因为 CPU、存储器、I/O 接口等都是按总线规约挂到总线上的，因而只要总线设计恰当，可以随时随着处理器的芯片以及其他有关芯片的进展设计新的插件，新的插件插到底板上对系统进行更新，其他插件和底板连线一般不需要改。

（5）便于故障诊断和维修。用主板测试卡可以很方便地找到出现故障的部位以及总线类型。

3.4.2 计算机总线分类

在计算机系统中，有各式各样的总线。这些总线可以从不同的层次和角度进行分类。

（1）按相对于 CPU 或其它芯片的位置可分为片内总线和片外总线。在 CPU 内部，寄存器之间和算术逻辑部件 ALU 与控制部件之间传输数据所用的总线称为片内总线（即芯片内部的总线）；通常所说的总线（Bus）指片外总线，是 CPU 与内存 RAM、ROM 和输入/输出设备接口之间进行通信的通路。有的资料上也把片内总线叫做内部总线或内总线（Internal Bus），把片外总线叫做外部总线或外总线（External Bus）。

（2）按总线的层次结构可分为 CPU 总线、存贮总线、系统总线和外部总线。

CPU 总线：包括地址线（CAB）、数据线（CDB）和控制线（CCD），它用来连接 CPU 和控制芯片。

存储总线：包括地址线（MAB）、数据线（MDB）和控制线（MCD），用来连接存储控制器和 DRAM。

系统总线：也称为 I/O 通道总线，包括地址总线（SAB）、数据总线（SDB）和控制总线（SCB），用来与扩充插槽上的各扩充板卡相连接。系统总线有多种标准，以适用于各种系统。

外部总线：用来连接外设控制芯片，如主机板上的 I/O 控制器和键盘控制器。

CPU 总线、存储总线、外部总线在系统板上，不同的系统采用不同的芯片集。这些总线不完全相同，也不存在互换性问题。系统总线是与 I/O 扩充插槽相连的，I/O 插槽中可插入各式各样的扩充板卡，作为各种外设的适配器与外设连接。系统总线必须有统一的标准，以便按照这些标准设计各类适配卡。因此，大家实际上要讨论的总线就是系统总线，各种总线标准也主要是指系统总线的标准。

在 CPU 与外设一定的情况下，总线速度是制约计算机整体性能的最大因素。计算机系统总线的详细发展历程，包括早期的 PC 总线和 ISA 总线、PCI/AGP 总线、PCI-X 总线以及主流的 PCI Express、HyperTransport 高速串行总线。从 PC 总线到 ISA、PCI 总线，再由 PCI 进入 PCI Express 和 HyperTransport 体系，计算机在这三次大转折中也完成三次飞跃式的提升。与这个过程相对应，计算机的处理速度、实现的功能和软件平台都在进行同样的进化，显然，没有总线技术的进步作为基础，计算机的快速发展就无从谈起。如今，业界站在一个崭新的起点：PCI Express 和 HyperTransport 开创了一个近乎完美的总线架构。

3.4.3 主板主要总线及接口

1. PCI 总线及接口

PCI（Peripheral Component Interconnect）是外设部件互连标准的缩写，它是目前个人电脑中使用最为广泛的接口，几乎所有的主板产品上都带有这种插槽。PCI 插槽也是主板带有最多数量的插槽类型，在目前流行的台式机主板上，ATX 结构的主板一般带有 5~6 个 PCI 插槽，而小一点的 MATX 主板也都带有 2~3 个 PCI 插槽，可见其应用的广泛性。

PCI 是由 Intel 公司 1991 年推出的一种局部总线。从结构上看，PCI 是在 CPU 和原来的系统总线之间插入的一级总线，具体由一个桥接电路实现对这一层的管理，并实现上下之间的接口以协调数据的传送。管理器提供了信号缓冲，使之能支持 10 种外设，并能在高时钟频率下保持高性能，它为显卡，声卡，网卡，MODEM 等设备提供了连接接口，它的工作频率为 33MHz/66MHz。

PCI 总线是一种不依附于某个具体处理器的局部总线。从结构上看，PCI 是在 CPU 和原来的系统总线之间插入的一级总线，具体由一个桥接电路实现对这一层的管理，并实现上下之间的接口以协调数据的传送。管理器提供了信号缓冲，使之能支持 10 种外设，并能在高时钟频率下保持高性能。PCI 总线也支持总线主控技术，允许智能设备在需要时取得总线控制权，以加速数据传送。PCI 总线的连接如图 3-9 所示。

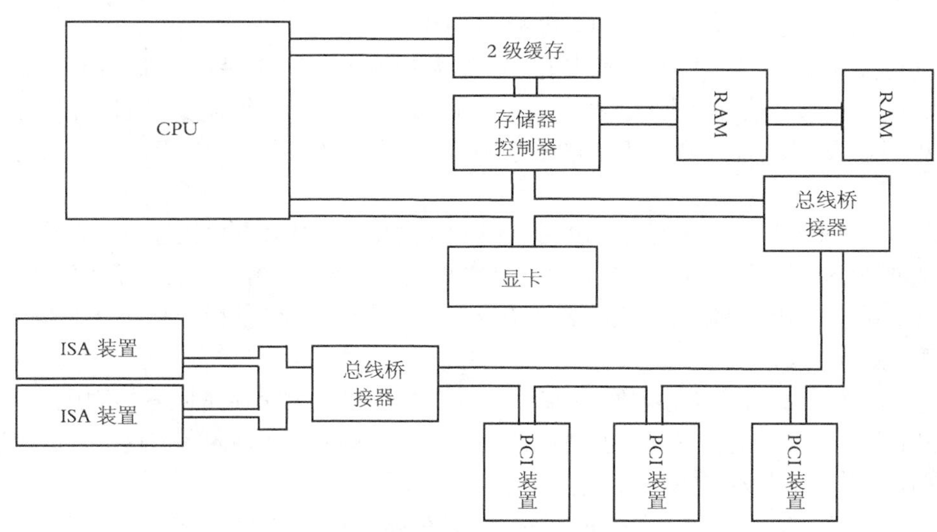

图 3-9 PCI 总线概念图解

多数 PC 中都使用这种 32-bit、33MHz 标准的 PCI，不过还有另外几种 PCI 标准，如表 3-1 所示。

表 3-1 PCI 总线类型

PCI 总线类型	总线宽度（bit）	总线速度（MHz）	数据周期/时钟周期	带宽（MB/s）
PCI	32	33	1	133
PCI 66MHz	32	66	1	266
PCI 64 位	64	33	1	266
PCI 66MHz/64 位	64	66	1	533
PCI-X	64	133	1	1066

图 3-10、图 3-11 和图 3-12 所示为三种常见的 PCI 插槽。

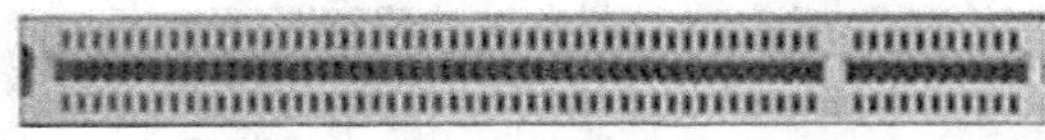

图 3-10　32 位 33 MHz PCI 插槽

图 3-11　64 位 32 MHz PCI 插槽

图 3-12　64 位 66 MHz PCI 插槽

2．AGP 总线及接口

AGP 为 Accelerate Graphical Port（加速图形端口）的缩写。随着显示芯片的发展，PCI 总线越来越无法满足其需求。英特尔于 1996 年 7 月正式推出了 AGP 接口，它是一种显示卡专用的局部总线。严格的说，AGP 不能称为总线，它与 PCI 总线不同，因为它是点对点连接，即连接控制芯片和 AGP 显示卡，但在习惯上大家依然称其为 AGP 总线。AGP 接口是基于 PCI 2.1 版规范并进行扩充修改而成，工作频率为 66MHz。

AGP 总线直接与主板的北桥芯片相连，且通过该接口让显示芯片与系统主内存直接相连，避免了窄带宽的 PCI 总线形成的系统瓶颈，增加 3D 图形数据传输速度，同时在显存不足的情况下还可以调用系统主内存。所以它拥有很高的传输速率，这是 PCI 等总线无法与其相比拟的。

由于 AGP 独立于 PCI，使用 AGP 可以使 PCI 主要去完成输入输出设备的数据传输，如 IDE/ATA 或 SCSI 控制器，USB 控制器和声卡等等。除了能够得到更快的视频性能以外，Intel 设计 AGP 的主要原因是使得显卡与系统内存之间具备高速连接，从而得到一个成本低但快速高效的视频解决方案。

AGP 允许直接使用显卡访问系统内存，把大量的纹理数据储存在系统内存中，需要时直接从那里而不是本地显存里调用。高性能的显卡将需要越来越多的内存，这对于运行高性能的 3D 视频应用程序尤为重要。

AGP 是高速连接，工作的基频率为 66MHz，是标准 PCI 的 2 倍。在基本 AGP 模式中叫做 1x，每个周期完成 1 个传送。

表 3-2 所示为不同 AGP 模式间时钟速率及数据传送速率的不同。

表 3-2　　各种 AGP 模式的时钟速度和带宽

AGP 总线类型	总线宽度（bit）	总线速度（MHz）	数据周期/时钟周期	带宽（MB/s）
AGP	32	66	1	266
AGP 2x	32	66	2	533
AGP 4x	32	66	4	1066
AGP 8x	32	66	8	2133

因为工作电压方面的差异，不同 AGP 模式对应的 AGP 插槽也不一样，所以需要特别注意。这就是说 AGP 8x 与旧有的 AGP 1x/2x 不兼容。而对于 AGP 4x 系统，AGP 8x 显卡仍旧在其上工作，但仅会以 AGP 4x 模式工作，无法发挥 AGP 8x 的优势。在安装前一定要检查 AGP 显卡与主板的兼容性，以防产生各种麻烦。

3．PCI-E 总线及接口

高性能的图形芯片在多年前就第一个从 PCI 总线中分离出来,形成单独的 AGP 总线技术。2003 年 7 月 16 日，PCI Express 1.0 技术规范发布了。PCI Express 从名称上来看似乎同 PCI 有着很大的关系，但实际上这并不是 PCI 技术的延续，PCI Express 的出现改写了大家使用的计算机的架构。它不只要取代 PCI 及 AGP 的插槽，同时也将是一些计算机内部系统连接接口。

PCI Express 技术具有双通道，高带宽，传输速度快，距离远的特点。在数据传输模式上，PCI Express 总线采用独特的双通道串行传输模式，类似于全双工模式。一条 PCI Express 通道为 4 条连线，发送和接收数据的信号线各一根，另外各一根独立的地线。串行传输方式减少了传输线路，也大大减轻线路间的信号干扰和电磁干扰，所有能轻松将数据传输速度提到一个极高的频率，也能将数据流传送到更远的距离。PCI Express 总线传输数据时，时钟信号是直接植入数据流中，而不是作为独立信号，这样 10bit 才能传输 1byte 的数据量，因此实际带宽只有数据传输率的 80%。目前数据传输频率为 2.5GHz，每个通道的单向实际带宽就是 250MB/s。PCI Express 总线还支持双向传输，从而能把带宽扩大一倍。PCI Express 总线传输数据时最长传输距离达到了 3 米。表 3-3 所示为不同 PCI Express 模式间时钟速率及数据传送速率的不同。

表 3-3　　各种 PCI Express 模式的时钟速度和带宽

PCI 总线类型	总线宽度（bit）	总线速度（GHz）	数据周期/时钟周期	带宽（MB/s）
PCI Express X1	1	2.5	1	250
PCI Express X2	1	5	1	500
PCI Express X4	1	10	1	1000
PCI Express X8	1	20	1	2000
PCI Express X16	1	40	1	4000

PCI Express 技术实现两个设备之间点对点互联，设备独享通道带宽。PCI Express 总线在两个芯片之间使用接口连线；设备之间使用数据电缆；在与扩展卡之间使用扩展插槽进行连接。与 PCI 中所有设备共享同一条总线资源不同，PCI Express 总线采用点对点技术，能够为每一块设备分配独享的通道带宽，不需要在设备之间共享资源，充分保障各设备的带宽资源，提高数据传输速率。

PCI Express 的插槽根据总线位宽不同而有所差异，包括 X1、X4、X8 以及 X16（见图 3-13 和图 3-14），图 3-14 中 PCI Express X1 为白色短槽、PCI Express X4 为黑色插槽和 PCI Express X16 为蓝色长槽，而 X2 模式将用于内部接口而非插槽模式，由此可见 PCI Express 有非常强的伸缩性，以满足不同系统设备对数据传输带宽不同的需求。此外，较短的 PCI Express 适配器可以插入较长的 PCI Express 插槽中使用。PCI Express X1 的 250MB/s 传输速度已经可以满足主流声卡、网片和存储设备对数据传输带宽的需求，但是还远远无法满足图形芯片对数据传输带宽的需求。因此，用于取代 AGP 的 PCI Express 接口位宽为 X16，即便有编码上的损耗仍能够提供约为 4GB/s 左右的实际带宽，远远超过 AGP 8X 的 2.1GB/s。

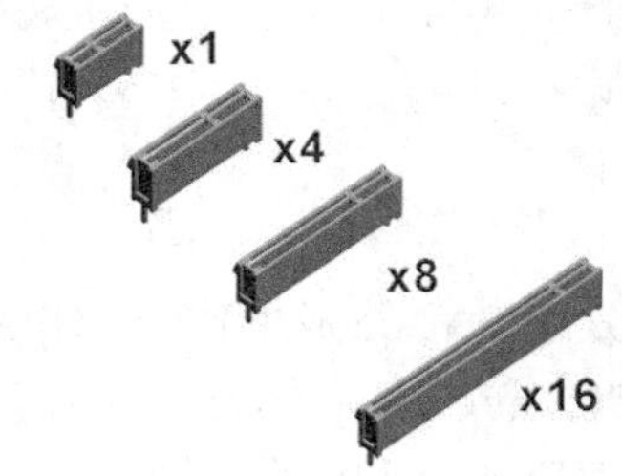

图 3-13　PCI Express 不同模式插槽

图 3-14　PCI Express 插槽

4．HT 总线

HyperTransport 是 AMD 为 K8 平台专门设计的高速串行总线。在基础原理上，与目前的 PCI-E 非常相似，都是采用点对点的单双工传输线路，引入抗干扰能力强的 LVDS（Lightning Data Transport 闪电数据传输）信号技术，即命令信号、地址信号和数据信号共享一个数据路径，支持 DDR 双沿触发技术等，但两者在用途上截然不同，PCI Express 作为计算机的系统总线，而 HyperTransport 则被设计为两枚芯片间的连接，连接对象可以是处理器与处理器、处理器与芯片组、芯片组的南北桥、路由器控制芯片等，属于计算机系统的内部总线范畴。

第一代 HyperTransport 的工作频率为 200～800MHz，并允许以 100MHz 为幅度作步进调节。因采用 DDR 技术，HyperTransport 的实际数据激发频率为 400MHz～1.6GHz，最基本的 2bit 模式可提供 100～400MB/s 的传输带宽。不过，HyperTransport 可支持 2、4、8、16 和 32bit 等 5 种通道模式，在 400MHz 下，双向 4bit 模式的总线带宽为 0.8GB/s，双向 8bit 模式的总线带宽为 1.6GB/s；800MHz 下，双向 8bit 模式的总线带宽为 3.2GB/s，双向 16bit 模式的总线带宽为 6.4GB/s，双向 32bit 模式的总线带宽为 12.8GB/s，远远高于当时任何一种总线技术。

2004 年 2 月，HyperTransport 技术联盟（Hyper Transport Technology Consortium）又正式发布了 HyperTransport 2.0 规格，由于采用了 Dual-data 技术，使频率成功提升到了 1.0GHz、1.2GHz 和 1.4GHz，双向 16bit 模式的总线带宽提升到了 8.0GB/s、9.6GB/s 和 11.2GB/s。Intel 915G 架构前端总线在 6.4GB/s。目前 AMD 的 S939 Athlon64 处理器都已经支持 1GHz Hyper-Transport 总线，而最新的 K8 芯片组也对双工 16bit 的 1GHz Hyper-Transport 提供了支持，令处理器与北桥芯片的传输速率达到 8GB/s。

2007 年 11 月 19 日，AMD 正式发布了 HyperTransport 3.0 总线规范，提供了 1.8GHz、2.0GHz、2.4GHz、2.6GHz 几种频率，最高可以支持 32 通道。32 位通道下，单向带宽最高可支持 20.8GB/s 的传输效率。考虑到其 DDR 的特性，其总线的传输效率可以达到史无前例的 41.6GB/s。

超传输技术联盟(HTC)在 2008 年 8 月 19 日发布了新版 HyperTransport 3.1 规范和 HTX3 规范，将这种点对点、低延迟总线技术的速度提升到了 3.2GHz。

3.5 主板新技术

1. 3D BIOS

3D BIOS 是技嘉 X79 主板的招牌特色，它将主板的超大"靓照"作为操作界面，用户的鼠标移到主板的某一部分，那一部分就会亮起，并对用户进行功能提示。想调节主板功能，只需单击主板相应的模块即可。比如，想调节处理器主频，直接单击处理器插槽；而想调节处理器的电压，则单击供电模块就行。一切操作都显得非常直观，可有效避免在繁多的 BIOS 选项中查找调节项的情况。作为目前界面设计最出色的 BIOS 系统，技嘉 3D BIOS 的应用体验绝对会让每一位用户难忘。

2. Driver MOSFET

在主板的供电模块上，就有一个类似原理的料件——Driver MOSFET。传统的电压调节模块（VRM）由电感、电容、MOSFET 和驱动 IC 组成。按照 Driver MOSFET 规范，通过将 MOSFET 和驱动 IC 整合进一颗芯片里，就可以实现更高的电源传输效能，在更高的交换频率上增加供电效率，来满足日益增长的处理器供电需求。同时，这样的整合设计，还有助于简化电源模组周边的空间运用，提供了一个更整洁的处理器周边环境，并让 MOSFET 的发热量更低。Driver MOSFET 技术最早被用在服务器主板上，现在在一些家用的中高端主板上。

3. 主板新接口技术

SATA 是 Serial ATA 的缩写，即串行 ATA。这是一种完全不同于并行 ATA 的新型硬盘接口类型，由于采用串行方式传输数据而得名。SATA 总线使用嵌入式时钟信号，具备了更强的纠错能力，与以往相比其最大的区别在于能对传输指令（不仅仅是数据）进行检查，如果发现错误会自动矫正，这在很大程度上提高了数据传输的可靠性。串行接口还具有结构简单、支持热插拔的优点。

在此有必要对 Serial ATA 的数据传输速率作一下说明。就串行通信而言，数据传输速率是指串行接口数据传输的实际比特率，Serial ATA 1.0 的传输速率是 1.5Gbit/s，Serial ATA 2.0 的传输速率是 3.0Gbit/s。与其他高速串行接口一样，Serial ATA 接口也采用了一套用来确保数据流特性的编码机制，这套编码机制将原本每字节所包含的 8 位数据（即 1Byte=8bit）编码成 10 位数据（即 1Byte=10bit），这样一来，Serial ATA 接口的每字节串行数据流就包含了 10 位数据，经过编码后的 Serial ATA 传输速率就相应地变为 Serial ATA 实际传输速率的十分之一，所以 1.5Gbps=150MB/sec，而 3.0Gbps=300MB/s。SATA 3.0 最大的改进之处，就是将总线最大传输带宽提升到了 6Gbps。

USB3.0 接口是新一代的 USB 接口，其特点是传输速率非常快，理论上能达到 4.8Gbps，比现在的 480Mbps 的 High Speed USB（简称 USB 2.0）快 10 倍，外形和现在的 USB 接口基本一致，能兼容 USB 2.0 和 USB 1.1 设备。名叫 USB 3.0 的新一代接口比现在的 USB 2.0 快十倍，全面超越 IEEE 1394 和 eSATA 的速度足以让它傲视所有"非主流"接口的移动设备。在信号传输的方法上仍然采用主机控制的方式，不过改为了异步传输。USB 3.0 利用了双向数据传输模式，而不再是 USB 2.0 时代的半双工模式。简单说，数据只需朝着一个方向流动就可以了，简化了等待引起的时间消耗。

近期 SATA 6GB/s 接口和 USB3.0 接口的快速普及大大提高了用户的数据传输效率。除了少数入门级芯片组主板外，大部分主板都拥有了原生的 SATA 6Gb/s 接口；而 USB 3.0 接口，虽然只有 A75 主板拥有原生配备，但第三方的方案倒是不少，它也已成为了目前中高端主板的标配。当然，传统的 USB 2.0 接口的功能也在丰富，比如厂家加强了主板 USB 2.0 接口的供电，能为外置设备带来更充沛的电力输出，增加外置设备的兼容性和稳定性，避免外置移动硬盘等设备单 USB 2.0 接口供电不足的情况发生。

这几年移动终端设备的持续火热，让各主板厂商为 USB 接口带来了新的功能——在主机关机的情况下，为这些设备充电。类似的技术有技嘉 ON/OFF Charge、华硕的 AI Charger 和映泰的 Charger booster 等，这些技术不仅能让计算机随时为移动设备充电，更可支持快速充电功能，最高可节省高达 40%的充电时间，这样使用更有效率。

4．显卡切换技术

ATI 双显卡技术的特点是支持热切换，不需要关机即可完成集成显卡和独立显卡的切换过程。支持一键硬切换功能，可以通过硬件和软件两种形式来实现，操作时比较清晰、一目了然、可控制性强。运用 AIT 双显卡的代表产品有联想的 Y460、宏碁的 4745G 以及华硕的 A42 系列等。

显卡切换技术还有 NVIDIA Optimus，不过目前这项技术只能服务于笔记本电脑。它能侦测平台的 3D 负载，在核芯显卡和独立显卡间进行切换，让用户性能和功耗取得平衡。

在 Z68 主板上有一款名为 Virtu 的软件。它通过拦截系统的 API 请求，然后根据分工将其发送给相应的 GPU，而无需用户手动操作。比如运行编码软件时，Virtu 就会发送 API 请求给核芯显卡，通过核芯显卡的 Quick Syns 功能提高转码效率；而运行游戏时，Virtu 就会切换至独立显卡，从而创造绚丽的游戏效果。

5．PCI-E 3.0

PCI−E 3.0 与 PCI−E 2.0 的最大区别在于数据吞吐量上。PCI−E 2.0 的信号强度为 5GT/s，从而实现 500MB/s 的数据吞吐能力。一个 lane 数据通路，被定义为 x1，它的数据传输能力即是 500MB/s。因此，具备 PCI−E 2.0 x16 的规格，意思就是它配备了 16 条 lane 数据通路，就可以实现 8GB/s 的数据吞吐能力。PCI−E 3.0 与前者类似，在结构上并无太大变化，只是数据传输能力被加强，可达到 8GT/s 的信号强度。

显卡是 PCI−E 协议发展的第一动力，PCI−E 3.0 最主要的作用无疑是满足显卡数据交换的需要。目前 AMD 的 HD7000 系列显卡支持 PCI−E3.0。应该看到，随着 GPU 通用计算的快速发展，GPU 的数据传输量也越来越大，在高性能计算机、并行处理等场合中，PCI−E3.0 的高带宽无疑会有良好的应用前景。

3.6 主板的选购

3.6.1 识别主板品质

判断一款主板好坏的标准，主要从用料、做工、附加功能和使用是否简单等方面来进行。

1．主板用料

如果说设计是主板的灵魂，决定着这款主板生产出来之后可能达到的水平，那么，一款主板的用料就是它的血肉，用料好的主板，自然能够更加健壮。特别是在 CPU 供电单元，供电设计，热管散热，固态电容和封闭式电感。在一般情况下也就只有通过简单的办法来分辨。

很多产品都会遵循一个原则，那就是好的产品在外观上也会更好，成本较低、质量一般的产品，在外观方面也就不是很在意，因此，最简单的区分办法就是从外观来区分，观察外壳材质、印刷字体等，就大概可以看出这个产品的定位了。

2．主板做工

好的做工对于一款主板来说必不可少，无论设计多么完美、用料多么高端，粗糙的做工，足以将一款主板从天堂打到地狱。

考察主板的做工，应该更多的将目光放在具体的某块主板上，因为做工不比用料、设计这些方面，有可能很多主板上都做得很好，就是某一块主板上出现了一些问题，所以，在买主板的时候，对于自己拿到手的这块主板应该更注重检查细节部分。例如主板上的元件是否排列整齐，在主板上的位置是否正确等。

3．主板的易用性

每款主板的设计都各不相同，这不仅仅体现在主板的布局上，同时一款主板是否方便使用，也是考察其设计是否够好的重要条件。例如注意显卡会不会遮挡住 PCI-E 插槽的显卡卡扣，尤其是显卡的散热器比较大时取下显卡的容易程度。

4．用户需求

关注自己的需要，还是应该放在第一位，不因为一些自己用不上的功能而多花钱，也不应该为了省钱而不顾自己的需要，这是一个原则问题。哪些主板是符合自己需要的？这就要更多的去了解市场信息，发现合适的主板了。例如有的主板提供了无线网卡、有的主板提供了自动超频软件，显示方面提供 DVI、HDMI 接口等特色卖点。对于不需要的用户来说，没有什么意义，而对于有需要的用户来说，应当注意这些问题。用户需求这个问题实际是选购中最重要的。

3.6.2 主板的选购

面对性能各异、价格不一的主板，要考虑的因素很多，选购主板可遵循一系列原则。

1．实际需求和应用环境

用户应按自己的实际需要选购主板，不要盲目地选择高档主板，同时一定要注意主板所用芯片组是否与 CPU 配套，该芯片组的性能能否满足 CPU 的要求。此外要看应用环境，它对选择主板尺寸、支持 CPU 性能等级及类型、需要的附加功能等都会有一些影响。

2．品牌的考虑

主板是一种高科技、高工艺融为一体的集成产品，因此作为消费者来说，应考虑“品牌”问题。品牌决定产品的品质，一个以品牌做保证的主板，会对其计算机系统的稳定运行提供牢固的保障。

总的来说选择一款合适的主板不是一件简单的事情，不仅需要知道如何选择，同时也需要对市场上的产品有更多的了解，否则也很难选到最符合自己需要的产品。

当然，选购主板时用户对自己要求的主板标准各不相同，具体可根据各自的经济条件和工作需要进行选购。选购时，除以上质量鉴别的通法外，还要注意主板的说明书及品牌，若您的硬件知识不是很扎实的话，建议不要购买那些没有说明书或字迹不清无显著品牌的主板。

3.7 实训：主板的安装与维护

3.7.1 实训任务

完成主板的安装与维护。

3.7.2 实训准备

计算机组装工具、机箱及主板。

3.7.3 实训实施

1．主板的安装

主板的安装过程中要注意防静电，可通过摸水管释放静电，注意避免用手抚摩主板。

安装时应合理放置相关工具，铺设防静电桌布，取出硬件配件并在工作台上有序摆放，正确配带防静电手腕带。按如下正确步骤安装。

首先安装主板底座的铜柱，用钳子固定紧；如果电源没有安装，此时将电源安装好。注意：为适应不同规格的主板，机箱上面的螺钉孔位较多，安装主板的铜柱时必须与主板固定孔位一致，可以先拿主板比照后再安装。如图 3-15 所示。

其次安装的接口挡板。

注意：主板的接口挡板和主板是配套的，不同的主板其外部接口可能不同，故要注意接口挡板与主板接口是否一致。如图 3-16 所示。

最后将主板安装进机箱，拧好固定螺丝。

注意：在固定螺丝时，每颗螺丝不要一次性地拧紧，等全部螺丝安装到位后，再将每颗螺丝拧紧，这样的好处是随时可以对主板的位置进行调整。如图 3-17 所示。

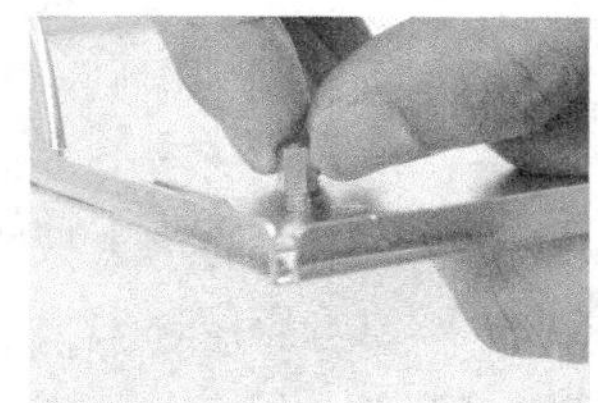

图 3-15　安装主板的底座的铜柱

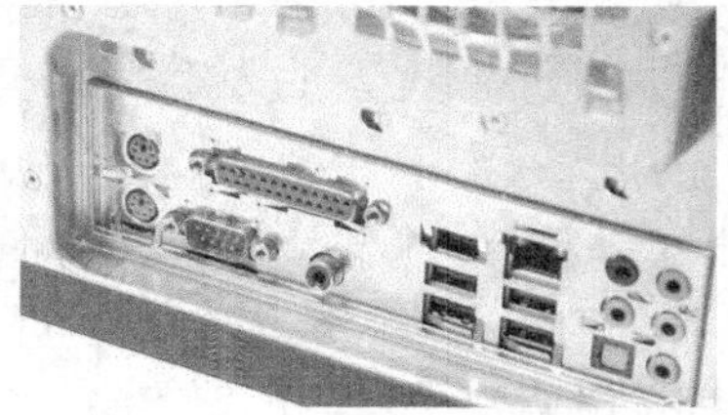

图 3-16　安装主板的接口挡板

图 3-17　固定主板螺丝

2．主板的维护

主板的性能好坏在一定程度上决定了计算机的性能，有很多的计算机硬件故障都是因为计算机的主板与其他部件接触不良或主板损坏所产生的，做好主板的日常维护，一方面可以延长计算机的使用寿命，更主要的是可以保证计算机的正常运行，完成日常的工作。

在计算机主板的日常维护中，如未选购防雷主板，应避免在打雷时使用计算机，另外在使用时还需要注意以下几点。

第一，需要有良好的散热。电脑应摆放在宽敞的空间内，周围要保留散热空间。

第二，需要防尘。灰尘过多就有可能使主板与各部件之间接触不良，产生这样那样的未知故障，电脑应放置于整洁的房间内。灰尘几乎会对电脑的所有配件造成不良影响，从而缩短其使用寿命或影响其性能。灰尘偶尔会使电路短路。应注意除尘，一般半年一次。

第三，防潮。如果环境太潮湿的话，主板很容易变形而产生接触不良等故障，影响正常使用。另外，在组装计算机时，固定主板的螺丝不要拧得太紧，各个螺丝都应该用同样的力度，如果拧得太紧的话也容易使主板产生形变。电脑在长时间没有使用的情况下，建议定期开机运行一下，以便驱除其内的潮气。但是如果长期开机也会使电路急速老化，影响计算机使用寿命。

3.8 习题

1. 主板由哪些部分组成？各部分的功能又是什么？
2. 简述 BIOS 与 CMOS 的区别及联系。
3. 芯片组与 CPU 及内存显示模块有何关系？主流芯片组有哪些？
4. 主流芯片组的技术有哪些？
5. AGP、PCI、PCI-E 总线有何区别？
6. 主板新技术有哪些？
7. 选购主板要注意哪些问题？
8. 如何维护主板？

PART 4

第 4 章 内存

4.1 内存概述

存储器分为内存储器与外存储器。内存储器又称为内存，安装在计算机内部，通常是安装在主板上。大家常说的内存在狭义上是指系统主存，通常使用 DRAM 芯片。它是计算机处理器的工作空间，是处理器运行的程序和数据必须驻留于其中的一个临时存储区域。内存存储是暂时的，因为数据和程序只有在计算机通电或没有被重启动时才保留在这里。在关机或重启动之前，所有修改过的数据应该保存到某种永久性的存储设备上（如硬盘），以便将来它可以重新加载到内存里。

4.1.1 简介

内存是计算机系统中非常重要的组成部分，是标志计算机系统性能的重要标准之一，是 CPU 和硬盘之间数据交换的桥梁。内存通常采用大规模及超大规模集成电路工艺制造，具有密度高、体积小、重量轻、存取速度快等特点，是 CPU 可以直接访问的存储器。在电脑工作时，系统首先会将常用的信息预读取在内存中，使用时再从内存中读取。由于内存的读取速度要比外存的速度快，所以这样就可以提高计算机响应的速度，而一般来说，内存容量越大，预存的信息就会越多，计算机的响应速度也会更快。

内存是计算机系统中非常重要的资源之一，内存的发展速度同样非常惊人。到目前为止，内存已经从早期的 640KB 迅速发展到现在的几 GB。概括来说，内存的种类越来越多，频率越来越高，速度越来越快，容量越来越大，性能越来越强。

4.1.2 分类

一般来说，按内存的物理性质区分，PC 上所使用的内存可以分为两大类，分别是只读存储器（Read Only Memory，简写 ROM）和随机访问存储器（Random Access Memory，RAM）。

（1）只读存储器。

只读存储器是线路最简单的半导体电路，通过掩模工艺，一次性制造，在元件正常工作的情况下，其中的代码与数据将永久保存，内容不会因为断电而丢失，因此，ROM 也被称为非易失性存储器（Nonvolatile Memory）。ROM 一般用于 PC 系统的程序码、主机板上的 BIOS 等，现在的 ROM 可通过特定的方法更改其内容。

（2）随机存储器。

随机存储器（RAM）的特点是电脑开机时，操作系统和应用程序的所有正在运行的数据和程序都会放置其中，并且随时可以对存放其中的数据进行修改和存取。根据制造原理的不同，RAM 又分为静态随机存储器（Static RAM）和动态随机储器（Dynamic RAM）。

现在用的大多是动态随机存储器（DRAM），即 SDRAM（Synchronous Dynamic Random Access Memory），其含义是同步动态随机存储器。同步是指 Memory 工作需要同步时钟，内部的命令发送与数据传输都以它为基准；动态是指存储阵列需要不断的刷新来保证数据不丢失；随机是指数据不是线性依次存储，而是自由指定地址进行数据读写。SDRAM 就是平时所称的内存条。

图 4-1 所示为存储系统。

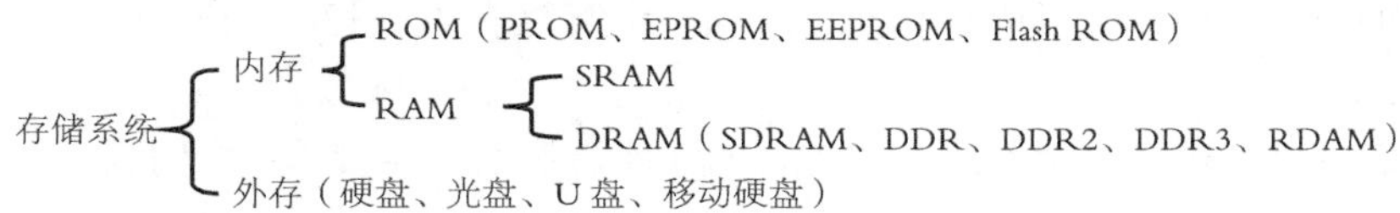

图 4-1　存储系统

4.1.3　主流内存类型

用户通常所说的内存是指动态随机存储器，目前市场上能见到的主流内存类型有 DDR SDRAM、DDR2、DDR3 等，如表 4-1 所示。

表 4-1　常见类型的内存接口及工作电压

内存类型	金手指数	工作电压（V）	数据周期/时钟周期
SDRAM	168	3.3	1
DDR	184	2.5	2
DDR2	240	1.8	4
DDR3	240	1.5	8

4.2　内存结构

内存条其实就是 RAM，其主要的作用是存放各种输入、输出数据和中间计算结果，以及与外部存储器交换信息时做缓冲之用。内存条简称内存，其主要结构如图 4-2 所示。

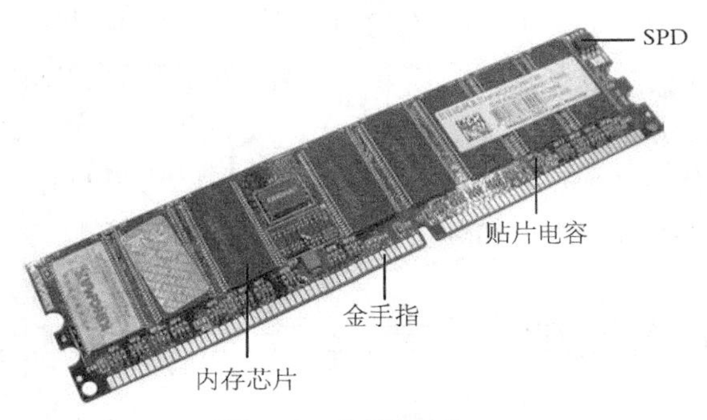

图 4-2　内存的结构

1．PCB 板

内存条的 PCB 板多数都是绿色的。如今的电路板设计都很精密，所以都采用了多层设计，如 4 层或 6 层等，所以 PCB 板实际上是分层的，其内部也有金属的布线。理论上 6 层 PCB 板比 4 层 PCB 板的电气性能要好，性能也较稳定，所以名牌内存多采用 6 层 PCB 板制造。因为 PCB 板制造严密，所以从肉眼上较难分辩 PCB 板是 4 层还是 6 层，只能借助一些印在 PCB 板上的符号或标识来断定。

2．金手指

黄色的接触点是内存与主板内存槽接触的部分，数据就是靠它们来传输的，通常称为金手指。金手指是铜质导线，金手指在表面都运用纳米技术添加了一次能化学物质，不过金手指还是会有氧化的迹象，往往隔一段时间会生成碱式碳酸铜，会影响内存的正常工作，易发生无法开机的故障，所以可以隔一年左右时间用橡皮擦清理一下金手指上的氧化物。

3．内存芯片

内存的芯片就是内存的灵魂所在，内存的性能、速度、容量都是由内存芯片组成的。

4．内存颗粒空位

在内存条上能常看到这样的空位，这是因为其采用的封装模式预留了一片内存芯片为其他采用这种封装模式的内存条使用。如果内存条就是使用奇数片装 PCB，则预留 ECC 校验模块位置。图示使用 8 片装 PCB，则一般 ECC 不具备校验功能。

5．电容

PCB 板上必不可少的电子元件就是电容和电阻了，这是为了提高电气性能的需要。电容采用贴片式电容，因为内存条的体积较小，不可能使用直立式电容，但这种贴片式电容性能一点也不差，它为提高内存条的稳定性起了很大作用。

6．电阻

电阻也采用贴片式设计，一般好的内存条电阻的分布规划都很整齐合理。

7．内存固定卡缺口

内存插到主板上后，主板上的内存插槽会有两个夹子用来牢固的扣住内存，这个缺口便是用于固定内存用的。

8．内存脚缺口

内存的脚上的缺口一是用来防止内存插反的（只有一侧有），二是用来区分不同的内存，以前的 SDRAM 内存条是有两个缺口的，而 DDR 则只有一个缺口，不能混插。

9．SPD

SPD（Serial Presence Detect）序列存在检测的含义，它实际上是一个 EEPROM 可擦写存贮器，容量有 256 字节，可以写入一点信息，这信息中就可以包括内存的标准工作状态、速度、响应时间等，以协调计算机系统更好的工作。从 PC100 时代开始，PC100 标准中就规定符合 PC100 标准的内存条必须安装 SPD，而且主板也可以从 SPD 中读取到内存的信息，并按 SPD 的规定来使内存获得最佳的工作环境。

4.3 内存的工作原理

内存工作首先要寻址，内存从 CPU 获得查找某个数据的指令，然后再找出存取数据的位置时（这个动作称为“寻址”），它先定出横坐标（也就是“列地址”）再定出纵坐标（也就是“行地址”），这就好像在地图上画个十字标记一样，非常准确地定出这个地方。对于电脑系统而言，找出这个地方时一定要确定位置是否正确，因此电脑还必须判读该地址的信号，横坐标有横坐标的信号（也就是 RAS 信号，Row Address Strobe）纵坐标有纵坐标的信号（也就是 CAS 信号，Column Address Strobe），最后再进行读或写的动作。内存读写数据，CPU 会通过地址总线（Address Bus）将地址送到内存，然后数据总线（Data Bus）就会把对应的正确数据送往微处理器，给 CPU 使用，这就是读内存数据操作。或将 CPU 存入内存，这就是写内存数据操作。

内存存取时间，指的是 CPU 读或写内存内数据的过程时间，也称为总线循环（bus cycle）。以读取为例，从 CPU 发出指令给内存时，便会要求内存取用特定地址的特定数据，内存响应 CPU 后便会将 CPU 所需要的数据送给 CPU，一直到 CPU 收到数据为止，便成为一个读取的流程。因此，这整个过程简单地说便是 CPU 给出读取指令，内存回复指令，并丢出数据给 CPU 的过程。大家常说的 6ns 就是指上述的过程所花费的时间，而 ns 便是计算运算过程的时间单位。大家平时习惯用存取时间的倒数来表示速度，比如 6ns 的内存实际频率为 1／6ns=166MHz（如果是 DDR 就标 DDR333，DDR2 就标 DDR2 667）。

1．DDR-SDRAM

双倍数据速率（Double Data Rate，DDR）SDRAM 内存是对标准 SDRAM 的改进设计，在这种内存里数据传输速度可以提高一倍。DDR 内存并不将时钟频率加倍，而是通过在每个时钟周期里传输 2 次来获得加倍的性能，一次在周期的前沿（下降），另一次在周期的后沿（上升）。这样可以有效地将传输率提高一倍。

DDR-SDRAM 使用 184 针的 DIMM（Dual-Inline-Memory-Modules，双列直插式存储模块）设计。内存的工作电压通常是 2.5V。

2．DDR2-SDRAM

DDR2 与 DDR 相比，最大的区别是数位预取技术的不同，DDR 采用的是 2 位预取（2bit Prefect），而 DDR2 采用的是 4 位预取（4bit Prefect）。即 DDR2 每次传送数据达到 4bit，比 DDR 每次传送的 2bit 多一倍。这样，虽然 DDR2 和 DDR 一样，都采用了在时钟的上升延和下降延同时进行数据传输的基本方式，但在同样的 100MHz 核心频率下，DDR 的内存时钟频率也是 100MHz，实际数据传输频率是 200MHz，而 DDR2 的内存时钟频率达到了 200MHz，实际数据传输频率更是达到了 400MHz。图 4-3 所示为 SDRAM、DDR-SDRAM 和 DDR2-SDRAM 这三者传输速率的对比。

DDR2 内存的工作电压从原来 DDR 的 2.5V 降到了 1.8V。功率消耗、芯片温度和写入延迟不定性都得到了下降。DDR2-SDRAM 使用新的 240 针的 DIMM 设计。

3．DDR3 SDRAM

DDR3 SDRAM 是 DDR3 的全称，它针对 Intel 新型芯片的一代内存技术，频率在 800M 以上。DDR3 采用 8bit 预取设计，DDR2 为 4bit 预取，这样 DRAM 内核的频率只有接口频率的 1/8，DDR3-800 的核心工作频率只有 100MHz，采用点对点的拓扑架构，减轻地址/命令与控制总线的负担。DDR3 采用 100nm 以下的生产工艺，将工作电压从 1.8V 降至 1.5V。DDR3 SDRAM 在内存模组上，针对桌上型电脑开发出了 240pin DIMM 模组、在笔记型电脑中则是 204pin SO-DIMM，更高的运作时脉还有 DDR3-1800、DDR3-2000、DDR3-2133 和 DDR3-2200 四种。

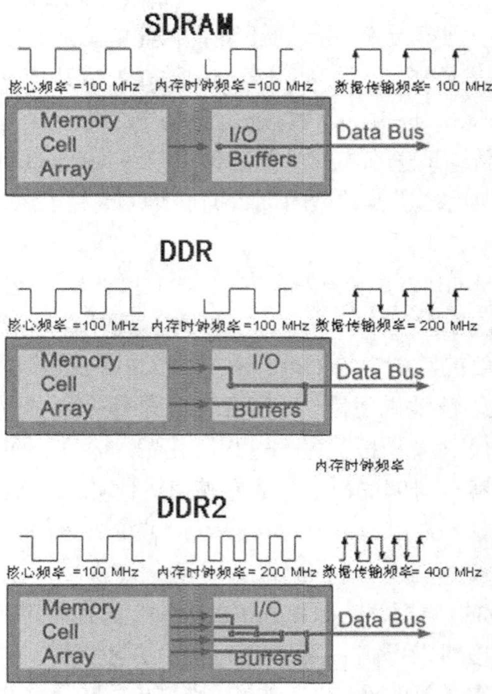

图 4-3　SDRAM、DDR-SDRAM 和 DDR2-SDRAM 工作原理

4.4　内存性能参数

表 4-2 所示为金士顿 DDR3 1333 4G 的详细参数，下面讲解其主要参数的含义。

表 4-2　　　　金士顿 DDR3 1333 4G

参　　数	值	参　　数	值
适用类型	台式机	针脚数	240pin
内存容量	4GB	插槽类型	DIMM
容量描述	单条（4GB）	颗粒封装	FBGA
内存类型	DDR3	CL 延迟	9 ns
内存主频	1333MHz	工作电压	1.5V
传输标准	PC3-10600		

（1）容量。

内存容量是指该内存条的存储容量，是内存条的关键参数。内存的容量一般都是 2 的整次方倍，比如 512MB、1GB、2GB、4GB 等。内存容量越大越有利于系统的运行。而一台计算机的最大支持容量数主要取决于系统和主板这两个因素。最大内存容量是指服务器主板能够支持内存的最大容量。一般来讲，32 位系统支持内存理论上最大是 2 的 32 次方就是 4G，但是实际最大支持只有 3.25～3.75G。主板也可以决定内存的最大支持量。现在的主流主板支持内存是 16G。

（2）主频。

内存的主频和 CPU 的主频一样，习惯上被用来表示内存的速度，它代表着该内存所能达到的最高工作频率。内存的主频是以 MHz（兆赫）为单位来计量的。内存的主频越高，在一定程度代表着内存所能达到的速度越快。一般情况下内存的工作频率是和主板的外频相一致的，通过主板来调节 CPU 的外频也就调整了主板的实际工作频率。运行频率＝1/时钟周期。

（3）传输标准。

内存传输标准是指主板所支持的内存传输带宽大小或主板所支持的内存的工作频率，这里的内存最高传输标准是指主板的芯片组默认可以支持最高的传输标准。不同主板的内存传输标准是不同的，原则上主板可以支持的内存传输标准是由芯片组决定的。当然，主板厂商在设计主板时也可以做一定的发挥，可以支持比芯片组默认更高或者更低的内存传输标准，前提是内存类型不能改变，例如使用只支持 DDR 内存的芯片组的主板，不会支持 DDR2 内存。对于支持 AMD64 位 CPU 的芯片组来说，由于 AMD64 位 CPU 集成了内存控制器，因此支持内存的传输标准会视 CPU 而定。

PC3-10600 是指 DDR3，1333PC3 代表 DDR3。1333 是 DDR 等效频率。10600 是用带宽来命名的，实际传输的值是 1333×64/8=10664。

内存的带宽是衡量内存最主要的性能参数之一，内存带宽的计算公式为带宽＝位宽×数据频率/8，台式机内存的位宽一般为 64bits，例如 DDR3 800 的内存带宽为 64bits×800MHz/8=6.4GB/s。

时钟周期 TCK 是“Clock Cycle Time”的缩写，即内存时钟周期。它代表了内存可以运行的最大工作频率，数字越小说明内存所能运行的频率就越高。时钟周期与内存的工作频率是成倒数的，即 TCK＝1/F。比如一块标有“－10”字样的内存芯片，“－10”表示它的运行时钟周期为 10ns，即可以在 100MHz 的频率下正常工作。

存取时间 TAC（Access Time From CLK）表示“存取时间”。与时钟周期不同，TAC 仅仅代表访问数据所需要的时间。如一块标有“－7J”字样的内存芯片说明该内存条的存取时间是 7ns。存取时间越短，则该内存条的性能越好，如两根内存条都工作在 133MHz 下，其中一根的存取时间为 6ns，另外一根是 7ns，则前者的速度要好于后者。

（4）延迟时间。

通常情况下，大家用 4 个连着的阿拉伯数字来表示一个内存延迟，例如 9-9-9-24。一般情况下，上述四个时间的排列顺序为“CAS-tRCD-tRP-tRAS”， 其中，第一个数字最为重要，它表示的是 CAS Latency，也就是内存存取数据所需的延迟时间。某些内存条还会在产品标签上进行标注，例如“CL=9”。第二个数字表示的是 RAS-CAS 延迟，接下来的两个数字分别表示的是 RAS 预充电时间和 Act-to-Precharge 延迟。而第四个数字一般而言是它们中间最大的一个。

CL（CAS Latency）为 CAS 的延迟时间，CL 是内存性能的一个重要指标，它是内存纵向地址脉冲的反应时间。当电脑需要向内存读取数据时，在实际读取之前一般都有一个“缓冲期”，而“缓冲期”的时间长度，就是这个 CL 了。内存的 CL 值越低越好，因此，缩短 CAS 的周期有助于加快内存在同一频率下的工作速度。

CAS 意为列地址选通脉冲（Column Address Strobe 或者 Column Address Select），CAS 控制着从收到命令到执行命令的间隔时间，通常为 2，2.5，3 这几个时钟周期。在整个内存矩阵中，因为 CAS 按列地址管理物理地址，因此在稳定的基础上，这个非常重要的参数值越低越好。过程是这样的，在内存阵列中分为行和列，当命令请求到达内存后，首先被触发的是 tRAS（Active to Precharge Delay），数据被请求后需预先充电，一旦 tRAS 被激活后，RAS 才开始在一半的物理地址中寻址，行被选定后，tRCD 初始化，最后才通过 CAS 找到精确的地址。整个过程也就是先行寻址再列寻址。从 CAS 开始到 CAS 结束就是现在讲解的 CAS 延迟了。因为 CAS 是寻址的最后一个步骤，所以在内存参数中它是最重要的。

根据标准 tRCD 是指 RAS to CAS Delay（RAS 至 CAS 延迟），对应于 CAS，RAS 是指 Row Address Strobe，行地址选通脉冲。CAS 和 RAS 共同决定了内存寻址。RAS（数据请求后首先被激发）和 CAS（RAS 完成后被激发）并不是连续的，存在着延迟。然而，这个参数对系统性能的影响并不大，因为程序存储数据到内存中是一个持续的过程。在同一个程序中一般都会在同一行中寻址，这种情况下就不存在行寻址到列寻址的延迟了。

tRP（RAS Precharge Time）指行预充电时间。也就是内存从结束一个行访问到重新开始的间隔时间。简单而言，在依次经历过 tRAS，然后 RAS，tRCD 和 CAS 之后，需要结束当前的状态然后重新开始新的循环，再从 tRAS 开始。这也是内存工作最基本的原理。如果你从事的任务需要大量的数据变化，例如视频渲染，此时一个程序就需要使用很多的行来存储，tRP 的参数值越低表示在不同行切换的速度越快。

tRAS 在内存规范的解释是 Active to Precharge Delay 是指行有效至行预充电时间，是指从收到一个请求后到初始化 RAS（行地址选通脉冲）真正开始接受数据的间隔时间。这个参数看上去似乎很重要，其实不然。内存访问是一个动态的过程，有时内存非常繁忙，但也有相对空闲的时候，虽然内存访问是连续不断的。tRAS 命令是访问新数据的过程（例如打开一个新的程序），但发生的不多。

确定每个数据的位置，每个数据都是以行和列编排序号来标示，在确定了行、列序号之后该数据就唯一了。内存工作时，在要读取或写入某数据，内存控制芯片会先把数据的列地址传送过去，这个 RAS 信号（Row Address Strobe，行地址信号）就被激活，而在转化到行数据前，需要经过几个执行周期，然后接下来 CAS 信号（Column Address Strobe，列地址信号）被激活。在 RAS 信号和 CAS 信号之间的几个执行周期就是 RAS-to-CAS 延迟时间。在 CAS 信号被执行之后同样也需要几个执行周期。此执行周期在使用标准 PC133 的 SDRAM 大约是 2 到 3 个周期；而 DDR RAM 则是 4 到 5 个周期。在 DDR 中，真正的 CAS 延迟时间则是 2～2.5 个执行周期。RAS-to-CAS 的时间则视技术而定，大约是 5 到 7 个周期，这也是延迟的基本因素。

（5）工作电压。

内存能稳定工作时的电压称为内存电压。必须不断对内存进行供电，才能保证其正常工作，不同类型的内存的工作电压也不同，但各有自己的规格，超出其规格，容易造成内存损坏。

（6）DIMM。

DIMM（Dual Inline Memory Module，双列直插内存模块）与 SIMM（single in-line memory module，单边接触内存模组）相当类似，不同的只是 DIMM 的金手指两端不像 SIMM 那样是互通的，它们各自独立传输信号，因此可以满足更多数据信号的传送需要。

（7）FBGA。

FBGA（Fine-Pitch Ball Grid Array， 细间距球栅阵列）的缩写。FBGA（通常称作 CSP）是一种在底部有焊球的面阵引脚结构，使封装所需的安装面积接近于芯片尺寸。

（8）SPD。

SPD 是一块 8 针脚小芯片，容量为 256 字节，里面保存着内存的速度、时钟频率、容量、工作电压、CAS、tAC 和 SPD 版本等信息。

（9）纠错和 ECC 校验。

内存的错误根据原因可分为硬错误和软错误。硬错误是由于硬件的损害或缺陷造成的，因此数据总是不正确，是无法纠正的；软错误是随机出现的，例如在内存附近突然出现电子干扰等因素都可能造成内存软错误的发生。为了能检测和纠正内存软件错误，首先出现的是内存“奇偶校验”。一些高档的内存则采用 ECC（Error Checking and Correcting，错误和纠正）校验，简单说，其具有发现错误，纠正错误的功能。但具备这种功能的内存都非常昂贵，因此普通 PC 一般不用这种内存，它们一般用在高端的服务器中。需要注意的是具备 ECC 功能的内存的位宽为 72 位。

4.5 内存的选购

内存作为计算机的三大件之一，其性能的好坏与否直接关系到计算机是否能够正常稳定的工作，所以大家在选购计算机时一定要选购质量和性能优良的内存条，以减少在以后的使用过程中因为内存条故障频频而影响工作的情况。

由于内存的品质与系统的稳定运行有着非常重要的关系，在选购时应注意以下几点。

1．平台是否支持该内存

目前桌面平台所采用的内存主要为 DDR 2 和 DDR 3 三种， DDR3 内存是目前的主流产品。由于二种类型 DDR 内存之间，从内存控制器到内存插槽都互不兼容。而且即使是一些在同时支持两种类型内存的 Combo 主板上，两种规格的内存也不能同时工作，只能使用其中一种内存，所以大家在购买内存之前，首先要确定好自己的主板支持的内存类型。

2．选择合适的内存容量和频率

内存的容量不但是影响内存价格的因素，同时也是影响整机系统性能的因素。越来越多人使用的 Windows 7，没有 2GB 左右的内存都不一定能保证操作的流畅。但是，内存容量不见得是越大越好，如 32 位系统最大支持 4G 内存。所以在选购内存的时候也要根据自己的需求来选择，以发挥内存的最大价值。

内存也有自己的工作频率，频率以 MHz 为单位。内存主频越高在一定程度上代表着内存所能达到的速度越快，内存主频决定着该内存最高能在什么样的频率正常工作，目前最为主流的内存频率为 DDR3-1333。

3．产品做工要精良

对于选择内存来说，最重要的是稳定性和性能，而内存的做工水平直接会影响到性能、稳定以及超频。内存颗粒的好坏直接影响到内存的性能，可以说也是内存最重要的核心元件。所以大家在购买时，尽量选择大厂生产出来的内存颗粒，一般常见的内存颗粒厂商有三星、现代、镁光、南亚等，它们都是有着完整的生产工序，因此在品质上更有保障。而采用这些顶级大厂内存颗粒的内存条的品质性能，必然会比其他杂牌内存颗粒的产品要高出许多。

内存 PCB 电路板的作用是连接内存芯片引脚与主板信号线，因此其做工好坏直接关系着系统稳定性。目前主流内存 PCB 电路板层数一般是 6 层，这类电路板具有良好的电气性能，可以有效屏蔽信号干扰。而更优秀的高规格内存往往配备了 8 层 PCB 电路板，以发挥更好的效能。PCB 电路板布局的整齐度、焊点的精细与粗糙、用料的优劣是决定内存良好兼容与稳定性的重要因素。

内存“金手指”的优劣也直接影响着内存的兼容性甚至是稳定性，通常采用的化学镀金工艺，一般金层厚度在 3～5μm，而优质内存的金层厚度可以达到 6～10μm。较厚的金层不易磨损，并且可以提高触点的抗氧化能力，使用寿命更长。

注意，这里一般所说的金手指“镀金”，并不是真的镀上“黄金”，而是镀“金属”。

4．不能遗忘的 SPD 隐藏信息

SPD 信息可以说非常重要，它能够直观反映出内存的性能及体制。它里面存放着内存可以稳定工作的指标信息以及产品的生产厂家等信息。不过，由于每个厂商都能对 SPD 进行随意修改，因此很多杂牌内存厂商会将 SPD 参数进行修改或者直接 COPY 名牌产品的 SPD，但是一旦上机用软件检测就会原形毕露。

总之，在选择内存条时，尽可能到一些正规商家去购买那些品牌产品，今天个人电脑的主流内存 DDR3，容量可以选择 4GB，如果要组建双通道，建议购买两根完全相同的内存。

4.6 实训：内存的安装与维护

4.6.1 实训任务

学会安装检测及维护内存。

4.6.2 实训准备

（1）计算机安装工具、主板及内存部件。

（2）内存检测工具。

4.6.3 实训实施

1．内存的安装

目前常用的内存条有 240 线的 DDR2、DDR3 SDRAM 两种，它们的安装方法相似。安装内存条时，先用手将内存条插槽两端的卡柱朝外掰开，然后将内存条对准插槽，用两拇指按住内存条两端均匀用力向下压到底，听到“啪”的一声，即表示内存插槽的卡柱将内存条固定到位了。

安装内存前，先用手将内存插槽两端的扣具打开，如图 4-4 所示。

将内存平行放入内存插槽中（注意安装时内存与插槽上缺口对应），用两手拇指按住内存两端轻微向下压，如图 4-5 所示。

当听到“啪”的一声后，即说明内存安装到位。安装成功如图 4-6 所示。

图 4-4　打开内存插槽两端扣具

图 4-5　拇指按住内存下压

图 4-6　内存安装成功

2．内存检测

内存条是电脑主机里最重要的设备之一，也是最容易被以次充好的硬件，内存的好坏与稳定性直接关系到整机的表现，不容小觑。一旦内存出现问题将可能导致计算机无法启动或经常出现死机、花屏以及运行系统或应用软件时导致操作失败等情况。开机后主板会报警的，连续3下短响是内存的原因，这样可以直接的判断是否是内存的问题。

一般情况下，可以按照如下步骤来对内存进行检测。

首先，判断内存条与主板上的插槽接触是否良好。有时由于机箱内的灰尘过多，导致内存条与插槽的接触不良。此时，可以取出内存条，用橡皮或毛刷清扫上面的灰尘，同时清扫一下内存插槽内的灰尘，再将内存条插上，重启计算机。

其次，判断插槽是否有问题。在一般情况下，主板上都提供了2~3根内存条插槽，可以将内存条换一个插槽试试。

再次，如果电脑升级进行了内存扩充，则判断是否选择了与主板不兼容的内存条。此时，可以尝试换一根内存条，或直接升级主板的BIOS 。如果是在原有的内存条上再加了一根内存条，则需判断两根内存条是否品牌一致以及是否兼容等。一般情况下，只需保证两根内存条的型号一致即可。

当大家在更换新内存条时，最怕的就是新内存条有隐藏坏道。因为内存或RAM是PC的一个重要组件，它一旦出了问题，就会导致整个系统乃至PC瘫痪。

MemTest 是一款内存检测工具，它不但可以通过长时间运行以彻底检测内存的稳定度，还可同时测试内存的储存与检索数据的能力，可以确实掌控内存的可靠性。图4-7所示为MemTest软件对内存的测试情况。

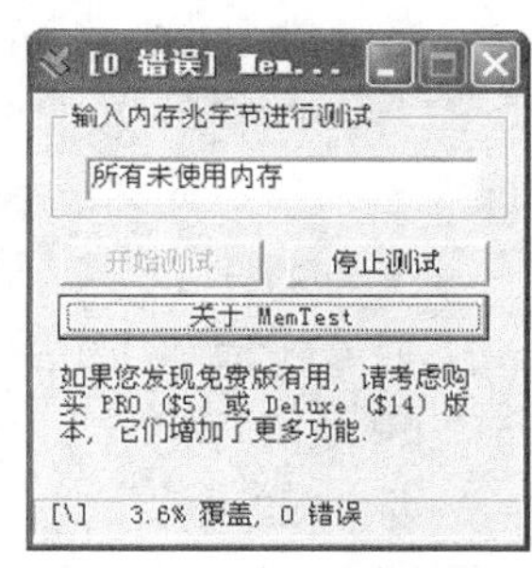

图4-7 MemTest内存测试

3．内存维护

由于内存条直接与CPU和外部存储器交换数据，其使用频率相当高，再加上内存条是超大规模集成电路，其内部的晶体管有一个或少数几个损坏就可能影响计算机的稳定工作，同时表现出的故障现象也不尽相同，所以给维修工作带来一定的难度。

由于内存条而出现此类故障常见的原因是内存条与主板内存插槽间的接触不良，只要用橡皮擦来回擦试其金手指部位即可解决问题（不要用酒精等清洗），还有就是内存损坏或主板内存槽有问题也会造成此类故障。

系统运行不稳定，经常产生非法错误出现此类故障一般是由于内存芯片质量不良或软件原因引起，如果确定是内存条原因则只有更换一途。系统注册表经常无故损坏，提示要求用户恢复，此类故障一般都是因为内存条质量不佳引起，很难予以修复，唯有更换。

4.7 习题

1. 简述存储系统的类型。
2. 主存的主要性能参数有哪些？
3. 简述DDR2及DDR3的工作原理。
4. 如何选购及检测内存？
5. 如何使用MemTest检测内存？
6. 内存如何维护？

PART 5

第 5 章 硬盘

5.1 硬盘概述

5.1.1 硬盘简介

硬盘是指硬盘驱动器，即 HDD（Hard Disk Driver）的简称，它是计算机系统中最重要的大容量外部存储器，计算机的操作系统、相关资料和一些个人数据等都存放在上面，是计算机中最重要的设备之一。

目前市场上硬盘的主要生产厂家有西部数据（West Data）、希捷（Seagate）、日立（Hitachi）、三星（Samsung）等。

5.1.2 硬盘的分类

作为电脑中最重要的数据存储设备和数据交换媒介，硬盘传输速率的快慢直接影响了系统的运行速度。不同类型的硬盘，其传输速率往往差别很大。

1．按接口分类

现在主流硬盘主要有三种，按照不同的接口可以分为并口 ATA 硬盘（即 IDE 硬盘）、SCSI 硬盘和 SATA（Serial ATA）硬盘。

IDE 接口硬盘曾在计算机中应用最为广泛，主流的规格包括 ATA/66、ATA/100、ATA/133，这种命名方式也表明了它们在理论上的外部最大传输速率分别达到了 66MB/s、100MB/s 和 133MB/s。这里需要说明的是 100MB/s、133MB/s 是峰值速度，并不表示硬盘能持续这个速度，也就是说这是理论上的最高峰值速度。 硬盘真正的传输速度由于受硬盘内部传输速率的影响，其稳定传输速率一般在 30MB/s 到 45MB/s 之间。随着 CPU、内存等硬件运行速度的不断提高，ATA 硬盘的低速率渐渐成为影响整机运行速度的瓶颈。

SCSI 接口不是专为硬盘设计的，实际上它是一种总线型的接口，独立于系统总线工作。SCSI 接口的硬盘以高稳定性、低 CPU 占有率而被广泛应用于服务器和专业工作站中，它的传输速率最高可达 320MB/s。当然，对于硬盘的整体性能而言，除了硬盘的传输速率，硬盘的转速、缓存及平均寻道时间等也是重要的因素。

SATA（Serial ATA）硬盘就是常说的串口硬盘，它采用点对点的方式实现了数据的分组传输从而带来更高的传输效率。Serial ATA 1.0 版本硬盘的起始传输速率就达到 150MB/s，而 Serial ATA 3.0 版本将实现硬盘峰值数据传输率达到 600MB/s，从而最终解决硬盘的系统瓶颈问题。SATA 接口采用串行连接方式，串行 ATA 总线使用嵌入式时钟信号，具备了更强的纠错能力，与以往相比其最大的区别在于能对传输指令（不仅仅是数据）进行检查，如果发现错误会自动矫正，这在很大程度上提高了数据传输的可靠性。串行接口还具有结构简单、支持热插拔的优点。Intel 芯片组从 865/875 系列开始就已经支持 SATA 了。图 5-1 所示为主板上的 SATA 接口，图 5-2 所示为 SATA 硬盘接口、图 5-3 所示为 SATA 数据线。

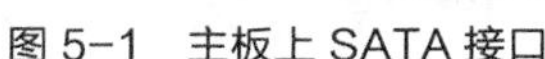

图 5-1　主板上 SATA 接口

图 5-2　SATA 硬盘接口

图 5-3　SATA 数据线

2．按组成结构分类

硬盘有机械硬盘和固态硬盘之分。机械硬盘即是传统普通硬盘，主要由盘片，磁头，盘片转轴及控制电机，磁头控制器，数据转换器，接口和缓存等几个部分组成。固态硬盘（Solid State Disk 或 Solid State Drive），也称作电子硬盘或者固态电子盘，是由控制单元和固态存储单元（DRAM 或 FLASH 芯片）组成的硬盘。

固态硬盘没有普通硬盘的电机和旋转介质，因此启动快、抗震性极佳。固态硬盘不用磁头，磁盘读取和写入速度非常的快，延迟很小。还有就是因为没有电机马达，所以工作时没有普通硬盘那种吱吱声，另外固盘里没有机械装置，所以发热量小，也不用担心会出现什么机械故障。虽然有这些好处，但是坏处也是很多的，比如价格贵，容量小，电池航程较短，写入寿命有限等。

5.2　硬盘的组成结构

5.2.1　机械硬盘的结构

在 PC 系统自检过程中可以查看到配置硬盘的相关信息，但不同厂家的主板 BIOS 在显示这些这些信息时，在显示位置和显示内容上都会有所不同。最为常见的 Award BIOS 通常会在内存自检完成之后显示硬盘接在主板的哪个接口上，以及硬盘的具体型号；另外会在系统配置表的下部显示了硬盘的容量、版本类型、磁头数、柱面数等内容。

一个典型硬盘的基本部件包括以下部分：磁盘片（Disk Platter）、逻辑板（Logic Board）、读写磁头（Read/Write Head）、连接器（Connector）、磁头驱动装置（Head Actuator Mechanism）、配置项目（如跳线或开关）、转轴电机（Spindle Motor），如图 5-4 所示。

硬盘主要由盘片、读写数据的磁头、电路板、接口、腔体等几部分组成。电路板，主要有主控芯片和缓存芯片，用于控制整个硬盘的工作；接口，电源接口和数据线接口，对硬盘供电和数据传输进行连接；盘片、转轴电机、磁头和磁头驱动装置通常包含在一个称为磁头盘片组（Head Disk Assembly，HDA）的密封腔里。腔体主要是保护硬盘内部的盘片与读写磁头，硬盘的腔体内部不是真空的，它内部的气压与外面的大气压是相等的。HDA 一般被当作一个部件，它很少被打开，如果要打开也需要在绝对无尘的条件下进行。HDA 之外的部分，如逻辑板、挡板以及其他配置或装配硬件，都可以从硬盘上卸下来。

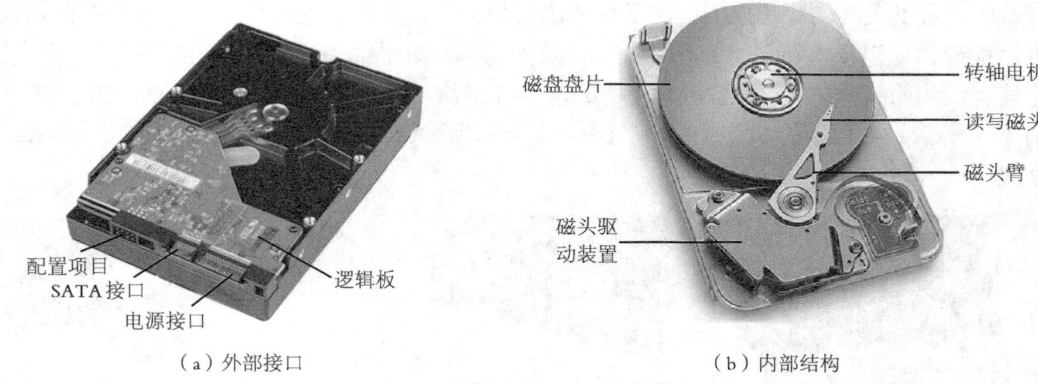

（a）外部接口　　（b）内部结构

图 5-4　硬盘的结构

1．硬盘盘片

一个典型的硬盘有一个或多个盘片，它们通常由铝合金或玻璃制成，硬盘的物理尺寸用盘片尺寸来表示。以下是常见的 PC 硬盘盘片尺寸：5.25 英寸（实际为 130mm，或 5.12 英寸）、3.5 英寸（实际为 95mm，或 3.74 英寸）、2.5 英寸（实际为 65mm，或 2.56 英寸）、1 英寸（实际为 34mm，或 1.33 英寸）。盘片是存储数据的载体，特性为高存储密度、高剩磁力、高矫顽力，每一个盘片有两个信息记录面。

2．记录介质

盘片都要覆盖一薄层磁性滞留物质，称为介质，其上存储磁性信息。在硬盘上有两种流行的磁性介质：氧化介质（Oxide Medium）、薄膜介质（Thin-film Medium）。

3．读写磁头

读写磁头用于读写盘片上的信息，硬盘通常在每个盘片表面都有一个读写磁头（即每个盘片有两组读写磁头，一个用于盘片上方，另一个用于盘片下方）。这些磁头连接或排列到一个活动机械装置上，因此所有的磁头是一致地在盘面上移动。

从机械上来说，读写磁头很简单。每个磁头都固定在一个磁头臂上，磁头臂通过弹簧使磁头与盘面接触。很少有人发觉到每个盘片实际被它的上下磁头所挤住。如果安全地打开一块硬盘，用手指抬起盘片上方的磁头，放手时会发现磁头迅速落回到盘面上；如果将盘片下方的磁头往下拉，松手时弹簧的弹力会把磁头提起靠到盘面上。

硬盘不工作时，磁头由于弹力与盘面直接接触，停留在硬盘最内侧的着陆区（Landing Zone）是指数据区外最靠近主轴的盘片区域，用来放置硬盘不工作时候的磁头。当硬盘的盘片全速旋转时，磁头下面产生的空气压力将磁头托离盘面，在现代的硬盘里，磁头和盘面的距离为 0.1μm ~ 0.3μm 不等，也就是说磁头工作时不直接与盘片接触。

任何灰尘微粒或污点如果进入这个装置里，就会使磁头不能正确地读数据，甚至可能在硬盘全速运行的时候刹住盘片，后面这种情况会划坏盘面或磁头，这就是用户在非净室的环境里绝不能打开磁盘的 HDA 的原因。

4．磁头驱动装置

可能比磁头本身更重要的是移动它们的机械系统：磁头驱动装置。这个装置移动磁头，并把它们精确地定位在所期望的柱面上。有许多种磁头驱动装置在使用，但它们都属于以下两种基本类型之一：步进电机驱动装置、音圈电机驱动装置。

不同的驱动装置对硬盘的性能和可靠性有重要的影响。这个影响不仅限于速度，还包括精度、对温度的敏感性、定位、振动以及整体的可靠性。硬盘的磁头驱动装置如图 5-5 所示。

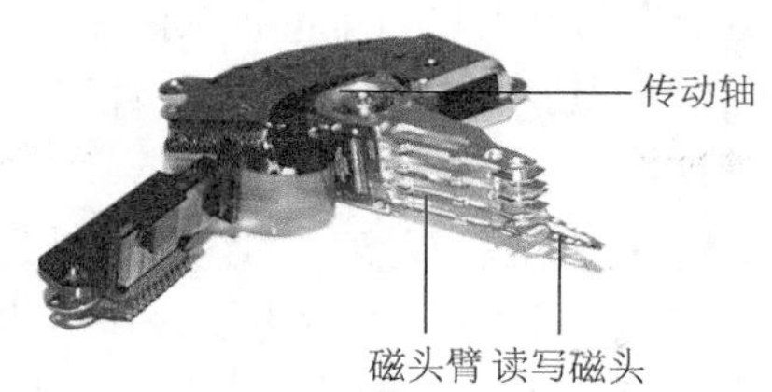

图 5-5　磁头驱动装置

5．空气过滤器

几乎所有的硬盘都有两个空气过滤器。一个过滤器称为重循环净化器，另一个称为气压或通气过滤器。这些过滤器被永久地密封在硬盘内部，在硬盘的整个使用期内不会改变。

PC 系统中的硬盘并不从 HDA 里面向外面或外面向里面循环空气。永久安装在 HDA 里面的重循环过滤器只过滤磁头起落时在盘面上擦下来的微小颗粒（以及硬盘里产生的其他小颗粒）。因为 PC 硬盘是永久密封的，不循环外部的空气，所以它们可以运行于非常肮脏的环境里，硬盘内部空气循环如图 5-6 所示。

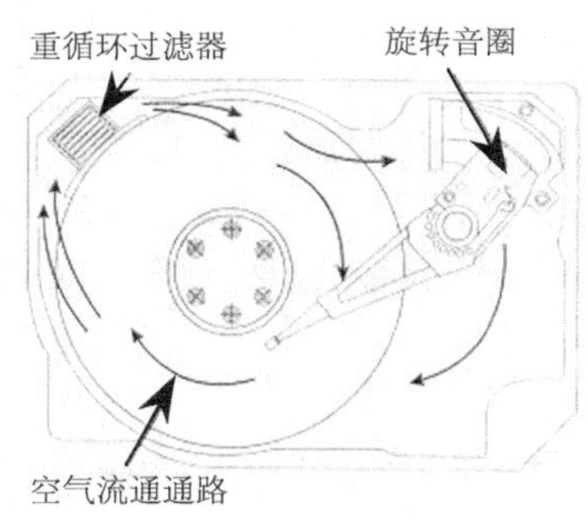

图 5-6　硬盘里的空气循环

硬盘里的 HDA 是封闭的，但不是气密的。HDA 通过一个气压或通气过滤器部件通气，这个部件使得硬盘的内外气压相等（通风）。由于这个原因，大多数硬盘会被厂家标记为工作于特定的海拔范围，通常被限制在海拔 3000m 以内，因为超过这个高度，会由于硬盘里气压太低而无法正确地悬浮磁头。随着环境气压的变化，空气吹入和吹出硬盘，因此内外气压是一样的。尽管空气是通过排气装置流通的，但污染通常不会引起问题，因为排气装置上的气压过滤器可以过滤掉所有的可能影响硬盘正常工作的颗粒，以满足硬盘内部的洁净度要求。用户可看到大多数硬盘上的排气孔，它们在里面被通气过滤器盖住。一些硬盘甚至使用更细粒度的过滤装置来去除更小的颗粒。

硬盘通过滤口将空气吹入或吹出 HDA，因此湿气也会进入硬盘，经过一段时间后，硬盘的内部湿度都近似于外部湿度。湿气如果冷凝的话就成为严重的问题——特别当存在着冷凝现象给硬盘加电时。大多数硬盘厂家都规定了使硬盘适应一个温度和湿度范围都不同的新环境的过程，尤其是把硬盘带入一个更温暖的环境里，这时会形成冷凝。便携式系统的用户更应注意这种情况。例如，如果冬天用户将机器拿到室内后，还没等它适应室内的温度之前就打开电源，很容易引起硬盘故障。

6．转轴电机

驱动盘片旋转的电机被称为转轴电机（Spindle Motor），因为它连到一个转轴上，盘片都围绕着该轴旋转。硬盘里的电机总是直接连接的，没有螺丝或齿轮。电机必须没有噪声和振动，否则它会影响盘片，破坏读写操作。

转轴电机的速度必须是精确控制的。硬盘中的盘片旋转速度从 3600～15000rpm（每秒 60～250 转）或更高，电机有一个带反馈循环的控制电路来精确地监测和控制速度，一些诊断程序声称可以测出硬盘旋转速度，但这些程序所做的全部工作是根据扇区通过磁头的定时来估计旋转速度。如果某个诊断程序发现硬盘的旋转速度不正确也不要惊恐，这很可能是程序而不是硬盘的错误。

注意：转轴电机，尤其是大硬盘上的电机，会消耗大量的+12V 电量。大多数硬盘在电机刚开始旋转盘片时要求 2～3 倍的正常操作电压，这个重负载只持续几秒钟或直到硬盘盘片达到工作速度。如果有多块硬盘，用户应该对转轴电机的启动进行排序，以便电源不必在同一时刻对所有硬盘提供如此大的负荷。

7．逻辑板

所有的硬盘都装有一块或多块逻辑板，它包括控制硬盘转轴和磁头驱动系统的电路，并以某种约定的形式把数据送给控制器。在 ATA、SATA 硬盘里，逻辑板包括控制器本身。

8．连接器

大多数硬盘驱动器至少有以下两种连接器：接口连接器、电源连接器。其中，接口连接器在系统和硬盘之间传递数据和命令信号。大多数硬盘使用+5V 和+12V 电源，而一些用于便携式系统的小型硬盘只使用+5V 电源。大多数情况下，+12V 电源用来运行转轴电机和磁头驱动机构，+5V 电源运行电路。

9．配置项目

配置项目通常必须正确地设置几个跳线（可能还有中止电阻），这些部件随接口不同而变化，一般也随驱动器而变化。

5.2.2　固态硬盘的结构

1．固态硬盘外部结构

固态硬盘接口规范、功能及使用方法与机械硬盘一致，其外部结构如图 5-7、图 5-8 所示。

图 5-7　固态硬盘正面

图 5-8　固态硬盘背面

2．固态硬盘内部结构

由于没有盘片、电动机等机械结构，因此体积、发热量要比传统硬盘小。

基于闪存的固态硬盘是固态硬盘的主要类别，其内部构造十分简单，固态硬盘内主体其实就是一块 PCB 板，而这块 PCB 板上最基本的配件就是控制芯片、缓存芯片和用于存储数据的闪存芯片。其内部结构如图 5-9 所示。

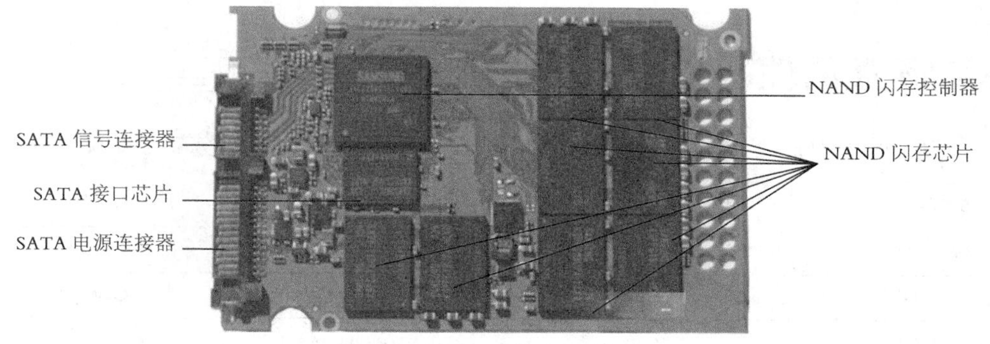

图 5-9 固态硬盘的内部结构

主控芯片是固态硬盘的大脑，其作用一是合理调配数据在各个闪存芯片上的负荷，二则是承担了整个数据的中转，连接闪存芯片和外部 SATA 接口。

固态硬盘和传统硬盘一样需要高速的缓存芯片辅助主控芯片进行数据处理。这里需要注意的是，目前有一些廉价固态硬盘方案为了节省成本，省去了这块缓存芯片，这样对于使用时的性能会有一定的影响。除了主控芯片和缓存芯片以外，PCB 板上其余的大部分位置都是 NAND Flash 闪存芯片了。NAND Flash 闪存芯片又分为 SLC（Single Level Cell，单层式储存单元）和 MLC（Multi Level Cell，多层式储存单元）。

SLC 全称是单层式储存，因为结构简单，在写入数据时电压变化的区间小，所以寿命较长，传统的 SLC NAND 闪存可以经受 10 万次的读写。而且因为一组电压即可驱动，所以其速度表现更好，目前很多高端固态硬盘都是都采用该类型的 Flash 闪存芯片。

MLC 全称是多层式储存，它采用较高的电压驱动，通过不同级别的电压在一个块中记录两组位信息，这样就可以将原本 SLC 的记录密度理论提升一倍。作为目前在固态硬盘中应用最为广泛的 MLC NAND 闪存，其最大的特点就是以更高的存储密度换取更低的存储成本，从而可以获得进入更多终端领域的契机。不过，MLC 的缺点也很明显，其写入寿命较短，读写方面的能力也比 SLC 低，官方给出的可擦写次数约为 1 万次。

3．固态硬盘特点

传统硬盘都是磁碟型的，数据储存在磁碟扇区里。而固态硬盘是使用闪存颗粒（即 MP3、U 盘等存储介质）制作而成的，所以 SSD 固态硬盘内部不存在任何机械部件，这样即使在高速移动甚至伴随翻转倾斜的情况下也不会影响到正常使用，而且在发生碰撞和震荡时能够将数据丢失的可能性降到最小。相较传统硬盘，固态硬盘占有绝对优势。

固态硬盘相对传统硬盘在存取速度上有着飞跃性的提升。固态硬盘的功耗上要低于传统硬盘。固态硬盘在重量方面更轻，与常规 1.8 英寸的硬盘相比，重量轻 20 ~ 30 克。

由于固态硬盘采用无机械部件的闪存芯片，所以具有了发热量小、散热快等特点，而且没有机械马达和风扇，工作噪音值为 0 分贝。相比之下传统硬盘就要逊色很多。

虽然 SSD 比磁盘技术有巨大的优越性，但是也存在着一些缺点。首先它的价格昂贵，因为内存的花费差不多是磁盘存储的 100 倍。其次，它们通常由易失型 DRAM 组成，一旦断电，数据将永久地丢失。为了避免数据丢失，SSD 应该采用后备电池保护。使用寿命方面 SLC 有 10 万次的写入寿命，成本较低的 MLC，写入寿命约有 1 万次，而廉价的 TLC 闪存则更是只有可怜的 500 ~ 1000 次。这些特点阻碍了 SSD 固态硬盘的普及。

5.3 硬盘的性能参数

表 5-1 所示为希捷 Barracuda 7200.12 500G 单碟的详细参数，参数的含义如下。

表 5-1　　硬盘的性能参数

参　　数	值	参　　数	值
型号	ST3500410AS	接口标准	S-ATA Ⅱ
容量	500G	传输标准	SATA 3.0G/s
转速	7200rpm	单碟容量	500G
缓存容量	16M	NCQ	支持 NCQ
盘体尺寸	3.5 寸		

1. 容量

容量是硬盘最主要的一项指标。硬盘的容量通常以 GB 为单位，目前市场上大多数硬盘的单碟容量在 160GB 以上，主流硬盘容量不断提升，目前常用的硬盘容量有 250G、320G、500G、1TB、1.5TB、2TB 等。

提到硬盘的容量，必然会涉及硬盘的逻辑数据结构。从逻辑上看，硬盘中的盘片互相堆叠，一致地旋转，盘片少则 1 片，多则 2 或 3 个盘片，盘片的两面都可供驱动器存储数据，因此有 2 面、4 面或 6 面之说。硬盘每个盘片上面划有很多同心圆，这些同心圆就叫做磁道（Track），磁道又分成许多段，叫做扇区（Sector），每个扇区通常存储 512 个字节。每一面上位置相同的磁道共同构成一个柱面（Cylinder）。通常在每个盘面上都有一个磁头（Head），所有的磁头都安装在一个公共的支架或承载设备上。因为磁头装在同一个架子上，所以它们在磁盘上做一致地径向移进或移出，而不能单独地移动，如图 5-10 所示。

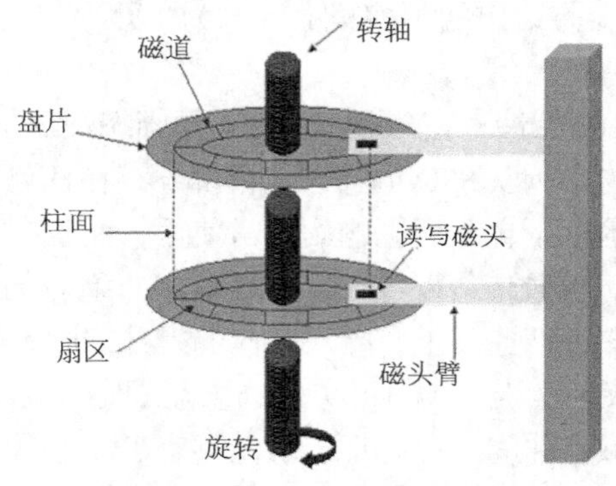

图 5-10　硬盘的基本概念

计算硬盘容量的公式为硬盘容量=柱面数×扇区数×磁头数×512B。

由于硬盘包含一个或几个盘片，所以单碟容量（Storage per Disk）就是指包括正反两面在内的每个盘片的总容量。单碟容量的提高所带来的好处不仅是使硬盘容量得以增加，而且还会带来硬盘性能的相应提升。因为单碟容量的提高就是盘片磁道密度每英寸的磁道数的提高，磁道密度的提高不但意味着提高了盘片的磁道数量，而且在磁道上的扇区数量也得到了提高，所以盘片转动一周，就会有更多的扇区经过磁头而被读出来，这也是相同转速的硬盘单碟容量越大，内部数据传输率就越快的一个重要原因。此外单碟容量的提高使线性密度（每英寸磁道上的位数）也得以提高，有利于硬盘寻道时间的缩短。

2．缓存

缓存（Buffer/Cache）指的是硬盘的高速缓冲存储器，是硬盘与外部总线交换数据的场所。缓存的作用是相当重要的，缓存的大小与速度是直接关系到硬盘的传输速度的重要因素。与主板的高速缓存一样，硬盘缓存的目的也是为了解决系统与硬盘读写速度不匹配的问题，以提高硬盘的读写速度，进而在整体上提高计算机的性能。缓存容量的大小随不同品牌、不同型号的产品各不相同，早期硬盘的缓存都比较小，目前，主流硬盘的缓存大小是 16～32MB。

3．转速

转速（Rotationl Speed）就是硬盘转轴电机主轴的转速，以每分钟硬盘盘片的旋转圈数来表示，单位是 rpm。目前常见的硬盘转速有 5400rpm、7200rpm 和 10000rpm 等。目前市面上的主流硬盘转速有 7200r/min。转速越快，单位时间内传送的数据就越多。转速是决定硬盘内部数据传输速率的关键因素之一，它的快慢在很大程度上影响着硬盘的速率，同时转速的快慢也是区分硬盘档次的重要指标之一。理论上转速越高，硬盘性能相对就越好。因为高转速能缩短硬盘的平均等待时间，并提高硬盘的内部传输速度。但是转速越快的硬盘发热量和噪声相对也越大。为了解决这一系列的负面影响，应用在精密机械工业上的液态轴承马达便被引入到硬盘技术中。液态轴承马达使用的是黏膜液油轴承，以油膜代替滚珠。这样可以避免金属面的直接磨擦，将噪声及温度被减至最低；同时油膜可有效吸收震动，使抗震能力得到提高；此外这还能减少磨损，提高硬盘寿命。

4．平均寻道时间

平均寻道时间（Average Seek Time）是指将磁头从一个柱面移到另一个随机距离远的柱面所需的平均时间，单位为 ms。测量这个参数的一种方法是运行很多次随机寻道操作，然后将花费的时间除以执行的寻找次数，这种方法提供了单次寻找的平均时间。

许多硬盘厂商测量平均寻道时间的标准方法是测量磁头移过全部柱面的三分之一所需的时间。平均寻道时间与硬盘采用的接口或控制器的类型没有什么关系，它是对磁头驱动机构能力的一个评判。

当单碟容量增大时，磁头的寻道动作和移动距离减少，从而使平均寻道时间减少，加快硬盘速度。目前主流硬盘的平均寻道时间一般在 9ms 左右。

注意：要谨慎对待声称可以测量硬盘寻道性能的基准程序（Benchmark）。大多数硬盘使用称做扇区翻译（Sector Translation）的一种机制，因为硬盘收到的将磁头移到特定柱面的任何命令可能实际不会产生预想的物理运动，这种情况使得一些基准测试程序对于这些类型的硬盘毫无意义。

5．平均潜伏时间

平均潜伏时间（Average Latency Time）是指当磁头移动到数据所在的磁道后，等待指定的数据扇区转动到磁头下方的时间，单位为 ms。平均潜伏时间是越小越好，潜伏时间短表示硬盘在读取数据时的等待时间更短。转速越快的硬盘具有更低的平均潜伏时间，而与单碟容量关系不大。一般来说，5400rpm 硬盘的平均潜伏时间为 5.6ms，而 7200rpm 硬盘的平均潜伏时间为 4.2ms。

6．平均访问时间

平均访问时间（Average Access Time）指磁头从起始位置到达目标磁道位置，并且从目标磁道上找到指定的数据扇区所需的时间，单位为 ms。平均访问时间最能够代表硬盘找到某一数据所用的时间，越短的平均访问时间越好，一般在 11～18ms。平均访问时间体现了硬盘的读写速度，它包括了硬盘的平均寻道时间和平均潜伏时间，即平均访问时间=平均寻道时间+平均潜伏时间。

7．数据传输率

硬盘的数据传输速率是指硬盘读写数据的速度，单位是 MB/s，硬盘数据传输速率包括内部数据传输率和外部数据传输率。计算机通过接口从硬盘的缓存中将数据读出交给相应的控制器的速度与硬盘将数据从盘片上读取出交给硬盘上的缓存的速度相比，前者要比后者快得多，前者是外部数据传输率（External Transfer Rate），而后者是内部数据传输率（Internal Transfer Rate），两者之间用缓存作为桥梁来缓解速度的差距。

外部数据传输率即硬盘通过接口与主机之间的数据传输速率，又称为突发性数据传输速率（Burst Data Transfer Rate），指的是 PC 通过数据总线从硬盘缓存中所读取数据的最高速率。它与硬盘的接口类型及硬盘缓冲区密切相关，通常用每秒传输的字节数衡量。例如：理论上，ATA-6 标准 ATA-100 中 100 就代表着硬盘的最大外部数据传输率为 100MB/s。同时，ATA-133 则代表硬盘的最大数据传输率为 133MB/s，SATA-300 标准的硬盘外部数据传输率更是高达 300MB/s。但实际日常工作中是无法达到这个数值的。

内部数据传输率也被称作硬盘的持续传输率（Sustained Transfer Rate），指的是磁头至硬盘的高速缓存间的数据传输率，由于内部数据传输率才是系统真正的瓶颈，它是影响硬盘整体速度的关键所在。硬盘的读写速度比内存和 CPU 总线的速度低，而外部数据传输速率又远远高于其内部数据传输率，所以内部数据传输速率比外部数据传输速率更具有决定性意义。有效地提高硬盘的内部数据传输率才能对硬盘的性能有最直接、最明显的提升。目前，各硬盘生产厂商努力提高硬盘的内部数据传输率，除了改进信号处理技术、提高转速以外，最主要的就是不断的提高单碟容量以提高线性密度。

8．接口类型

硬盘接口是硬盘与主机系统间的连接部件，作用是在硬盘缓存和主机之间的传输数据。不同的硬盘接口决定着硬盘与计算机之间的连接速度，在整个系统中，硬盘接口的优劣直接影响着程序运行的快慢和系统性能的好坏。

硬盘的接口分为 IDE 、SCSI、 SATA 和光纤通道四种。IDE 接口硬盘多用于微型计算机，也部分应用于服务器，但近几年 IDE 接口硬盘逐渐地被 SATA 接口硬盘淘汰。SCSI 接口硬盘则主要应用于服务器市场，而光纤通道只用在高端服务器上，价格昂贵。SATA 接口硬盘正处于市场的普及期，目前越来越多的硬盘采用 SATA3.0 接口。

S-ATAⅡ技术产品将突破 SATA 技术面临的一些局限，其中最主要一点是对原本相对较低性能的提高，其次则是可靠性的改善。SATA2.0 的规格特征有以下两点。特征一支持 NCQ（Native Command Queue，本机命令队列）。由于磁道捕捉时间和转速的改善和优化，硬盘可更有效的进行信息捕捉/读/写数据。同时，由于硬盘读写头更加有效的转动，也使机械部件之间的磨损减少，增加了硬盘的寿命。特征二 SATA 2.0 将性能/带宽提升至 300MB/s。

9．NCQ

NCQ（Native Command Queuing）是 SATAⅡ规范中的重要组成部分。NCQ 用于改进在日益增加的负荷情况下硬盘的性能和稳定性的技术。当用户的应用程序发送多条指令到用户的硬盘，NCQ 硬盘可以优化完成这些指令的顺序，从而降低机械负荷达到提升性能的目的。

NCQ 技术是一种使硬盘内部优化工作负荷执行顺序，通过对内部队列中的命令进行重新排序实现智能数据管理，改善硬盘因机械部件而受到的各种性能制约。

10．连续无故障时间

连续无故障时间（MTBF），硬盘的 MTBF 值通常从 300000 到 800000h 或更高。再次强调的是，MTBF 是针对一类硬盘，而不是单块硬盘。这意味着如果硬盘的 MTBF 是 500000h，可以认为这类硬盘在 500000h 的总运行时间里会出现一次故障。如果这种型号的硬盘有 1000000 块在工作之中，而且所有的 1000000 块硬盘都同时运行，则用户可认为每隔半小时所有的这些硬盘中就会发生一次故障。MTBF 参数对于预测任何单块硬盘或少数硬盘的故障是没有用的。

11．硬盘表面温度

硬盘表面温度指硬盘工作时产生的温度使硬盘密封壳温度上升情况。硬盘工作时产生的温度过高将影响磁头的数据读取灵敏度，因此硬盘工作表面温度较低的硬盘有更好的数据读写稳定性。

12．型号

一般型号会将硬盘的基本参数信息包含在内。以 ST31500341AS 为例，如表 5-2 所示。

表 5-2　希捷硬盘型号

ST	3	1500	3	4	1	AS
Seagate（希捷）	3 则是表示 3.5 英寸的桌面硬盘，9 则表示 2.5 英寸的笔记本硬盘	容量为 1500 GB	缓存数，7200.11 硬盘中这个 3 表示 32M，6 表示 16M，8 表示 8M，不过其他系列中，也有用 2 的次方数来表示缓存大小的，例如 3 就是 2 的三次方 8M，4 表示 16M，5 表示 32M	碟片数，分别有 1、2、3、4，4 表示 4 碟	保留位一般作版本号	AS 指的是 SATA 接口，A 是 PATA 并行接口。还有 CS 等，CS 是 Pipeline HD 系列影音硬盘，低功耗低噪声

5.4　硬盘的选购

硬盘的选购需要注意以下几个因素。

1．容量

购买硬盘时考虑最多的就是容量。当前，由于需要存储的数据越来越多，并且随着社会的发展，以后需要的容量可能也会越来越大，所以购买时在条件许可的情况下应尽可能选择容量大一些的硬盘。

2．接口

购买硬盘时必须考虑到主板上为硬盘提供了何种接口，否则选购的硬盘会由于与主机接口不符而不能使用。以前硬盘的接口都是 IDE 类型，现在很多都是 SATA 甚至更新技术的接口。

3．缓存

缓存越大硬盘的性能就越好，因此在价格差距不大的情况下建议购买更大缓存容量的硬盘，目前市场上 1TB 硬盘的缓存已达到了 32MB。

4. 售后服务

由于硬盘内保存的数据相当重要，加上硬盘的读写操作比较频繁，所以保修问题等售后服务尤为突出。建议用户尽量购买知名品牌的产品，这样返修率会比较低。因为返修的过程都有可能造成用户重要数据的丢失。

5.5 实训：硬盘的安装与维护

5.5.1 实训任务

学会硬盘的安装检测及维护。

5.5.2 实训准备

（1）计算机安装工具。

（2）主板、硬盘及电源部件。

（3）硬盘检测工具。

5.5.3 实训实施

1. 安装硬盘

将硬盘安装到机箱的 3.5 英寸的仓位，两边各用两颗螺丝固定，连接硬盘的数据线及电源线，如图 5-11 所示。

图 5-11　硬盘的安装

2. 硬盘的检测

硬盘检测常用的是 HDTune 工具软件，目前常用的是 HD Tune Pro V5.00，可以用来支持 2 TB 的磁盘，显示不同的块大小详细的性能统计数据，HD Tune 专业版 5.50 版本，新增支持更多的固态硬盘驱动器，改进支持 4TB 磁盘，还增加了设备统计、温度统计的功能。

本实验以 HD Tune Pro（硬盘检测工具）5.0 中文版为例，可以支持全系列 Windows 系统。软件的主要功能有如下几点。

（1）基准测试：检测硬盘的传输性能。

（2）信息：显示硬盘的详细信息。

（3）健康：通过使用 SMART 来检查硬盘的健康状态。

（4）错误扫描：扫描硬盘表面的错误。

（5）温度显示。

运行 HD Tune 后，单击界面上的“健康状态”选项卡，在弹出的 “健康状态”栏下可以查看到包括硬盘数据写入错误率、通电断电次数、寻道错误率、硬盘盘体温度等十几项硬盘健康指标。如图 5-12 所示。

HD Tune 将硬盘的物理损坏称为错误。单击界面的“错误扫描”选项卡，在弹出的状态栏下单击“开始”按钮，HD Tune 会对磁盘执行盘面扫描操作。如图 5-13 所示。

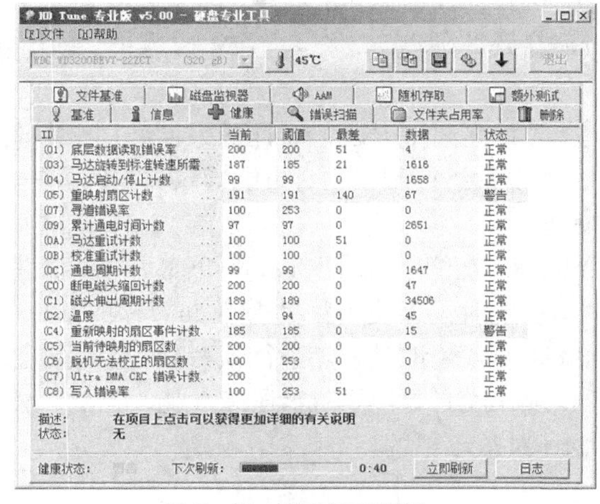

图 5-12　硬盘健康指标

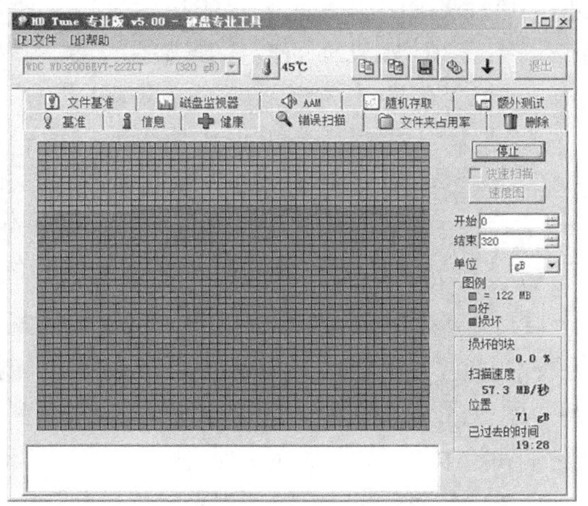

图 5-13　硬盘错误扫描信息

如果硬盘一切正常的话，均以绿色小方格表示，反之，如有损坏的地方则以红色方格标记出来。需要注意的是在“开始”按钮下还有一个“快速扫描”选项，在测试时最好不要勾选它，因为快速扫描的结果极易出现误差。

3．硬盘的维护

硬盘是计算机中存储数据的重要部件，计算机工作所用到的全部文件系统和数据资料的绝大多数部存储在硬盘中，同时，硬盘也是产生计算机软故障最主要的地方。所以硬盘就需要做好日常的维护，提高硬盘的使用寿命和工作效率。硬盘日常维护的注意事项主要有以下几点。

（1）保持电脑良好的工作环境。

灰尘是电子设备的天敌，保持房间的干净，不仅对硬盘的使用有益，而且对整个计算机的使用都会带来益处。良好的磁盘散热，避免硬盘因高温而出现问题，硬盘温度直接影响着其工作的稳定性和使用寿命，硬盘在工作中的温度以 20℃～25℃为理想值。温度过高会影响硬盘的使用寿命及数据的保存效果。当室温过高时，可以在机箱上加装散热风扇或者采用其他方法。

（2）避免对硬盘进行低级格式化。

只有在硬盘出现严重错误时才能对硬盘进行低级格式化的工作。例如，出现分区紊乱并且使用其他方法不能修复时，可能要对硬盘进行低级格式化的工作。对这种情况，只需要格式化硬盘一段时间即可，不需要对整个硬盘进行低级格式化的工作，因为硬盘前面的信息就是分区等相关信息。

（3）使用质量过关的电源。

电压不稳对电脑的影响是很大的，尤其是对硬盘的影响。如果电压不稳，则硬盘的转速就会不稳定，这样会影响硬盘的寿命。电压不稳的原因有两点，一是计算机中使用的电源质量不好，另一个可能就是供电电压不稳。如果是前者，请换用质量好的电源，如果是后者，需要为计算机配置稳压电源或者配置 UPS 稳压电源。

（4）避免在硬盘正在工作时强行关机。

当硬盘处于工作状态时（机箱上的硬盘指示灯会一直亮或闪烁），最好不要强行关闭主机电源。因为硬盘在读、写过程中如果突然断电很容易造各种数据丢失和硬盘物理性损伤。另外，由于硬盘中有高速运转的机械部件，所以在关机后其高速运转的机械部件并不能马上停止运转，这时如果马上再打开电源的话，就很可能会毁坏硬盘。

（5）工作中的磁盘需要注意防震。

虽然磁头与盘片间没有直接接触，但它们之间的距离离得很近，而且磁头也是有一定重量的，如果出现过大的震动，磁头也会由于惯性而对盘片进行敲击，有可能导致数据的丢失。

（6）尽量不要使用 Windows 自带的磁盘压缩功能。

从 Windows 95 开始的操作系统都带了“磁盘压缩”功能，而从 Windows NT 开始，又带了 NTFS 格式的磁盘压缩功能。在以前硬盘空间很少的时候，使用磁盘压缩功能无可厚非，但现在硬盘容量已经足够大了，而在使用磁盘压缩时要频繁地对硬盘进行读写操作，这样加大了硬盘的使用强度，也降低了系统的速度。所以现在没必要使用磁盘压缩功能。当然，使用 WinRAR 等软件压缩不常用的文档或其他数据还是很不错的。

（7）定期对硬盘进行扫描。

使用 Windows 的磁盘检查程序，对硬盘进行检查，并且在检查的时候修复硬盘的错误，这样可以避免一些潜在的问题。硬盘在使用一段时间后，还要使用 “碎片整理”程序对硬盘进行碎片整理，但不要过于频繁地进行碎片整理。

（8）预防病毒和黑客程序。

很多计算机病毒在发作时都会删除硬盘的数据（例如 CIH 病毒等），现在也有一些黑客程序会“锁死”硬盘，在付出一定的代价后才会解除硬盘的封锁，在网络时代更是加大了这种风险。

总之，要遵守好上面的注意事项，才能够延长硬盘的寿命，硬盘也能更好的工作。

5.6 习题

1. 简述机械硬盘的组成结构。
2. 简述固态硬盘的组成结构及其特点。
3. 简述硬盘的主要性能参数有哪些？其含义是什么？
4. 如何选购硬盘？
5. 如何检测硬盘？
6. 如何维护硬盘？

PART 6

第 6 章 光盘驱动器

6.1 光驱概述

光盘驱动器（简称光驱）是随着多媒体技术的普及而进入千家万户的。光盘具有容量大、成本低、可靠性高和易于保存等优点。同时，随着软件和资料光盘的飞速发展。软件的传播和销售主要采用光盘的形式。因此，光驱几乎成为每台计算机所必备的外设。

与硬盘相比，光盘与光盘驱动器是分开的，大家可以将存放在光盘上的数据带到任何一台有光驱的机器上读取，非常方便。

6.1.1 光驱简介

目前个人电脑的主要光驱是 DVD 或 DVD 刻录机，DVD 光驱如图 6-1 所示。

（a）光驱前面板

（b）光驱接口

图 6-1　DVD 光驱

光盘记录数据的方式是将凹陷（Pit）、平地（Land）压制到或蚀刻到一个单一由内向外的螺旋形轨道中。DVD 的密度高于 CD 的密度，如图 6-2 所示。

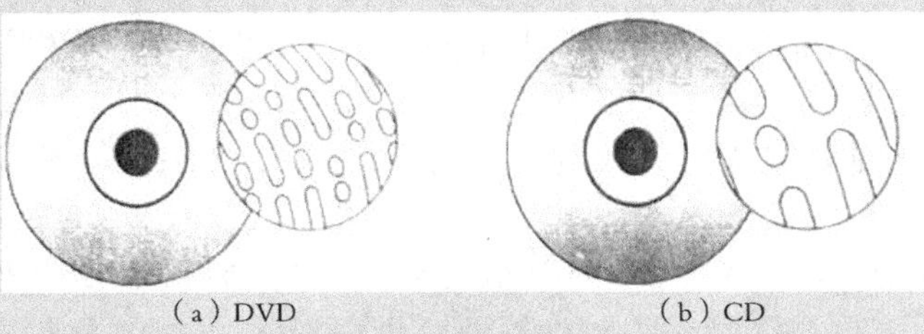

（a）DVD　　（b）CD

图 6-2　光盘密度

目前 CD-ROM 光盘的容量一般为 700MB，而 DVD 光盘的容量有多种（见表 6-1），而 CD 光驱的单倍速为 150KB/s，DVD 光驱的单倍速为 1385KB/s。

表 6-1 DVD 容量

格　式	盘大小	面数	层数	数据容量	视频容量
DVD−5	120mm	单面	单层	4.7GB	2.2 小时
DVD−9	120mm	单面	双层	8.5GB	4 小时
DVD−10	120mm	双面	单层	9.4GB	4.4 小时
DVD−18	120mm	双面	双层	17.1GB	8.1 小时

单面单层 DVD 的初始容量为 4.7GB，利用 MPEG−2 格式进行压缩后，可存储 133 分钟的视频信息，这对于全长度、全屏幕、全动作的电影来说也是足够的，可以包括 3 个 CD 质量的音频通道和 4 个字幕通道。单面双层 DVD 可以很容易地存储 240 分钟以上的视频数据。

正确区分 DVD−Video 标准和 DVD−ROM 标准很重要。DVD−Video 只能存储视频程序，并使用 DVD 播放器连接到电视机或某种专用音频系统播放；DVD−ROM 是一种数据存储媒体，可以通过 PC 或其他类型的计算机访问。两者的差别类似于音频 CD 和 CD−ROM 之间的差别。计算机可以读取音频 CD 和 CD−ROM，但专用的音频 CD 播放器却不能访问 CD−ROM 的数据磁道。同样的，计算机 DVD−ROM 驱动器可以播放 DVD−Video（以 MPEG−2 视频编码），但 DVD 视频播放器却不能访问 DVD−ROM 上的数据。

6.1.2 光驱的分类

光驱可分为 CD−ROM 光驱、DVD−ROM 光驱和刻录机等。

CD−ROM 光驱又称为致密盘只读存储器，是一种只读的存储设备。它是利用原来用于音频 CD 的 CD−DA（Digital Audio）格式发展起来的。DVD 光驱是一种可以读取 DVD 碟片的光驱，除了兼容 DVD−ROM、DVD−Video、DVD−R、CD−ROM 等常见的格式外，对于 CD−R/RW、CD−I、Video−CD、CD−G 等都有很好的支持。

刻录光驱，刻录机的外观和普通光驱差不多，只是其前置面板上通常都清楚地标识着写入、复写和读取这三种的速度，记录光驱包括 CD−RW 和 DVD−RW。

6.1.3 DVD 刻录标准

目前 DVD 刻录的主流标准并非一种，以致于形成了 DVD−R/RW、DVD+R/RW 和 DVD−RAM 共存的局面。DVD−RAM 是市场上出现最早的 DVD 刻录标准，它的优点是操作简单、支持鼠标拖放刻录、格式化快以及可重复擦写达 10 万次以上等。缺点是不能在多数的现有 DVD 视频播放器和驱动器中播放，兼容性比较差。DVD−R/RW 是 DVD 论坛（DVD Forum）的正式标准。其中，DVD−R 只能做一次性写入数据的操作，而 DVD−RW 可以重复多次擦写数据。DVD−R/RW 的优点是兼容性好，以 DVD 视频格式刻录的光盘也可在视频播放器上播放。

DVD+R/RW 并不属于 DVD 论坛的正式标准。但 DVD+R/RW 是唯一获得微软公司全部读写支持的 DVD 标准。较之其他 DVD 刻录标准，DVD+R/RW 优势十分明显，如无损链接，可以在任何一点停止和开始刻录而无需费时间进行终止，而且也不会打断或丢失数据。

虽然目前多种 DVD 刻录标准并存，但主流的可刻录 DVD 驱动器一般都具有以下几种功能之一，提供对多种刻录标准和光盘的支持。DVD Dual，支持 DVD+R/RW 和 DVD−R/RW 两种标准，可以刻录这两种 DVD 光盘。DVD Multi，支持 DVD−RAM 和 DVD−R/RW 两种标准，不支持 DVD+R/RW。DVD SuperMulti，支持上述的三种标准，可刻录几乎所有格式的光盘。图 6-3 所示为 DVD Dual、DVD Multi 和 DVD SuperMulti 之间的关系。

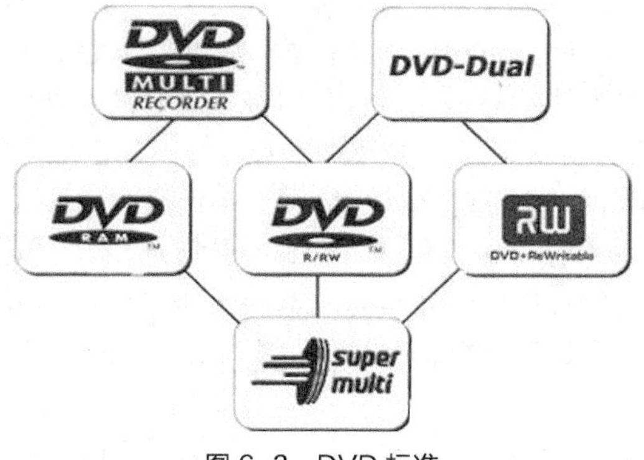

图 6-3　DVD 标准

6.1.4　光雕技术

光雕（Light Scribe）技术是一种盘面光刻技术，它利用可刻录驱动器的激光和带有特殊涂层的光盘，将文本和图形“蚀刻”到 CD 或 DVD 的表面。这是一种安全无毒的化学反应，并且不会发出异味。支持光雕技术的可刻录驱动器使用同一个设备刻录数据和创建光盘标签。

光雕技术看起来原理很简单，实现起来却是非常复杂的。需要驱动器、光盘和软件三方面的支持。对于可刻录驱动器而言，支持光雕的驱动器多了一个光盘位置传感器，安置在驱动器内光盘转轴附近，该传感器通过检测刻录盘内圈的定位标记从而保证可以在刻录盘上进行精准的刻写，也正是由于这个传感器的存在，普通可刻录驱动器根本无法通过升级固件的方式来支持光雕技术。

支持光雕的光盘与普通光盘也有很大区别，它们采用了特殊的染料层，里面带有与激光发生反应的化学物质，而并不像普通刻录光盘那样喷涂了商标、盘片类型和容量等信息。支持光雕的刻录光盘上还有另外一个重要设计，即光盘内圈具有特殊的标记，用于可刻录驱动器对光盘进行精确定位，以准确“雕刻”出指定的图案。

光雕的实现也需要刻录软件的支持。Nero6 系列就需要通过下载插件的方式才能够支持光雕技术。

支持光雕的光盘标签都为一次性刻录，一旦生成图案之后就不能再擦写或更改。目前大家所见到的支持光雕的光盘大多是 CD-R、DVD-R 和 DVD+R，并且只能支持灰阶单色刻录。

6.1.5　蓝光 DVD 和 HD-DVD

随着技术的发展与进步，最近出现了蓝光光驱，即能读取蓝光光盘的光驱，向下兼容 DVD、VCD、CD 等格式，并且能刻录 DVD。

蓝光（Blu-ray）或称蓝光盘（Blu-ray Disc，缩写为 BD）利用波长较短（405nm）的蓝色激光读取和写入数据，并因此而得名。而传统 DVD 需要光头发出红色激光（波长为 650nm）来读取或写入数据，通常来说波长越短的激光，能够在单位面积上记录或读取更多的信息。因此，蓝光极大地提高了光盘的存储容量，对于光存储产品来说，蓝光提供了一个跳跃式发展的机会。

通过降低波长，缩小刻写孔径，同时覆盖层更薄，以避免不必要的光学效应，让激光束集中在一个较小区域，这使得同一块区域可以存储更多数据。蓝光光盘的直径为12cm，和普通光盘（CD）及数码光盘（DVD）的尺寸一样。这种光盘利用405nm蓝色激光在单面单层光盘上可以录制、播放长达27GB的视频数据，比现有的DVD的容量大5倍以上（DVD的容量一般为4.7GB），可录制13小时普通电视节目或2小时高清晰度电视节目。蓝光光盘采用MPEG-2压缩技术。随着蓝光编码技术的改进，蓝光光盘的性能将得到进一步提高。蓝光光盘分为25GB和200GB两种。由于蓝光光盘数据层接近光盘的表面，相对于DVD来说更容易刮伤，因此需要放置在塑料盒里进行保护。早期由于蓝光DVD和当前的DVD格式不兼容，直接加大了厂商过渡到蓝光DVD生产环境的成本投入，因此大大延迟了蓝光成为下一代DVD标准的进程。目前蓝光光驱及蓝光光盘价格均较贵，价格下降后会成为人们的使用首选。蓝光DVD产品标志如图6-4所示。

HD-DVD阵营是与蓝光相对的，原本东芝已经加入蓝光阵营，然而利益的分配以及相关技术特性致使东芝断然退出该组织，转而联合NEC开发AOD（Advanced Optical Disk），并且得到DVD-Forum（DVD论坛）的鼎力支持，而DVD论坛是制定、维护和发展DVD标准的国际组织，DVD论坛将AOD改名为HD DVD。HD DVD最大的优势就在于能够兼容当前的DVD，并且在生产难度方面也要比蓝光DVD低得多。HD-DVD产品标志如图6-5所示。

图6-4　蓝光DVD产品标志

图6-5　HD-DVD产品标志

6.2　光盘驱动器性能参数

生产商发布的驱动器典型的性能参数包括数据传输速率、访问时间、内部高速缓存以及CPU的利用率。

6.2.1　数据传输速率

数据传输速率就是在单位时间内驱动器可以从光盘读取并传输到数据总线的数据量。通常，传输速率表明了驱动器读取大量顺序数据流的能力。

数据传输速率有两种度量方式。CD-ROM驱动器标注的最常见的形式是“X”倍速，定义为一个特殊的标准基准速率的倍数。根据最初的标准，CD-ROM驱动器的传输速率为153.6KB/s，传输速率为该值2倍的驱动器就标注为2X，传输速率为该值40倍的则标注为40X，依此类推。目前的主流CD-ROM驱动器读取速度已经达到52X。这些速度是CD-ROM驱动器的最高速度，由于多数较快的CD-ROM驱动器都是CAV或P-CAV类型的，因而“X”倍速通常指的是读取光盘最外边数据（最末端）时所达到的最大值。光盘开始部分的传输速率可能只有该值的一半，当然，平均传输速率会在二者之间。

DVD-ROM驱动器的数据传输速率也是采用“X”倍速的方式来标注的，但与CD-ROM驱动器不同的是，DVD-ROM驱动器的基准速率为1385KB/s，大概是前者基准速率的9倍。也就是说4倍速DVD-ROM驱动器的数据传输速率相当于36倍速CD-ROM驱动器的水平。目前，主流DVD-ROM驱动器读取DVD-ROM的速度是16X，读取CD-ROM的速度和主流的CD-ROM驱动器相当，达到了52X。当然，这些速度指的是驱动器的最大读取速度。

6.2.2 访问时间

对 CD-ROM 驱动器访问时间的度量同 PC 的硬盘一样，换句话说，访问时间是驱动器接收到读命令和它实际开始读一位数据之间的间隔时间。这个时间以 ms 为单位计算，生产商的典型值是 95ms。该访问时间通常是一个平均访问时间，实际的访问时间则完全依赖于数据在光盘上的位置。表 6-2 所示为不同速度下的访问时间。

表 6-2 典型的 CD-ROM 驱动器访问时间

驱动器速度	访问时间（ms）
1x	400
2x	300
3x	200
4x	150
6x	150
8x ~ 12x	100
16x ~ 24x	90
32x ~ 52x 或更高	85 以下

上面列出的时间是性能优良的驱动器的典型值，在各种速度条件下，有的驱动器更快，而有的则慢一些。

DVD-ROM 驱动器通常标注两个访问时间：一个是读 DVD 的访问时间，另一个是读 CD 的访问时间。前者一般比后者长 10ms ~ 20ms。

6.2.3 缓存

大多数 CD-ROM 驱动器都带有内部缓存（Buffer/Cache）。这些存储芯片安装在驱动器的电路板上，使它在给数据总线发送数据之前可以准备或存储更大的数据段。CD-ROM 驱动器典型的缓存大小为 128KB，DVD-ROM 驱动器典型的缓存大小为 256KB、512KB 和 2MB。不过具体的驱动器可大可小，通常越大越好。一般来说，驱动器越快，就有更多的缓存，以处理更高的传输速率。

驱动器带有缓存具有很多好处。一方面，可以保证数据总线以固定速度接收数据。当一个应用程序从驱动器请求数据时，数据可能位于分散在光盘上不同段里的文件之中，由于驱动器的访问速度相对较慢，在数据读之间停顿会使得驱动器偶发地向数据总线发送数据。在一般的文本应用程序中用户可能没有注意到这一点，但在一个访问速率较低又没有缓存的驱动器上，在显示视频或音频数据时，这种现象就很明显。另一方面，驱动器的缓存在复杂软件的控制下可以读取并准备光盘的内容目录，从而加速第一次数据请求。

6.2.4 CPU 利用率

在衡量计算机性能时，容易被忽视但实际存在的问题就是任何一种硬件或软件对 CPU（中央处理单元）的影响。这个“CPU 利用率”参数指 CPU 必须给硬件或软件提供多少处理能力以使它工作。较低的 CPU 利用率是人们所希望的，因为 CPU 在一个特定的硬件或软件过程上花费的时间越少，就为其他任务提供了更多的时间，从而使得系统的性能更高。对于光盘驱动器，有三个因素影响 CPU 利用率：驱动器速度、驱动器缓存大小以及接口类型。

驱动器缓存大小会影响 CPU 利用率。对于性能相似的光盘驱动器，缓存更大的驱动器要比缓存小的驱动器可能使用更少的 CPU 时间（更低的 CPU 利用率百分比）。

驱动器速度和缓存一般都是固定不变的，因此影响 CPU 利用率的最重要参数是接口类型。光盘驱动器常用的接口有 SCSI、IDE 和 SATA 三种。传统上，SCSI 接口的光盘驱动器的 CPU 利用率低于 ATA 接口的驱动器，但 ATA 接口的光盘驱动器使用 DMA 或 UDMA 模式可以实现接近于 SCSI 级别的低 CPU 利用率。

本书选取市场上常见的先锋 DVR-217CH DVD 光驱，其参数如表 6-3 所示。

表 6-3　　先锋 DVR-217CH 详细参数

参数	值
内/外置	内置
刻录机类型	DVD+/-RW
接口类型	SATA 150
其他性能	液晶补正，激光功率自动调节，智能刻录策略 CD 平均寻道时间 110 ms，DVD 平均寻道时间 120 ms 外形尺寸：148×42.3×180 mm
速率	-R:20X，18X，16X，12X，8X，6X，4X，2X，1X/-RW:6X，4X，2X，1X /-R DL:12X，10X，8X，6X，4X，2X /+R:20X，18X，16X，12X，8X，6X，4X，2.4X/+RW:8X，6X，4X，3.3X，2.4X /+R DL:12X，10X，8X，6X，4X，2.4X/-RAM:12X，8X，6X，5X，3X，2X
缓存	2M

说明点如下：

（1）内/外置，台式机的光驱以内置为主，尺寸为 5.25 英寸；

（2）接口类型，主要为 SATA；

（3）速率，分读取和写入两种；DL 是 DUAL 的简写，是双层刻录的意思；

（4）缓存，与硬盘的缓存相同，大小一般要小于硬盘。

6.3　光盘驱动器工作原理

CD-ROM 驱动器的工作原理如图 6-6 所示。

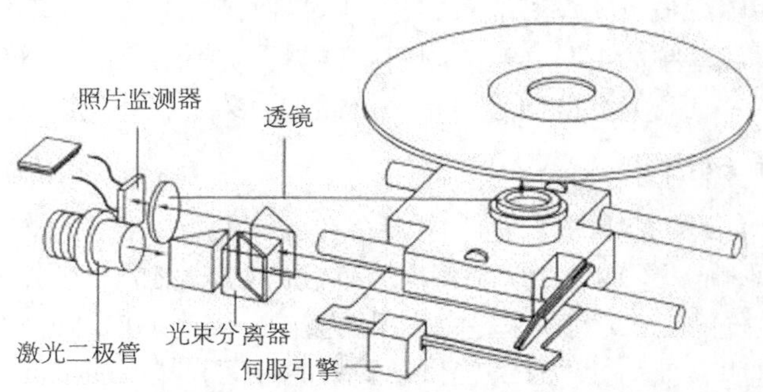

图 6-6　CD-ROM 驱动器典型部件工作示意图

其操作过程如下。

（1）激光二极管发射低能的红外线激光束到反射镜上。

（2）伺服引擎，根据微处理器的命令，通过移动反射镜将激光束定位到 CD-ROM 的正确轨道上。

（3）当激光束打到盘片上时，盘片上凹陷的地方无反射光或有散射光，平地的地方则会有强反射，这些反射光通过盘面下面的第一组透镜被聚集并聚焦，并发送到光束分离器。

（4）光束分离器将返回的激光导向另一组聚焦透镜。

（5）这组透镜将光束导向一个照片监测器，它将光转换成电子脉冲。

（6）这些输入脉冲由微处理器解码，并作为数据发送到计算机。

DVD-ROM 驱动器工作原理与 CD-ROM 驱动器差不多，都是先将激光二极管发出的激光经过光学系统分成束光射向光盘，然后，从光盘上反射回来的光束再照射到光电接收器上再变成电信号。由于 DVD-ROM 驱动器必须能够读取 CD-ROM，而不同的光盘所刻录的坑点和密度均不相同，当然对激光的要求也有不同，这就要求 DVD 激光头在读取不同光盘时要采用不同的光功率。目前 DVD 驱动器的激光头通过以下不同的读取技术实现了对 CD-ROM 的兼容：单激光头双焦点透镜、单激光头双透镜、双激光头单透镜、独立双激光头。

这四种光头读取技术基本上覆盖了目前市场上的所有 DVD-ROM 驱动器产品。从技术角度来看，这几种技术各有各的优势。

CD-ROM 驱动器与 DVD-ROM 驱动器在读取光盘时会采用（CLV、CAV、P-CAV）三种不同的方式。

CLV（Constant Linear Velocity，恒定线速度）。由于光盘和硬盘不同，光盘上每个部分的密度都是一样的，在同样旋转一圈的情况下，圆周较长的外圈在读取资料时会比内圈快，所谓的恒定线速度是指从内到外都是同样的读取速度，而为了保持一开始内圈的读取速度，驱动器的转速会调高，而到外圈时则会降低驱动器的转速来配合读取速度。

因为 CLV 需要不停的更改机器的转速，会对机器的寿命造成一定的影响，而且光盘转速也不可能无限制的加快，为了这两个原因，出现了驱动器转速固定的读取方式，也就是 CAV（Constant Angular Velocity，恒定角速度），而因为驱动器转速固定，所以读取速度会从内圈到外圈慢慢变快。

P-CAV（Partial Constant Angular Velocity，局部恒定角速度）是 CLV 和 CAV 的结合，一开始在内圈时采用 CAV，读取速度会慢慢上升，等达到最大读取速度时就改成 CLV，此时读取速度固定而转速则会慢慢下降，而因为 P-CAV 比 CAV 更快达到最高速度，所以理论上平均速度会比较快。

6.4 光驱的选购

随着数字影音多媒体时代的来临，DVD-ROM 以其高存储量和无可挑剔的影音画质，受到了众多消费者的青睐和追捧，在选购 DVD 光驱时需要重视以下几点。

1．纠错能力

现在的 DVD 光驱通常情况下已经拥有令人满意的纠错能力。但要真正做到“超强纠错”也不是一件容易的事情。

2. 稳定性

大家往往会遇到这样的情况，一款光驱买回来时，怎么用都好，任何盘片都能读。可一旦用了一段时间后，却发现读盘能力迅速下降。为避免购买到这类产品，大家应该尽量选购采用全钢机芯的 DVD 光驱，这样即便在高温、高湿的情况下长时间工作，DVD 光驱的性能也能恒久如一。另外采用全钢机芯的光驱通常情况下要比采用普通塑料机芯的整体上的使用寿命长很多。

3. 速度

速度是衡量一台光驱快慢的标准，目前市面上主流的 DVD 光驱基本上都是 16X，那为何选购 DVD 光驱还需要注意速度呢？因为 DVD 光驱具有向下兼容性，除了读取 DVD 光盘之外，DVD 光驱还肩负着读取普通 CD 数据碟片的重担，因此大家还需关注 CD 读取速度。主流的 CD-ROM 的读取速度普遍是 50X 至 52X。而目前市面上的很大一部分 16X DVD 光驱，其 CD 盘的最大读取速度仅为 40X。

4. 接口类型

随着 SATA 接口的流行，现在的主板上一般只有一个 IDE 接口，有些主板上甚至已经没有了，所以大家买光驱最好选择 SATA 接口。

5. 品牌

一个信得过的品牌是选购一款好 DVD 光驱的关键之一，做好了这一步将大大减轻大家选购 DVD 光驱的难度。如今市场上的 DVD 品牌非常之多，选择优秀品牌的产品其质量和售后服务都能得到很好的保障。

6.5 实训：光驱的安装与维护

6.5.1 实训任务

学会安装并维护光驱。

6.5.2 实训准备

（1）计算机安装工具。

（2）主板、机箱、电源及光驱部件。

6.5.3 实训实施

1. 光驱的安装

安装光驱的方法与硬盘方法类似，对于普通的机箱，只要将机箱托架前的面板拆除，将光驱放入对应的位置即可。但有的光驱安装前，先要安装托架。光驱的安装一定要注意从机箱外面向内装，而很多机箱有前置面板，那么就要首先将前置面板拆卸下来，再装入光驱至适当位置，拧上螺丝，装上前置面板。其安装如图 6-7 所示。

然后插上相关电源与数据线即可。

2. 光驱的维护

家用电脑、CD、VCD、超级 VCD 以及现在的 DVD 都装有光盘驱动器，人们称之为光驱。而光驱是一个非常娇贵的部件，再加上使用频率高，它的寿命的确很有限。因此，很多商家对光驱部件的保修时间要远短于其他部件。影响光驱寿命的主要是激光头，激光头的寿命实际上就是光驱的寿命。延长光驱的使用寿命，具体方法有以下十点。

图 6-7 光驱的安装

（1）保持光驱、光盘清洁。

光驱采用了非常精密的光学部件，而光学部件最怕的就是灰尘污染。灰尘来自于光盘的装入、退出的整个过程，光盘是否清洁对光驱的寿命也直接相关。所以，光盘在装入光驱前应作必要的清洁，对不使用的光盘要妥善保管，以防灰尘污染。

（2）定期清洁保养激光头。

光驱使用一段时间之后，激光头必然会染上灰尘，从而使光驱的读盘能力下降。具体表现为读盘速度减慢，显示屏画面和声音出现马赛克或停顿，严重时可听到光驱频繁读取光盘的声音。这些现象对激光头和驱动电机及其它部件都有损害。所以，使用者要定期对光驱进行清洁保养或请专业人员维护。

（3）保持光驱水平放置。

在机器使用过程中，光驱要保持水平放置。其原因是光盘在旋转时重心会因不平衡而发生变化，轻微时可使读盘能力下降，严重时可能损坏激光头。有些人使用电脑光驱在不同的机器上安装软件，常把光驱拆下拿来拿去，甚至随身携带，这对光驱损害很大，会使光驱内的光学部件、激光头因受振动和倾斜放置发生变化，导致光驱性能下降。

（4）养成关机前及时取盘的习惯。

光驱内一旦有光盘，不仅计算机启动时要有很长的读盘时间，而且光盘也将一直处于高速旋转状态。这样既增加了激光头的工作时间，也使光驱内的电机及传动部件处于磨损状态，无形中缩短了光驱的寿命。建议使用者要养成关机前及时从光驱中取出光盘的习惯。

（5）减少光驱的工作时间。

为了减少光驱的使用时间，以延长其寿命，使用电脑的用户在硬盘空间允许的情况下，可以把经常使用的光盘做成虚拟光盘存放在硬盘上，如教学软件、游戏软件等。这样以后可直接在硬盘上运行，并且具有速度快的特点。

（6）少用盗版光盘，多用正版光盘。

不少朋友因盗版光盘价格与正版光盘价格有一定差距，且光盘内容丰富而购买使用，但如果你的光驱长期读取盗版光盘，因其盘片质量差，激光头需要多次重复读取数据。这样电机与激光头增加了工作时间，从而大大缩短了光驱的使用寿命。目前正版软件的价格已经大大下降，有些只比盗版软件略贵，且光驱读盘有了保障。所以建议大家今后尽量少用盗版光盘多用正版光盘。

（7）正确开、关盘盒。

无论哪种光驱，前面板上都有出盒与关盒按键，利用此按键是常规的正确开关光驱盘盒的方法。按键时手指不能用力过猛，以防按键失控。有些用户习惯用手直接推回盘盒，这对光驱的传动齿轮是一种损害，建议用户克服这一不良习惯。

（8）利用程序进行开、关盘盒。

利用程序进行开关盘盒，在很多软件或多媒体播放工具中都有这样的功能。如在 Windows 中用鼠标右键单击光盘盘符，其弹出的菜单中也有一项“弹出”命令，可以弹出光盘盒。建议电脑用户尽量使用软件控制开、关盘盒，这样可降低光驱的故障发生率。

（9）谨慎小心维修。

由于光驱内所有部件都非常精密，用户在拆开及安装光驱的过程中一定要注意方式和方法，注意记录原来的固定位置。如果你没有把握的话，可请专业维修人员进行拆装和维修。特别是激光头老化，需要调整驱动电源来提高激光管功率时，一定要请专业维修人员调试，以防自己调整得过大，使得激光头烧坏。

（10）适量播放影碟。

长时间连续读盘对光驱的寿命影响很大。如有需要经常播放的节目，用户最好还是将其拷入硬盘，以确保光驱的使用寿命。如果确实经常要看影碟，建议买一个廉价的低速光驱专门用来播放影碟。

6.6 习题

1. 光驱的工作过程是怎样的？
2. 简述 DVD 光驱的主要性能参数有哪些？其含义是什么？
3. 简述蓝光光驱的技术原理。
4. 如何选购光驱？
5. 如何维护光驱？

PART 7 第7章 显卡

7.1 显卡概述

7.1.1 显卡简介

显卡与显示器一起构成了显示子系统，显卡全称显示接口卡（Video Card，Graphics Card），又称为显示适配器（Video Adapter），简称为显卡，是个人电脑最基本组成部分之一。显卡是主机与显示器之间连接的桥梁，作用是控制计算机的图形输出，负责将 CPU 送来的影像数据处理成显示器认识的格式，再送到显示器形成图像。显卡作为计算机主机里的一个重要组成部分，承担输出显示图形的任务，对于从事专业图形设计的人来说显卡非常重要。显卡图形芯片供应商主要包括 AMD（ATI）和 Nvidia（英伟达）两家。

7.1.2 显卡分类

显卡可分为集成显卡和独立显卡。

1．集成显卡

集成显卡是指将显示芯片、显存及其相关电路都做在主板上，与主板融为一体。集成显卡的显示芯片有单独的，但大部分都集成在主板的北桥芯片中。一些主板集成的显卡也在主板上单独安装了显存，但其容量较小，集成显卡的显示效果与处理性能相对较弱，不能对显卡进行硬件升级，但可以通过 CMOS 调节频率或刷入新 BIOS 文件实现软件升级来挖掘显示芯片的潜能。集成显卡的优点是功耗低、发热量小，部分集成显卡的性能已经可以媲美入门级的独立显卡，在要求不高的情况下，不用花费额外的资金购买显卡。

2．独立显卡

独立显卡是指将显示芯片、显存及其相关电路单独做在一块电路板上，自成一体，作为一块独立的板卡存在，它需占用主板的扩展插槽（ISA、PCI、AGP 或 PCI-E)。独立显卡单独装有显存，一般不占用系统内存，在技术上也较集成显卡先进得多，比集成显卡能够得到更好的显示效果和性能，容易进行显卡的硬件升级。其缺点是系统功耗有所加大，发热量也较大，需额外花费购买显卡的资金。

7.1.3 显卡的结构

显卡主要由印制电路板、显示芯片 GPU（Graphic Processing Unit，即图形处理芯片）、显存、数模转换器（RAMDAC）、VGA BIOS、输出接口等几部分组成，如图 7-1 所示。

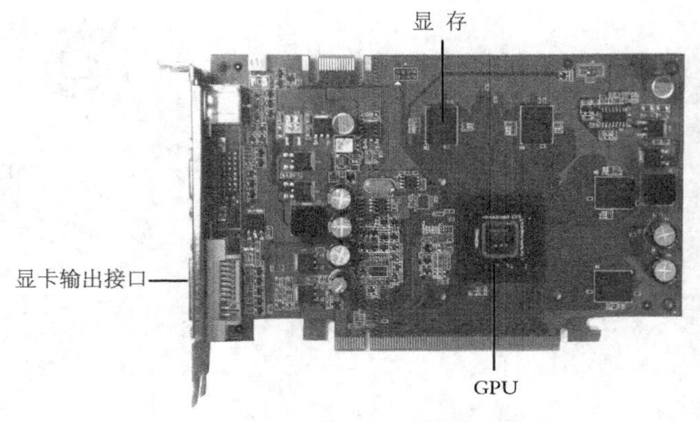

图 7-1　显卡的结构

1．GPU

其 GPU 类似于主板的 CPU，中文翻译为"图形处理器"。NVIDIA 公司在发布 GeForce 256 图形处理芯片时首先提出的概念。GPU 使显卡减少了对 CPU 的依赖，并进行部分原本 CPU 的工作，尤其是在 3D 图形处理时。GPU 所采用的核心技术有硬件 T&L（几何转换和光照处理）、立方环境材质贴图和顶点混合、纹理压缩和凹凸映射贴图、双重纹理四像素 256 位渲染引擎等，而硬件 T&L 技术可以说是 GPU 的标志。GPU 主要有 NVIDIA 与 ATI 这两家厂商生产。

2．显存

显存是显示内存的简称，类似于主板的内存。顾名思义，其主要功能就是暂时储存显示芯片要处理的数据和处理完毕的数据。图形核心的性能愈强，需要的显存也就越多。以前的显存主要是 SDRAM 的，容量也不大。市面上的显卡大部分采用的是 GDDR3 显存，现在最新的显卡则采用了性能更为出色的 GDDR4 或 GDDR5 显存。显存主要由传统的内存制造商提供，如三星、现代、金士顿等。

3．数模转换器

数模转换器 RAMDAC（Random Access Memory Digital-to-Analog Converter 随机数模转换记忆体）。RAMDAC 的作用是把数字图像数据转换成计算机显示需要的模拟数据。显示器收到的是 RAMDAC 处理过后的模拟型号。由于 RAMDAC 是一块单项不可逆电路，故经过 RAMDAC 处理过后的模拟信号不可能再被转换成数字信号。

4．显卡 BIOS

显卡 BIOS 类似于主板的 BIOS，主要用于存放显示芯片与驱动程序之间的控制程序，另外还存有显示卡的型号、规格、生产厂家及出厂时间等信息。打开计算机时，通过显示 BIOS 内的一段控制程序，将这些信息反馈到屏幕上。早期显示 BIOS 是固化在 ROM 中的，不可以修改，而多数显示卡则采用了大容量的 EPROM，即所谓的 Flash BIOS，可以通过专用的程序进行改写或升级。

5．显卡 PCB 板

显卡 PCB 板类似于主板的 PCB 板，显卡 PCB 板是显卡的电路板，它把显卡上的其他部件连接起来。

6．显卡输出接口

连接显示器的接口，主要有 VGA（又称 D-SUB）、DVI 和 HDMI。

7.2 显卡的基本组件

所有的显卡都包含以下基本组件：BIOS、图形处理器 GPU、显存、数模转换器（DAC）、总线连接器、接口连接器和驱动程序。

图 7-2 所示为一块典型的显卡。

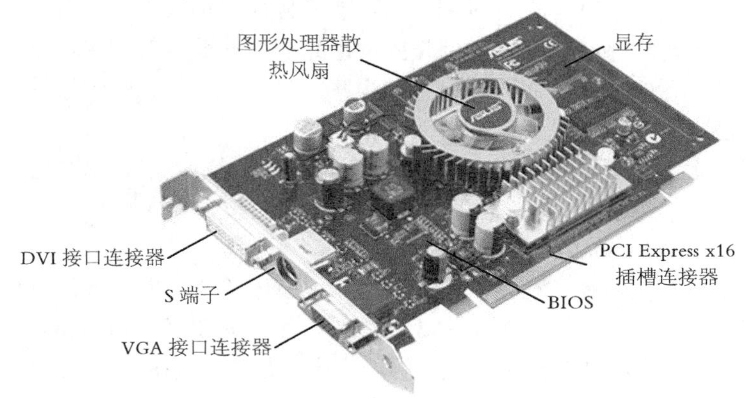

图 7-2　标准显示卡组成组件

1. BIOS

显卡包含一个 BIOS（基本输入输出系统），它在结构上与主系统 BIOS 相似，但是与之完全独立（系统中的其他设备如 SCSI 适配器可能也有自己的 BIOS）。如果用户首先打开显示器并快速观察一下，可能会看到在系统启动的最开始出现了关于适配器的 BIOS 的标识条。

和系统 BIOS 一样，显卡的 BIOS 以 ROM（只读存储器）芯片的形式保存了在视频卡硬件和系统上运行的软件之间接口的基本指令。调用 BIOS 的软件可以是独立的应用程序、操作系统或系统主 BIOS。BIOS 芯片中的程序使得在所有其他驱动程序从磁盘加载之前，系统在自检和启动过程里可以在显示器上显示信息。

像系统 BIOS 一样，显卡 BIOS 也可以用两种方法升级。如果 BIOS 使用 EEPROM 或 Flash ROM 芯片，那么可以使用显卡生产商提供的刷新工具对它进行升级；如果生产商支持并且没有将 BIOS 焊在电路板上，则可以换上一块新的芯片。

2. 图形处理器 GPU

计算机中显示的图形实际上分为 2D（2 维/Two Dimensional）和 3D（3 维）两种，其中 2D 图形只涉及所显示景物的表面形态和其平面（水平和垂直）方向运行情况。如果将物体上任何一点引入直角坐标系，那么只需“X、Y”两个参数就能表示其在水平和垂直的具体方位。3D 图像景物的描述与 2D 相比增加了“纵深”或“远近”的描述。如果同样引入直角坐标系来描述景物上某一点在空间的位置时，就必须使用“X、Y、Z”3 个参数来表示，其中“Z”就是代表该点与图像观察者之间的“距离”或“远近”。由于早期显示芯片技术性能的限制，电脑显示 2D/3D 图形时所须处理的数据全部由 CPU 承担，所以对 CPU 规格要求较高，图形显示速度也很慢。随着图形芯片技术的逐步发展，显卡开始承担了所有 2D 图形的显示处理，因此大大减轻了 CPU 的负担，自然也提高了图形显示速度，也因此有了 2D 图形加速卡一说。但由于显示 3D 图形时所须处理的数据量和各种计算远远超过 2D 图形显示，所以在 3D 图形处理器出现前显卡还无法承担 3D 图形显示数据的处理，因此为完成 3D 图形显示的数据计算和处理仍须由 CPU 完成。1997 年美国 S3 公司开发出 S3 Virge/DX 芯片，开创了由显卡的图形处理器完成（部分）3D 显示数据的处理的先河，从此人们也开始将具有 3D 图形显示处理器的显卡称为 3D 图形（加速）卡。当然随着图形芯片技术的不断发展，当今市场上几乎所有显卡所使用的图形处理器全部都算 3D 图形处理器了。

图形处理器（图形芯片）是任何显卡的核心，它实际定义了显卡的功能和性能。

使用同一图形处理器的显卡常常有很多相同的功能并且性能相当。操作系统和应用程序寻址显卡硬件所使用的驱动程序在编写时主要是要考虑到图形处理器的问题。用户常常可以在任何使用相同图形处理器的显卡上使用同一驱动程序。当然，使用相同图形处理器的显卡在安装的显存类型和数量上也会不同，从而导致性能各异。

图形处理器的工作频率通常被称为核心频率。随着技术的不断发展，这个值也是越来越高。例如 NVIDIA TNT 显卡的核心频率通常是 90MHz，现在的 NVIDIA GeForce 7800GTX 显卡的核心频率已经可以达到 550MHz。

图形处理器的一个重要指标就是像素填充率。像素填充率的值为图形处理器核心频率与渲染途径数量的乘积。如 NVIDIA 的 GeForce 7300GT 芯片，核心频率为 500 MHz，8 条渲染管线，每条渲染管线包含 1 个纹理单元，那么它的填充率就是 5 亿/s×8×1 像素=40 亿像素/s。这里的像素组成了我们在显示屏上看到的画面，每帧画面在 800×600 分辨率下一共就有 800×600=480000 个像素，以此类推 1024×768 分辨率就有 1024×768=786432 个像素。我们在玩游戏和用一些图形软件时常设置分辨率，当分辨率越高时显示芯片就会渲染更多的像素，因此像素填充率的大小对衡量一块显卡的性能有重要的意义。

集成视频多年来一直常见于低成本的计算机中，很多基于主板的集成视频只是简单地将我们以前讨论过的各标准视频部件移到了主板上。近年来，主板集成度的发展已经使 3D 加速的视频和音频支持成为主板芯片组设计的一部分了，主板芯片组就代替了前面列出的多数显卡部件，并将一部分主系统内存用作显存，这种将系统主存用作显存的方法常常称为统一内存体系结构（Unified Memory Architecture，UMA）。统一内存体系结构也用于基于主板的集成视频。

将视频（和音频）集成到主板芯片组中的先驱是 Cyrix。Intel 在后来生产的主板芯片组中也开始将视频集成到部分芯片组中，其他主要的主板芯片组厂商也开发了类似的集成芯片组，用于使用 Intel 和 AMD CPU 的低成本系统和主板中。

多数情况下，可以通过使用插卡来替代内置视频，有些基于主板的内置视频还可以进行存储器的升级。

3．显存

大多数显卡在处理图像时使用自身的显存来存储视频图像，但某些也可以使用部分系统内存来弥补显存过低的问题，能在高纹理和材质下提高显卡处理性能，虽然这些特性并不被普遍支持。许多低价系统的板上集成显卡使用统一存储结构（Unified Memory Architecture）技术来共享系统内存。值得注意的是，集成显卡占用的系统内存是不能被系统使用的，是独立的。例如 256M 系统内存中的 32M 给集成显卡当显存，那么开机自检和在 WINDOWS 系统中就会发现只有 224M 内存了。而独立显卡采用的共享内存技术通常不影响系统内存的大小，例如 256M 系统内存被共享了 32M，开机自检和在 WINDOWS 系统中仍然会发现有 256M 内存，而不是 224M。有些 PC 系统可以在 BIOS SETUP 中设置用做显存的共享内存的具体大小，但有些是系统自动设定的，无法在 BIOS SETUP 中设定和调整。

显存主要参数有容量、位宽及频率。

（1）显存容量。

显卡显存的容量决定了设备所能支持的最大分辨率和色彩饱和度。对于一个特定的显卡，用户经常可以选择显存的容量，例如 32MB、64MB、128MB 甚至是 256MB。现在大多数的显卡带有至少 128MB 的显存。今天，有许多不同类型的存储器被用于显卡。表 7-1 所示为存储器类型。

表 7-1 显卡的存储器类型

存储器类型	定　义
FPM DRAM	快速页模式 RAM
VRAM①	视频 RAM
WRAM①	Window RAM
EDO DRAM	扩展数据输出 DRAM
SDRAM	同步 DRAM
MDRAM	多体 DRAM
SGRAM	同步图形 DRAM
DDR SDRAM	双倍数据率 SDRAM
DDR2 SDRAM	第二代双倍数据率 SDRAM
DDR3 SDRAM	第三代双倍数据率 SDRAM

VRAM 和 WRAM 是双端口的存储类型，可以从一个端口读数据，从另一个端口写数据。这样，与 FPM DRAM 和 EDO DRAM 相比，通过减少访问显存的等待时间改善了性能。

对于特定分辨率和色彩饱和度的显卡所需的显存容量是可以计算的。为了显示屏幕上的所有像素，需要保存每个像素的位置信息，而像素的总数决定于分辨率。

如果只以两种颜色显示该分辨率，则每个像素只需要 1 位存储空间。如果数据位是 0，则该点显示为黑；如果数据位为 1，则该点显示为白。如果用 24 位存储空间来控制每个像素，就可以显示 1670 万种颜色，因为 24 位二进制数有 16777216 种可能组合（2^{24}=16777216）。用某种分辨率下的像素数乘以描述每个像素的存储位数就可以得到这种分辨率下所需的显存。举例如下：1024×768＝786432 像素，786432 像素×每个像素 24 位＝18874368 比特＝2359296 字节＝2.25MB。

从上面的计算可以看出，在 1024×768 分辨率下显示 24 位色需要 2.25MB 显存。因为大多数显卡只支持 256KB、512KB、1MB、2MB 或 4MB 的存储容量，所以必须安装 4MB 显存才能达到以上的显示效果。

更高的分辨率和色彩饱和度在今天已是非常普遍，所以显卡需要的显存要远远大于原来 IBM VGA 上的 256KB。表 7-2 所示为一些常见的分辨率和色彩饱和度所需的显存大小。这些配置可以进行一些 2D 图形操作，如图像编辑、图形表示、桌面发布以及 Web 页面设计等。

表 7-2　　显卡 2D 操作的最小存储需求

分 辨 率	色深	颜色数	显存	实际存储需求
640×480	16 位	65536	1MB	614400 字节
640×480	24 位	16777216	1MB	921600 字节
800×600	8 位	256	512KB	480000 字节
800×600	16 位	65536	1MB	960000 字节
800×600	24 位	16777216	2MB	1440000 字节
1024×768	16 位	65536	2MB	1572864 字节
1024×768	24 位	16777216	4MB	2359296 字节
1280×1024	16 位	65536	4MB	2621440 字节
1280×1024	24 位	16777216	4MB	3932160 字节

从上表可以看到，2MB 显存的显卡在 1024×768 分辨率下可以显示 65536 种颜色，而为了获得真彩（1680 万种颜色）显示，则需要升级至 4MB。

对于 2D 显卡来说，显存主要是容纳帧缓冲的。随着 3D 图形处理器的出现，显示缓存除了容纳帧缓冲外，还增加了双缓冲、Z 缓冲和纹理数据等。

双缓冲是采用两个相同的存储空间存放用于显示的数据，每个缓冲区的大小都和 2D 显示模式下的帧缓冲一样。

双缓冲在 3D 图形显示中的作用是很重要（对于绝大部分情况是必需的），可以让使用者不会看到每一帧 3D 画面的生成过程，因此可以避免感觉到在每一个显示帧生成过程中产生的闪烁。双缓冲实际上是将显示缓冲区分为前和后两个缓冲区，前面的缓冲区用于显示，它和 2D 方式下的帧缓冲的作用是一样的，后面的缓冲区进行每一帧的生成。当一个显示帧在后缓冲区完全准备好后，立刻把后缓冲区切换成前缓冲区。这样，使用者看见的总是完全生成好的每一帧，不会看见每一帧的生成过程。双缓冲的应用虽然可以提高 3D 显示的质量，但会对性能产生影响。现在，很多 3D 图形处理器都支持三缓冲技术，也就是采用三个缓冲区，在某些情况下可以提高性能，缺点就是需要占用更多的显示缓存（多了一个缓冲区）。

Z 缓冲也是在显示缓存内划分一片缓冲区，但里面存放的是深度数据。这样，在 3D 场景中计算遮挡关系的时候，只需要比较 Z 缓冲内的相应数据就可以了。Z 缓冲区的大小就是显示分辨率与深度的乘积。

较低的 Z 缓冲精度在显示距离很近的两个物体时可能会发生遮挡错乱的情况。对于目前的情况来说，一般采用 32 位就完全可以满足很苛刻的专业要求，而在游戏中即使采用 16 位的 Z 缓冲深度就基本可以了，因此现在显卡的 Z 缓冲深度一般就是 16、24 或者 32 位。

对于大多数显卡来说，纹理是存放在显示缓存里的，可供纹理存放的大小并不固定。一般，显示缓存中除去帧缓冲和 Z 缓冲用去的，剩下的部分就可以用作纹理的存放地，这个大小完全取决于显卡的显示缓存的大小和显示的模式。如带有 32MB 缓存的显卡，在 1024×768 分辨率、32 位颜色深度、双缓冲和 32 位 Z 缓冲下，显示缓冲区和 Z 缓冲区将用去 9216KB（即 1024×768×32×3bit。其中显示缓冲区为 1024×768×32×2，Z 缓冲为 1024×768×32）显示缓存，剩下的 22MB 多一点就可以完全用于纹理缓存。对于支持 AGP DIME（直接内存执行）的显卡来说，如果显示缓冲区的纹理缓存不够用，则纹理就可以存放在系统主内存里面，虽然速度不快，但也比没有好一些。

注意，尽管 3D 显卡通常使用 32 位模式，但这不意味着它们一定会产生比 24 位真彩显示的 16277216 种颜色更多的颜色。许多图形处理器和显卡都被优化为以 32 位的字宽传输数据，它们在 32 位模式下工作时实际是显示 24 位模式的颜色种类，而不是真正 32 位色深的 4294967269 种颜色。

（2）显存位宽。

与显卡显存有关的另一个参数是连接图形处理器和显存的总线宽度，也就是常说的显存位宽。图形处理器或者芯片组通过卡上的局部总线直接与显卡上的显存相连，大多数高端显卡使用局部总线位宽为 128 位或 256 位。这个术语很容易使人混淆，因为显卡以单独扩展卡的形式插在主系统总线（PCI、AGP 或 PCI Express）上，这些总线的位宽通常是 32 位或 16 位串行，而当显卡声称是 64 位或 128 位时，用户应该明白这指的是显存位宽。

显卡的显存是由一块块的显存芯片构成的，显存总位宽同样也是由显存颗粒的位宽组成，显存位宽＝显存颗粒位宽×显存颗粒数。显存颗粒上都带有相关厂家的内存编号，可以去网上查找其编号，就能了解其位宽，再乘以显存颗粒数，就能得到显卡的位宽。这是最为准确的方法，但施行起来较为麻烦。

（3）显存频率。

显存频率是指默认情况下显存实际工作时的频率，显存频率很大程度上影响着显卡的速度。显存频率随着显存的类型、性能的不同而不同，SDRAM 显存工作在较低的频率上，一般就是 133MHz 和 166MHz，此种频率早已无法满足现在显卡的需求。目前广泛使用的 DDR5 显存则能提供较高的显存频率，部分甚至高达 4GHz。

4．数模转换器

显卡上的数模转换器通常被称作 RAMDAC。正如它的名字是把计算机生成的数字图像转换成显示器可以显示的模拟信号。RAMDAC 用 MHz 来衡量，转换过程越快，显卡的垂直刷新率就越高。现在的高性能显卡的 RAMDAC 速度达到 650MHz。

增加转换器速度的好处在于可以获得更高的垂直刷新率，这样就可在无闪烁的刷新率（72Hz 至 85Hz 或更高）下获得更高的分辨率。一般来说，RAMDAC 速率在 300MHz 以上的显卡可以在高达 1920×1200 的分辨率下正常显示而不发生任何抖动（75Hz 以上）。当然，正如本章前面所提到的，所使用的分辨率必须要由显示器和显卡同时支持才行。

5．总线连接器

IBM MCA、ISA、EISA 以及 VL Bus 等早期的总线标准一般用于 VGA 及其他视频标准，由于它们性能较低，现在基本都已过时了。现在的显卡一般使用 PCI、AGP 或 PCI Express 总线标准。

6．接口连接器

显卡上的接口连接器比较常见的有 VGA、DVI、HDMI 和 S 端子等几种，如图 7-3 所示。

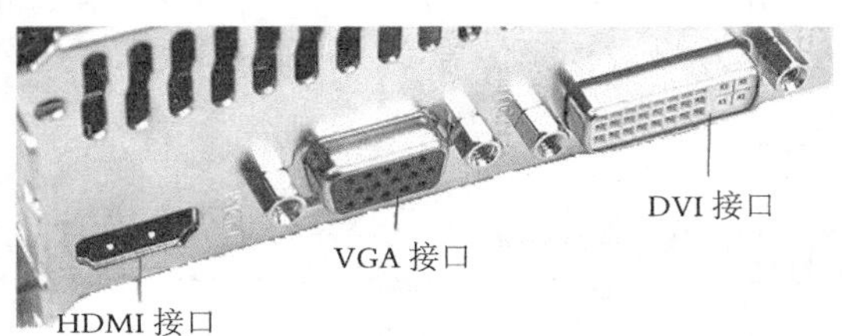

图 7-3 显卡输出接口

VGA（Video Graphics Array）即视频图形阵列，是 IBM 在 1987 年推出的使用模拟信号的一种视频传输标准，在当时具有分辨率高、显示速率快、颜色丰富等优点，在彩色显示器领域得到了广泛的应用。这个标准对于现今的 PC 市场来说已经十分过时。即使如此，VGA 仍然是最多制造商所共同支持的一个标准，PC 在加载自己的独特驱动程序之前，都必须支持 VGA 的标准。D-sub 是 D-subminiature 的简称，俗称 VGA（Video Graphics Adapter）接口。因为竖看很像一个大写的字母 D，所以称之为 D-Sub。

DVI（Digital Visual Interface），即数字视频接口。DVI 接口基础，基于 TMDS（Transition Minimized Differential Signaling，最小化传输差分信号）电子协议作为基本电气连接。TMDS 是一种微分信号机制，可以将象素数据编码，并通过串行连接传递。显卡产生的数字信号由发送器按照 TMDS 协议编码后通过 TMDS 通道发送给接收器，经过解码送给数字显示设备。

显示设备采用 DVI 接口具有 3 个主要优点。

（1）速度快。

DVI 传输的是数字信号，数字图像信息不需经过任何转换，就会直接被传送到显示设备上，因此减少了数字→模拟→数字繁琐的转换过程，大大节省了时间，因此它的速度更快，有效消除拖影现象，而且使用 DVI 进行数据传输，信号没有衰减，色彩更纯净，更逼真。

（2）画面清晰。

计算机内部传输的是二进制的数字信号，使用 VGA 接口连接液晶显示器的话就需要先把信号通过显卡中的 D/A（数字/模拟）转换器转变为 R、G、B 三原色信号和行、场同步信号，这些信号通过模拟信号线传输到液晶内部还需要相应的 A/D（模拟/数字）转换器将模拟信号再一次转变成数字信号才能在液晶上显示出图像来。在上述的 D/A、A/D 转换和信号传输过程中不可避免会出现信号的损失和受到干扰，导致图像出现失真甚至显示错误，而 DVI 接口无需进行这些转换，避免了信号的损失，使图像的清晰度和细节表现力都得到了大大提高。

（3）支持 HDCP。

HDMI（High Definition Multimedia Interface，高分数字多媒体接口）的简称。基于 DVI（Digital Visual Interface）制定的，可以看作是 DVI 的强化与延伸，两者可以兼容。HDMI 在保证高品质的情况下能够以数码形式传输未经压缩的高分辨率视频和多声道音频数据。HDMI 可以支持所有的 ATSC HDTV 标准，不仅能够满足目前最高画质 1080p 的分辨率，还可以支持 DVDAudio 等最先进的数字音频格式，支持八声道 96kHz 或立体声 192kHz 数码音频传递，而且只用一条 HDMI 线连接，可以用于免除数码音频接线，让桌面更加整洁。与此同时 HDMI 标准所具备的额外扩展空间，它允许应用在日后升级的音频或视频的格式中。与 DVI 相比 HDMI 接口的体积更小而且支持同时传输音频及视频信号。

S-端子，或称“独立视讯端子”是一种将视频数据分成两个单独的信号（光亮度和色度）进行传送的模拟视频讯号，不像合成视频信号（Composite Video）是将所有讯号打包成一个整体进行传送。

7.3 显卡的性能参数

表 7-3 所示为蓝宝 HD6570 1GB DDR3 白金版参数，下面结合之解释主要参数的含义。

表 7-3 蓝宝 HD6570 1GB DDR3 白金版参数一览表

参　　数	值
芯片厂商	AMD
显卡芯片	Radeon HD 6570
显存容量	1024MB GDDR3
显存位宽	128bit
核心频率	650MHz
显存频率	1800MHz
散热方式	散热风扇
总线接口	PCI Express 2.0 16X
I/O 接口	HDMI 接口/DVI 接口/VGA 接口
流处理器（sp）	480 个
3D API	DirectX 11
最高分辨率	2560×1600

1．显示芯片及核心频率

显卡的核心频率是指显示核心的工作频率，其工作频率在一定程度上可以反映出显示核心的性能，但显卡的性能是由核心频率、流处理器单元、显存频率、显存位宽等多方面的情况所决定的，因此在显示核心不同的情况下，核心频率高并不代表此显卡性能强劲。

显示芯片主流的只有 ATI 和 NVIDIA 两家，两家都提供显示核心给第三方的厂商，在同样的显示核心下，部分厂商会适当提高其产品的显示核心频率，使其工作在高于显示核心固定的频率上以达到更高的性能。

2．显存主要参数

显存主要参数有类型、位宽、容量、封装类型、速度、频率。

显卡上采用的显存类型主要有 SDRAM、DDR SDRAM、DDR SGRAM、DDR2、DDR3、DDR4、DDR5。DDR SDRAM 是 Double Data Rate SDRAM 的缩写（双倍数据速率），它能提供较高的工作频率，带来优异的数据处理性能。DDR SGRAM 是显卡厂商特别针对绘图者需求，为了加强图形的存取处理以及绘图控制效率，从同步动态随机存取内存（SDRAM）改良而得的产品。SGRAM 允许以方块（Blocks）为单位个别修改或者存取内存中的资料，它能够与中央处理器（CPU）同步工作，可以减少内存读取次数，增加绘图控制器的效率，尽管它稳定性不错，而且性能表现也很好，但是它的超频性能很差。目前市场上的主流是 DDR3、DDR4、DDR5。

显存位宽是显存在一个时钟周期内所能传送数据的位数，位数越大则瞬间所能传输的数据量越大，这是显存的重要参数之一。目前市场上的显存位宽有 64 位、128 位、256 位和 512 位几种，人们习惯上叫的 64 位显卡、128 位显卡和 256 位显卡就是指其相应的显存位宽。显存位宽越高，性能越好价格也就越高，因此 512 位宽的显存更多应用于高端显卡，而主流显卡基本都采用 128 位和 256 位显存。

显存带宽＝显存频率×显存位宽/8，在显存频率相当的情况下，显存位宽将决定显存带宽的大小。例如同样显存频率为 500MHz 的 128 位和 256 位显存，那么 128 位显存带宽为

500MHz×128/8=8GB/s，而 256 位显存的带宽为 500MHz×256/8=16GB/s，是 128 位的 2 倍，可见显存位宽在显存数据中的重要性。显卡的显存是由一块块的显存芯片构成的，显存总位宽同样也是由显存颗粒的位宽组成。显存位宽＝显存颗粒位宽×显存颗粒数。显存颗粒上都带有相关厂家的内存编号，可以去网上查找其编号，就能了解其位宽，再乘以显存颗粒数，就能得到显卡的位宽。

虽然说在其他参数相同的情况下容量是越大越好，但关于显卡不要被大容量显存吸引了，要注意选择显卡时显存只不过是参考之一，重要的还是其他的数据，比如核心、位宽、频率等，这些决定显卡的性能优先于显存容量。主流容量包括 256M 、512M、1G 、2G 等 。

显存速度一般以 ns（纳秒）为单位。常见的显存速度有 1.2ns、1.0ns、0.8ns 等，越小表示速度越快、越好。

显存频率一定程度上反应了该显存的速度，以 MHz（兆赫兹）为单位。

3．PCB 板

PCB 板参数上主要有 PCB 层数、显卡接口、输出接口、散热装置。

4．独立显卡总线接口

AGP（Accelerate Graphical Port）是 Intel 公司开发的一个视频接口技术标准，是为了解决 PCI 总线的低带宽而开发的接口技术。它通过将图形卡与系统主内存连接起来，在 CPU 和图形处理器之间直接开辟了更快的总线。其发展经历 AGP1.0（AGP1X/2X）、AGP2.0（AGP4X）、AGP3.0（AGP8X）。最新的 AGP8X 理论带宽为 2.1GB/S。如今，已经被 PCI-E 接口基本取代。

PCI-E（PCI Express）是新一代的总线接口，取代 PCI 总线和多种芯片的内部连接，被称为第三代 I/O 总线技术。一般简称为 PCI-E，有 PCI-E 1X、2X、16X 等，其中 PCI-E 16X 主要用于显卡，其单向带宽为 4GB/S。

7.4　显卡新技术

随着技术的不断进步，显卡也出现了一些新技术。

1．高清视频解码技术

高清视频解码有两种方式：软解码及硬解码。软解码是通过软件让 CPU 来对视频进行解码处理；而硬解码则是指不借助于 CPU，而通过专用的子卡设备来独立完成视频解码任务。

高清视频编码格式主要有 H.264 及 VC-1 编码。用 CPU 软解码 H.264 编码格式的视频，CPU 的占用率很容易高达 90%以上，高清视频对 CPU 资源的极大消耗。主要因为高清视频的分辨率要远远高于普通格式的视频，所以大部分高清视频的码率都非常之高。同时 H.264 和 VC-1 编码的压缩率也很高，故而解码的运算量就更大了。所以常规的 CPU 软解码此时就会显得有些力不从心。

如今硬解码的模块已经被整合到显卡 GPU 的内部，这样完成高清解码已经不再需要额外的子卡，所以目前的主流显卡（集显）都能够支持硬解码技术。

2．双卡技术

SLI 和 CrossFire 分别是 NVIDIA 和 ATI 两家的双卡或多卡互连工作组模式。本质相同，只是叫法不同。CrossFire（中文名交叉火力，简称交火）是 ATI 的一款多重 GPU 技术，可让多张显示卡同时在一部电脑上并排使用，增加运算效能，与 NVIDIA 的 SLI 技术竞争。

如何组建 SLI 和 Crossfire，第一是需要 2 个以上的显卡，必须是 PCI-E，不要求必须是相同核心，混合 SLI 可以用于不同核心显卡。需要主板支持，SLI 授权已开放，支持 SLI 的主板有 NV 自家的主板和 Intel 的主板。Crossfire 开放授权，INTEL 平台较高芯片组、AMD 均可进行 CrossFire。第二是需要系统与驱动的支持。

3．3D API 软件配置

API 是 Application Programming Interface 的缩写，是应用程序接口的意思，而 3D API 则是指显卡与应用程序直接的接口。

3D API 能让编程人员所设计的 3D 软件只要调用其 API 内的程序，从而让 API 自动和硬件的驱动程序沟通，启动 3D 芯片内强大的 3D 图形处理功能，从而大幅度地提高了 3D 程序的设计效率。如果没有 3D API，在开发程序时程序员必须要了解全部的显卡特性，才能编写出与显卡完全匹配的程序，发挥出全部的显卡性能。而有了 3D API 这个显卡与软件直接的接口，程序员只需要编写符合接口的程序代码，就可以充分发挥显卡的性能，不必再去了解硬件的具体性能和参数，这样就大大简化了程序开发的效率。同样，显示芯片厂商根据标准来设计自己的硬件产品，以达到在 API 调用硬件资源时最优化，获得更好的性能。有了 3D API，便可实现不同厂家的硬件、软件最大范围兼容。比如在最能体现 3D API 的游戏方面，游戏设计人员设计时，不必去考虑具体某款显卡的特性，而只是按照 3D API 的接口标准来开发游戏，当游戏运行时则直接通过 3D API 来调用显卡的硬件资源。

个人电脑中主要应用的 3D API 有 DirectX 和 OpenGL。

DirectX 并不是一个单纯的图形 API，它是由微软公司开发的用途广泛的 API（Application Programming Interface，应用程序编程接口），它包含有 Direct Graphics（Direct 3D+Direct Draw）、Direct Input、Direct Play、Direct Sound、Direct Show、Direct Setup、Direct Media Objects 等多个组件，它提供了一整套的多媒体接口方案。只是其在 3D 图形方面的优秀表现，让它的其他方面显得暗淡无光。DirectX 开发之初是为了弥补 Windows 3.1 系统对图形、声音处理能力的不足，已发展成为对整个多媒体系统的各个方面都有决定性影响的接口，其最新版本为 DirectX11。

DirectX 是微软开发并发布的多媒体开发软件包，其中有一部分叫做 Direct3D。大概因为是微软的手笔，有的人就说它将成为 3D 图形的标准。

OpenGL 是 Open Graphics Library 的缩写，是一套三维图形处理库，也是该领域的工业标准。计算机三维图形是指将用数据描述的三维空间通过计算转换成二维图像并显示或打印出来的技术。OpenGL 就是支持这种转换的程序库，它源于 SGI 公司为其图形工作站开发的 IRIS GL，在跨平台移植过程中发展成为 OpenGL，最新版是 OpenGL3.0。

7.5 显卡的选购

在各种电脑配件中，显卡无疑是最受关注的产品之一，因为显卡的性能直接影响到 3D 游戏的运行效能。如果游戏无法流畅的运行，很多情况下意味着需要考虑升级显卡。

1．按需配置，适用至上

购买显卡与购买计算机一样，要以够用为原则，不要一味的追求高档，豪华，应以能够满足需求为准。一般的学习、工作、娱乐，集成显卡就可以满足要求，但如果是进行 3D 设计、玩大型 3D 游戏则应选择独立显卡。

2．GPU 才是关键，认清版本型号

不可否认显存很重要，但显卡的核心是 GPU，就如同人体的大脑和心脏。看到一款显卡的时候，我们第一个要知道的就是其 GPU 类型。不过我们要关注的不仅是 NVIDIA GeForce 或者 ATIRadeon，还要关注型号后边的 GTX、GT、GS、LE 和 XTX、XT、XL、Pro、GTO 等后缀，因为它们代表了不同的频率或者管线规格。

3．注意管线、顶点和频率参数

GPU 核心频率、管线数量、着色单元数量基本可以代表一款 GPU 的性能。在统一架构来临之前，我们面临着像素管线和顶点管线，其中前者尤为重要。低端显卡通常有 4 条像素管线，中端 8-12 条，高端 16 条或更多。核心频率自然是越高越好，但两相比较，像素管线数量更为关键。400MHz 加 8 条管线要比 500MHz 加 4 条管线强很多。

4．不要迷信显存容量

大容量显存对高分辨率、高画质设定游戏来说是非常必要的，但绝非任何时候都是显存容量越大越好。很多时候，大容量显存只能在规格表上炫耀一番，在实际应用环境中多余的显存不会带来任何好处。例如给 X700 或者 6600 配备 512MB 显存就像给普通轿车装备一个 25 升油箱一样，只能显得不伦不类。事实情况虽然是很多游戏占用显存都要超过 128MB，但 DDR3 显存的速度几乎要超过 DDR2 一倍，所以高频率完全能够弥补容量的不足，在绝大多数游戏中，128MBDDR3 都要强于 256MBDDR2。

7.6 实训：显卡的安装及维护

7.6.1 实训任务

学会显卡的安装及维护。

7.6.2 实训准备

（1）计算机安装工具。

（2）主板、电源及显卡部件。

（3）显卡检测工具。

7.6.3 实训实施

1．显卡的安装

先找到显卡插槽，如图 7-4 所示。找到对应显卡插槽可拆卸挡板的地方，把挡板拆下或者翻起，将显卡插入到主板显卡插槽中，再用螺丝刀固定显卡到电脑机箱上，如图 7-5 所示。

图 7-4 主板显卡插槽

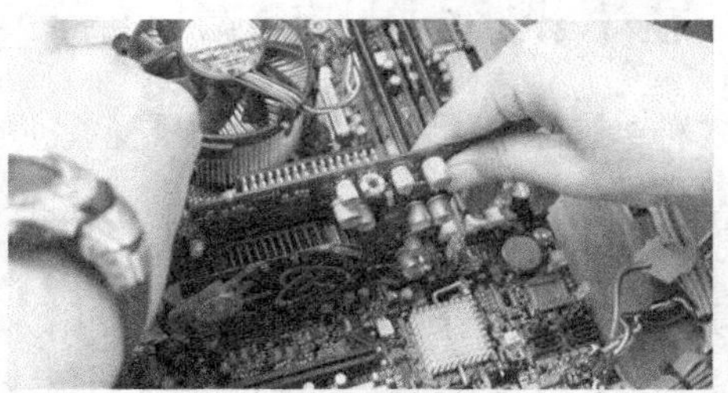

图 7-5 固定显卡

如显卡有外部供电，则从电源线中找出相应的线，只要插头相同就行，防呆设计保证了不会插错，如图 7-6 所示。再把显示器数据线连到新装的显卡对应的位置。接着使用显卡里附带的驱动盘或上网下载驱动程序安装驱动。

图 7-6　显卡连接外部供电

2．显卡检测

GPU-Z 是一款显卡测试软件，其界面直观，运行后即可显示 GPU 核心，以及运行频率、带宽等参数。

运行 GPU-Z，如图 7-7“显示卡”选项卡所示，测试显卡 GPU 型号、步进、制造工艺、核心面积，晶体管数量及生产厂商。检测光栅和着色器处理单元数量及 DirectX 支持版本。检测 GPU 核心、着色器和显存运行频率，显存类型、大小及带宽。检测像素填充率和材质填充率速度。如图 7-8 传感器选项卡所示，检测 GPU 温度、GPU 使用率、显存使用率及风扇转速等相关信息。

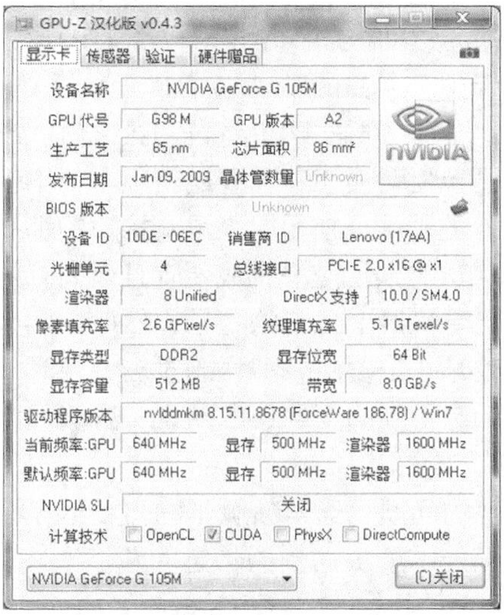

GPU-Z 汉化版 v0.4.3
显示卡 传感器 验证 硬件赠品
设备名称 NVIDIA GeForce G 105M
GPU 代号 G98 M　GPU 版本 A2
生产工艺 65 nm　芯片面积 86 mm²
发布日期 Jan 09, 2009　晶体管数量 Unknown
BIOS 版本 Unknown
设备 ID 10DE - 06EC　销售商 ID Lenovo (17AA)
光栅单元 4　总线接口 PCI-E 2.0 x16 @ x1
渲染器 8 Unified　DirectX 支持 10.0 / SM4.0
像素填充率 2.6 GPixel/s　纹理填充率 5.1 GTexel/s
显存类型 DDR2　显存位宽 64 Bit
显存容量 512 MB　带宽 8.0 GB/s
驱动程序版本 nvlddmkm 8.15.11.8678 (ForceWare 186.78) / Win7
当前频率:GPU 640 MHz　显存 500 MHz　渲染器 1600 MHz
默认频率:GPU 640 MHz　显存 500 MHz　渲染器 1600 MHz
NVIDIA SLI 关闭
计算技术 OpenCL CUDA PhysX DirectCompute
NVIDIA GeForce G 105M　(C)关闭

图 7-7　显示卡参数

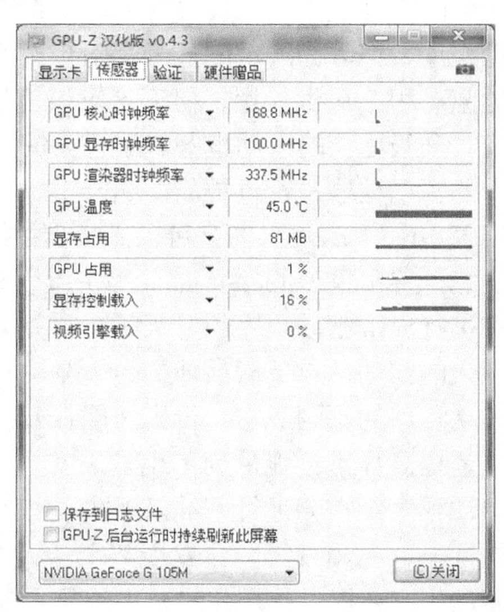

图 7-8　显示卡参数

3．显卡的维护

如果说显示器是计算机的眼睛，那显卡就是控制眼睛的神经。显卡是高品质图像显示的根本，因此显卡在计算机系统中的作用是不可小视的。使用维护显卡的要点如下所述。

（1）避免过度超频。

部分显卡由于使用了技术参数较高的元件，因此具有不俗的超频能力，所以不少的玩家都崇尚超频显卡以获得性能的提升。然而有一利必有一弊，超频也会导致芯片的热量大增，

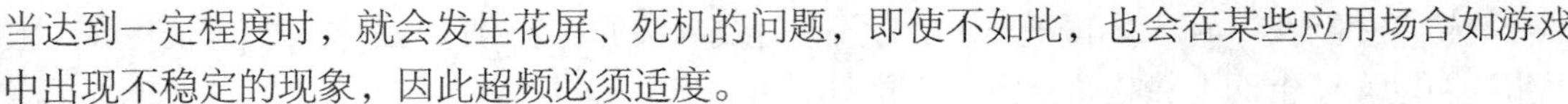

当达到一定程度时，就会发生花屏、死机的问题，即使不如此，也会在某些应用场合如游戏中出现不稳定的现象，因此超频必须适度。

（2）注意显卡散热。

随着显示芯片技术的发展，显示芯片内部的晶体管越来越多，集成度也越来越高，这样的结果就造成芯片的发热量变得越来越大，因此散热的问题也日渐突出。

如果显卡散热风扇质量不理想，就需要更换风扇。在购买新的显卡风扇时，最好将显卡带上，购买合适的显卡风扇。

由于风扇大多使用弹簧卡扣或螺钉固定，因此我们可以使用螺丝刀和镊子轻易的将其取下，并拔掉其连接的电源接头。更换时先把芯片上原有的导热硅脂清理干净，然后再涂上导热硅脂，把新的风扇按原样固定好，插好电源接头即可。

使用热管散热的显卡，由于其占用的空间比使用散热风扇的大，因此安装这类显卡的时候要特别注意。另外显卡的显存也需要散热，我们可以使用自粘硅脂在显存颗粒上，粘贴固定散热片就可以了。

（3）安装适合的驱动程序。

驱动程序是视频显示子系统里必需的一部分。通过驱动程序可以与显卡通信。即使用户的显卡使用市场上最快的处理器和最高效的显存，但是如果驱动程序较差，则视频效果仍然会很差。

DOS 应用程序直接寻址视频显示硬件而且经常有自己的显卡驱动程序；而所有的 Windows 版本则使用系统内部的驱动程序，应用程序可以通过系统函数调用来访问视频硬件。

显卡的驱动程序通常被设计成可支持某一类型图形处理器，用户可以使用图形芯片厂商的驱动程序，但因为所有的显卡都附带生产厂商提供的驱动程序，所以，尽管有图形芯片生产商的驱动程序可供使用，但还是应该首先选择显卡生产厂商的驱动程序。

及时升级显卡的驱动程序。据有关资料统计，大约有 60%的购机者自购买之后就没有对其显卡的驱动程序进行过更新，实际上，将原有的显卡驱动程序升级到最新版本，不仅可以修正旧版本中的 BUG，而且可以进一步挖掘显卡硬件的功能，使得原来没有接口的那一部分硬件功能（特别是 Direct3D 部分等）得以充分发挥，这可以说是一种最便宜且最划算的升级了。在进行显卡驱动程序的升级时，首先要弄清楚自己机器上显卡的型号，然后上网到有关厂商或大的驱动站点下载最新的显卡驱动程序，下载时一定要注意型号的对应，同时要注意这个驱动程序的不同版本，否则可能在升级后出现意想不到的问题；应该说，升级显卡的驱动程序是提高显卡性能最简单也是最安全的方法。

驱动程序经常会进行修补以解决一些使用中发现的问题，通常新版本的驱动程序会带来更高的性能，但用户可能会发现某个老版本驱动反而能够解决遇到的特定问题。

驱动程序还提供了用户对显卡的显示效果进行调节的接口。在 Windows 9x/Me/2000/XP 系统里，“显示控制面板”的“设置”页标明了系统上的显示器及显卡，并且可以让用户选择自己喜欢的色彩饱和度和分辨率。驱动程序控制着这些设置的有效选项，所以用户无法选择硬件不支持的参数。例如，如果显卡只有 1M 显存，那么用户就不能选择 1024×768 分辨率下 24 位色的显示方式。

单击“设置”页上的“高级选项”按钮，将会出现用户显卡的“属性”对话框。这个对话框的内容将随着驱动程序和硬件能力的不同而不同。通常，在这个对话框的“常规属性”页上，用户可以选择在特定分辨率下的字体大小（大或小）。“适配器”页显示了系统上安装的显卡和驱动程序的详细信息，还可以在这里设置显示刷新率。如果系统的显卡含有图形加速器，则“性能”页包含了一个移动硬件加速滑块，它可以控制由显卡硬件提供的辅助显示图形的程度。

将硬件加速滑块推到最大值就激活了显卡的所有硬件加速特性。

将滑块移到“None”位置（最左边），这将禁止所有的硬件加速功能，强制系统只使用与设备无关的位图工具来显示图像，不是使用位块传输。如果需要经常锁定屏幕或收到非法页故障错误消息时可使用这个设置。

需要注意的是如果用户需要禁用上述的任何视频硬件特性，这通常意味着显卡或鼠标驱动程序有问题。用户可以下载并安装升级版的视频和鼠标驱动程序，以获得全部加速功能。

7.7 习题

1. 说明显卡的组成及作用。
2. 显卡基本组件有哪些部分组成？各部分的功能又是什么？
3. 显卡的性能参数有哪些？
4. 如何选购显卡？
5. 如何测试显卡性能？
6. 如何维护显卡？

PART 8

第 8 章 显示器

8.1 显示器概述

8.1.1 显示器简介

显示器是目前个人电脑中最常见的输出设备之一，用户通过显示器来观察计算机运行情况，显示器是用户与计算机沟通的主要界面。

8.1.2 显示器的分类

显示器有多种分类方式，可按工作原理、屏幕尺寸、用途和特殊功能等分类。

1．按工作原理分类

按制造显示器器件或工作原理来分，显示器有多种类型，目前市场上的显示器产品主要有两类：一是 CRT（Cathode Ray Tube 阴极射线管）显示器；二是 LCD（Liquid Crystal Display，液晶显示器）。LCD 与 CRT 相比具有工作电压低、功耗小（用电比传统 CRT 显示器的耗电量少 70%）、散热小、无辐射、能精确还原图像，价格高的特点。目前个人电脑大部分使用液晶显示器。

2．按屏幕尺寸分类

一般所指的是显像管对角线的尺寸，是指显像管的大小，不是它的显示面积，一般以英寸为单位，目前常见显示器的类型有 18.5in、19in、21in、21.5in、22in、23in、24in 等尺寸。

3．按用途分类

按照显示器的用途将 CRT 显示器分为 4 类：实用型、绘图型、专业型和多媒体型。

4．按特殊功能分类

目前液晶显示器常见的特殊功能有 3D 显示器和多点触控液晶显示器。传统的 3D 电影在荧幕上有两组图像（来源于在拍摄时的互成角度的两台摄影机），观看时让一只眼只接受一组图像，形成视差（parallax），产生立体感。多点触控（又称多重触控、多点感应、多重感应，英译为 Multitouch 或 Multi-Touch）是采用人机交互技术与硬件设备共同实现的技术，能在没有传统输入设备（如鼠标、键盘等）的情况下进行计算机的人机交互操作。

8.2 液晶显示器

液晶显示器简称 LCD，为平面超薄的显示设备，它由一定数量的彩色或黑白像素组成，放置于光源或反射面前方。

8.2.1 液晶显示器的结构

液晶显示器的构成并不复杂，由液晶板加上相应的驱动板、电源板、高压板、按键控制板等，就构成了一台完整的液晶显示器。

1．电源部分

目前，液晶显示器的开关电源主要有两种安装形式：①采用外部电源适配器（Adapter），这样输入显示器的电压就是电源适配器输出的直流电压；②在显示器内部专设一块开关电源板，即所谓的内接方式，在这种方式下，显示器输入的是交流 220V 电压。

2．主板部分

驱动板也称主板，是液晶显示器的核心电路，主要由以下几个部分构成。

（1）输入接口电路。

液晶显示器一般设有传输模拟信号的 VGA 接口和传输数字信号的 DVI 接口。其中，VGA 接口用来接收主机显卡输出的模信号；DVI 接口用于接收主机显卡数字信号。

（2）微控制器电路。

微控制器电路主要包括 MCU（Micro Control Unit，微控制单元或微存储器），其中，MCU 用来对显示器按键信息（如亮度调节、位置调节等）和显示器本身的状态控制信息（如无输入信号识别、上电自检、各种省电节能模式转换等）进行控制和处理，以完成指定的功能操作。存储器（这里指串行 EEPROM 存储器）用于存储液晶显示器的设备数据和运行中所需的数据，主要包括设备的基本参数、制造厂商、产品型号、分辨率数据和场刷新率等，还包括设备运行状态的一些数据。目前，很多液晶显示器将存储器和 MCU 集成在一起。

3．按键板部分

按键电路安装在按键控制板上，主要用于调节显示器的亮度、对比度、屏幕等，另外，指示灯一般也安装在按键控制板上。

4．液晶面板（Panel）部分

液晶面板是液晶显示器的核心部件，主要包含液晶屏、电路和背光源。

8.2.2 液晶显示器的工作原理

目前 LCD 屏幕几乎都是 TFT（薄膜晶体管），而根据光源的不同又分为 CCFL 和 LED 两种，LCD 根据发光源的不同主要分为 CCFL 阴极发光灯管和 LED 发光管这两种。它们都是液晶屏，只是背光源有区别，区别在于一个是用 CCFL 灯管（阴极发光灯管，是点光源）做背光，另一个是用 LED 发光（LED 发光管光源，是面光源）做背光，统统都是 LCD 显示器。LED 比 LCD 的亮度（对比度）更高，更均匀，更省电、寿命长、能做得更薄。所以目前市场上以 LED 显示器为主。

常见的液晶显示器按物理结构可分为四种：扭曲向列型（TN−Twisted Nematic）、超扭曲向列型（STN−Super TN）、双层超扭曲向列型（DSTN−Dual Scan Tortuosity Nomograph）、薄膜晶体管型（TFT−Thin Film Transistor）。

液体分子质心的排列虽然不具有任何规律性，但是如果这些分子是长形的（或扁形的），它们的分子指向就可能有规律性。于是大家就可将液态又细分为许多型态。分子方向没有规律性的液体大家直接称其为液体，而分子具有方向性的液体则称之为“液态晶体”，又简称“液晶”。液晶是一种介于固体与液体之间，具有规则性分子排列的有机化合物。一般最常用的液晶型态为向列型液晶，分子形状为细长棒形，长宽约为 1～10nm，在不同电流电场作用下，液晶分子会做规则旋转 90° 排列，产生透光度的差别，如此在电源 ON/OFF 下产生明暗的区别，依此原理控制每个像素，便可构成所需图像。

液晶显示器按照控制方式不同可分为被动矩阵式 LCD 及主动矩阵式 LCD 两种。

1．被动矩阵式 LCD 工作原理

TN-LCD、STN-LCD 和 DSTN-LCD 之间的显示原理基本相同，不同之处是液晶分子的扭曲角度有些差别。下面以典型的 TN-LCD 为例，向大家介绍其结构及工作原理。在厚度不到 1 厘米的 TN-LCD 液晶显示屏面板中，通常是由两片大玻璃基板，内夹着彩色滤光片、配向膜等制成的夹板，外面再包裹着两片偏光板，它们可决定光通量的最大值与颜色的产生。彩色滤光片是由红、绿、蓝三种颜色构成的滤片，有规律地制作在一块大玻璃基板上。每一个像素由三种颜色的单元（或称为子像素）所组成。假如一块面板的分辨率为 1280×1024，则它实际拥有 3840×1024 个晶体管及子像素。每个子像素的左上角（灰色矩形）为不透光的薄膜晶体管，彩色滤光片能产生 RGB 三原色。每个夹层都包含电极和配向膜上形成的沟槽，上下夹层中填充了多层液晶分子（液晶空间不到 5×10^{-6}m）。在同一层内，液晶分子的位置虽不规则，但长轴取向都是平行于偏光板的。另一方面，在不同层之间，液晶分子的长轴沿偏光板平行平面连续扭转 90° 。其中，邻接偏光板的两层液晶分子长轴的取向，与所邻接的偏光板的偏振光方向一致。在接近上部夹层的液晶分子按照上部沟槽的方向来排列，而下部夹层的液晶分子按照下部沟槽的方向排列。最后再封装成一个液晶盒，并与驱动 IC、控制 IC 与印刷电路板相连接。

在正常情况下光线从上向下照射时，通常只有一个角度的光线能够穿透下来，通过上偏光板导入上部夹层的沟槽中，再通过液晶分子扭转排列的通路从下偏光板穿出，形成一个完整的光线穿透途径。而液晶显示器的夹层贴附了两块偏光板，这两块偏光板的排列和透光角度与上下夹层的沟槽排列相同。当液晶层施加某一电压时，由于受到外界电压的影响，液晶会改变它的初始状态，不再按照正常的方式排列，而变成竖立的状态。因此经过液晶的光会被第二层偏光板吸收而整个结构呈现不透光的状态，结果在显示屏上出现黑色。当液晶层不施任何电压时，液晶是在它的初始状态，会把入射光的方向扭转 90° ，因此让背光源的入射光能够通过整个结构，结果在显示屏上出现白色。为了达到在面板上的每一个独立像素都能产生想要的色彩，多个冷阴极灯管必须被使用来当作显示器的背光源。其原理如图 8-1（a）所示。

2．主动矩阵式 LCD 工作原理

TFT-LCD 液晶显示器的结构与 TN-LCD 液晶显示器基本相同，只不过将 TN-LCD 上夹层的电极改为 FET 晶体管，而下夹层改为共通电极。TFT-LCD 液晶显示器的工作原理与 TN-LCD 有许多不同之处。TFT-LCD 液晶显示器的显像原理是采用“背透式”照射方式。当光源照射时，先通过下偏光板向上透出，借助液晶分子来传导光线。由于上下夹层的电极改成 FET 电极和共通电极，在 FET 电极导通时，液晶分子的排列状态同样会发生改变，也通过遮光和透光来达到显示的目的。但不同的是，由于 FET 晶体管具有电容效应，能够保持电位状态，先前透光的液晶分子会一直保持这种状态，直到 FET 电极下一次再加电改变其排列方式为止。其原理如图 8-1（b）所示。

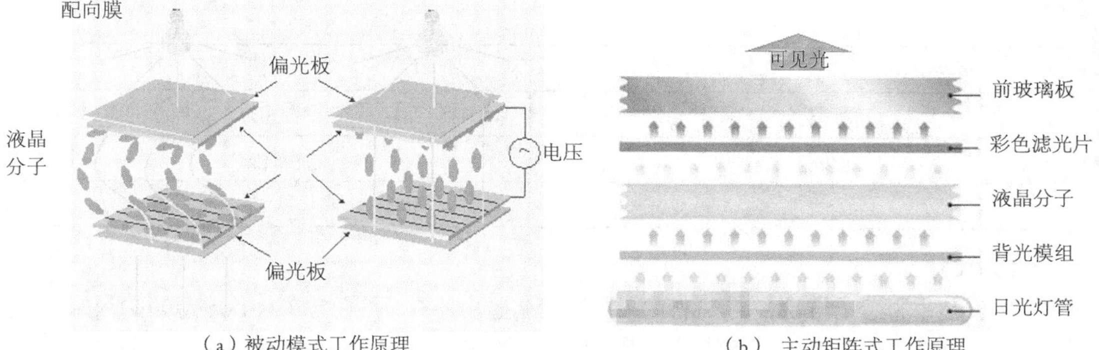

（a）被动模式工作原理　　（b）主动矩阵式工作原理

图 8-1　液晶显示器工作原理示意图

8.2.3　液晶显示器的性能参数

下面以飞利浦 190V3L（如图 8-2 所示）为例。

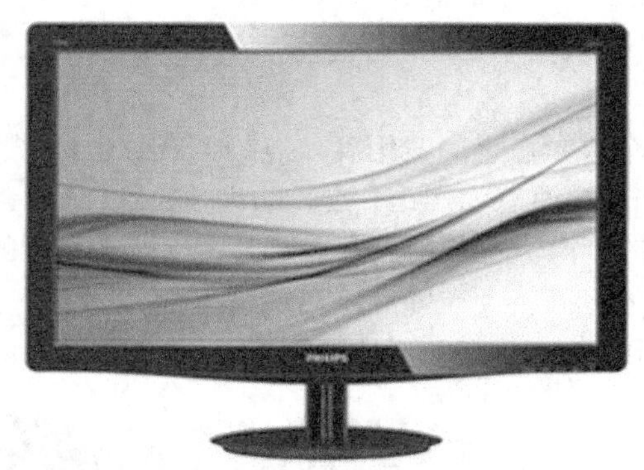

图 8-2　飞利浦 190V3L 液晶显示器

其详细参数如表 8-1 所示。

表 8-1　飞利浦 190V3L 参数

参　　数	值
型号	190V3L
尺寸	19 英寸
点距	0.285mm
屏幕比例	16:10
接口类型	15 针 D-Sub（VGA） 24 针 DVI-D
亮度	250cd/m^2
动态对比度	1000 万:1
分辨率	1440×900
响应速度	5ms
水平可视角度	176°
垂直可视角度	170°

续表

参　　数	值
面板最大色彩	16.7M
面板类型	TN
背光类型	WLED

1．尺寸

对于尺寸的标示方法，传统的 CRT 和液晶显示器并不一致。CRT 显示器的尺寸指显像管的对角线尺寸。LCD 显示器的尺寸是指液晶面板的对角线尺寸。尺寸单位为英寸，1 英寸为 2.54 厘米。

实际应用中，CRT 显示器可视范围小于其显像管所标的尺寸，17 寸 CRT 显示器的可视范围仅为 15.7 英寸，而 15 寸液晶做到了真正的平面，显示面积要大于同等尺寸 CRT 的可视面积，实际效果与 17 英寸纯平显示器的显示效果相当。

目前主流显示器是 LCD，其尺寸主要有 18.5 寸、19 寸、21.5 寸、22 寸、23 寸和 24 寸。

2．点距

点距指显示屏相邻两个象素点之间的距离。点距，有时也称“点间距”、“点节距”。 点距的英文名为 dot pitch， pitch 原意为螺距、齿轮的齿节，意思是指特性相同两相邻点之间的距离，如齿轮相邻两齿尖的距离。不能把点距理解为相邻两点之间的距离，如图 8-3（a）所示的 d1 不是点距，d 所示的相同特性点间的距离才是点距。“点距”其实就是最近两同色点间的距离，如图 8-3（b）所示的等边三角形的边长。

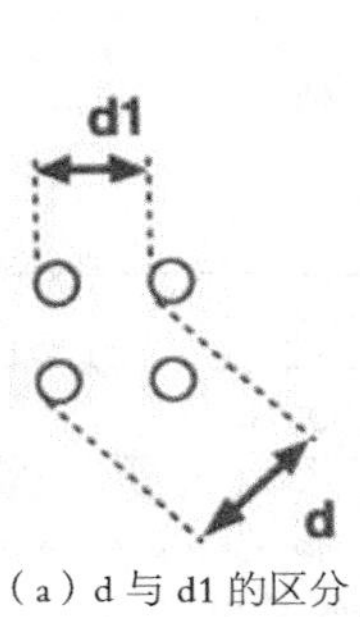

（a）d 与 d1 的区分

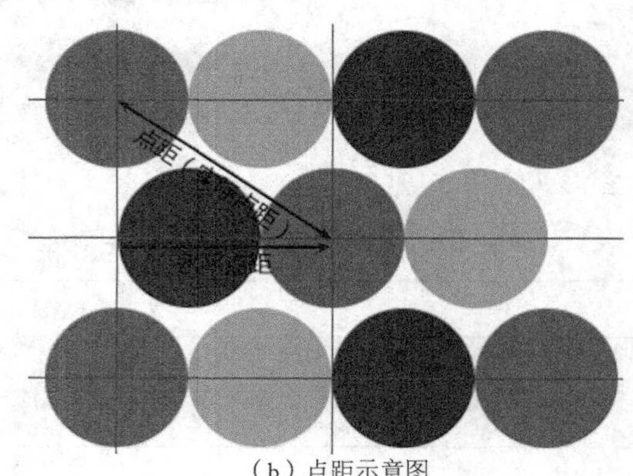
（b）点距示意图

图 8-3　点距示意图

点距越小，图片就越真实，清晰度就越高。当这些点之间距离较远时，这种差距就会从屏幕上显示出来，使图像看起来较为粗糙。通常使用的点距为 0.28mm 或更低。如果点距比普通显示器的点距大，图像就会显得粗糙。

点距和字体的大小是成正比的，像素点距小了，文字就会变小，点距太小了，看字非常费力。对于许多用户而言，电脑显示器最多的用途不是游戏也不是看高清电影。对于专注于办公及文档网页浏览的用户，点距较大的液晶产品应为首选。因为点距大在屏幕上显示的字体会大一些，画面看上去也不会那么锐利刺眼，对眼睛来说是舒适的选择。图 8-4 从左到右依次为点距为 0.255mm、0.258mm、0.2915mm。

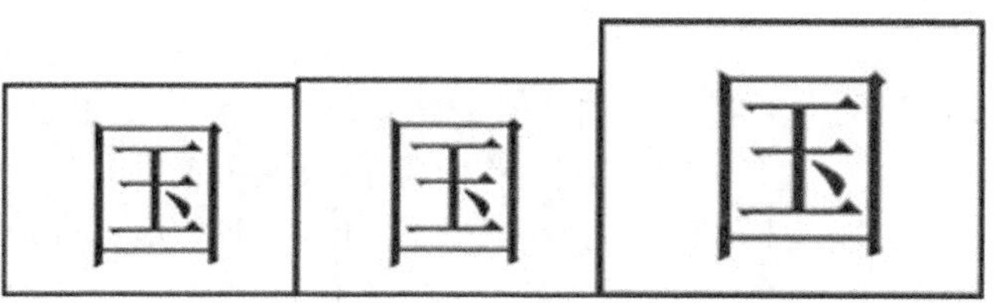

图 8-4　不同点距文字显示效果图

19.0 寸（分辨率为 1440×900）其点距是 0.285mm，20 寸普屏（分辨率为 1400×1050）其点距是 0.2915，20 寸普屏（分辨率为 1600×1200）其点距是 0.255mm，23 寸（分辨率为 1920×1200）其点距是 0.258mm。这里所说的普屏是屏幕比例参数。

3．屏幕比例

屏幕比例是指屏幕宽度和高度的比。目前标准的屏幕比例一般有 4:3 和 16:9 两种，不过 16:9 也有几个“变种”，比如 15:9 和 16:10，由于其比例和 16:9 比较接近。如果屏幕的宽度明显超过高度就是宽屏，因此这三种屏幕比例的液晶显示器都可以称为宽屏。上面所提的普屏是指屏幕比例为 4:3。

4．接口类型

显示器接口类型如图 8-5 所示。通常有 15 针 D-Sub（又称 VGA）接口和 24 针 DVI（Digital Visual Interface，数字视频接口）接口两种。D-Sub 数据线连接接口如图 8-6（a）所示，DVI 数据线连接接口如图 8-6（b）所示。高端显示器还有 HDMI（High Definition Multimedia Interface，高清晰度多媒体接口）接口，其数据线连接接口如图 8-6（c）所示。HDMI 数字输入接口可以传送无压缩的音频信号及高分辨率视频信号，信号无需进行数/模或模/数转换。

目前，HDMI 凭借支持音视频输出、提供足以播放 1080p 高清节目的带宽等优势，新型接口 Display Port（又称 DP 接口）是一种功能更强、带宽更大的接口标准。DisplayPort 问世之初，它可提供的带宽就高达 10.8Gb/s。即便最新发布的 HDMI 1.3 所提供的带宽（10.2Gb/s）也稍逊于 DisplayPort 1.0。DisplayPort 可支持 WQXGA+（2560×1600）、QXGA（2048×1536）等分辨率及 30/36bit（每原色 10/12bit）的色深，充足的带宽保证了今后大尺寸显示设备对更高分辨率的需求，其数据线连接接口如图 8-6（d）所示。

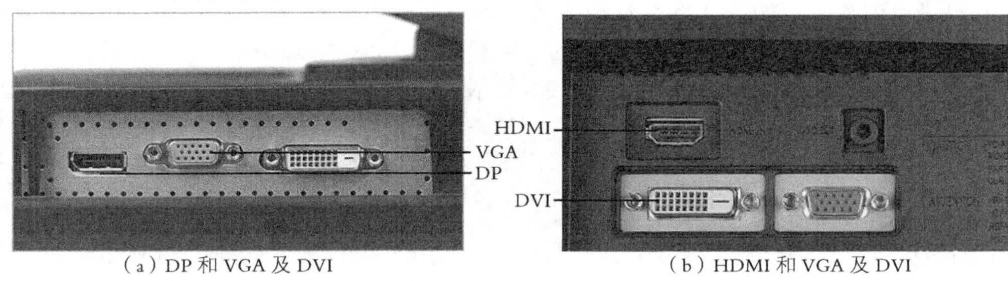

（a）DP 和 VGA 及 DVI　　（b）HDMI 和 VGA 及 DVI

图 8-5　显示器接口

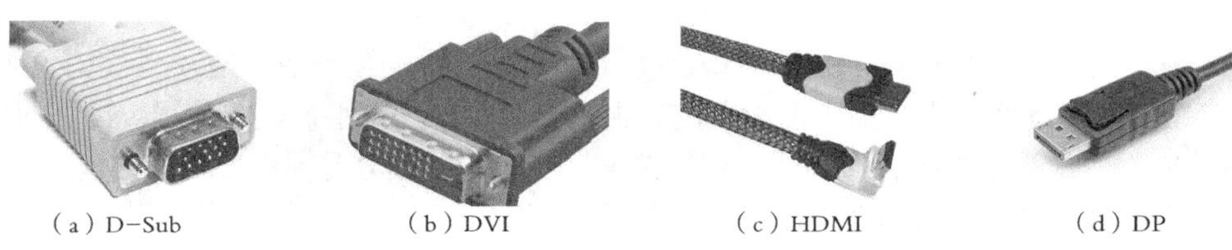

（a）D-Sub　　（b）DVI　　（c）HDMI　　（d）DP

图 8-6　接口连接线

5．亮度

亮度是指发光物体表面发光强弱的物理量，亮度也有几种度量单位，以一支标准蜡烛当作光源，放在一个半径为 1 公尺的球体的中心位置。假设这个蜡烛会均匀发散它的全部光线，则落在球体内表面一平方公尺表面积上的所有光量为 1 个流明（Lumen）。光亮度的单位还有：坎德拉（Candela，简称 cd）/平方米（即尼特，Nit=1cd/m^2）等。1 坎德拉表示在单位立体角内辐射出 1 流明的光通量。

6．对比度

对比度是屏幕上同一点最亮时（白色）与最暗时（黑色）的亮度的比值。

7．最佳分辨率

每个 LCD 生产出来以后，由于其 TFT（薄膜晶体管）数量固定，所以 LCD 分辨率也是固定的。

8．响应速度

响应速度也称反应时间，是各像素点对输入信号反应的速度，即像素由暗转亮或由亮转暗所需要的时间。一般将反应时间分为两个部分：上升时间（Rise time）和下降时间（Fall time），而表示时以两者之和为准。如果响应时间不够快，像素点对输入信号的反应速度跟不上，观看高速移动的画面时就会出现类似残影或者拖沓的痕迹，无法保证画面的流畅。早期液晶多在 8ms，目前响应速度提高到 6ms，甚至 4ms。

9．可视角度

液晶可视角度（View Angle）也叫作视角范围，包括水平可视角度和垂直可视角度两个指标，水平可视角度表示以显示屏的垂直法线为准，在垂直于法线左或右方一定角度的位置上仍然能够正常的看见显示图像，这个角度范围就是水平可视角度；同理如果以水平法线为准，上下的可视角度就称为垂直可视角度。一般而言，可视角度的测定是以对比度变化为参照标准的，当观察角度加大时，该位置看到的显示图像的对比度会下降，而当角度加大到一定程度，对比度下降到标准以下的时候，这个角度就是该液晶的最大可视角度。

10．面板最大色彩

面板最大色彩是面板支持的最大色彩分辨率。LCD 面板分为 16.2 和 16.7M 色彩的，也称为 6bit 和 8bit 面板，例如 8bit 面板是指 2^8 种色彩，即在 RGB 三原色通道中，每个色彩通道上能显示 256（2^8=256）级灰阶，能显示的色彩总数为 256×256×256=16777216 种色彩，简称 16.7M 色。同理，6bit 驱动 RGB 每个通道只能显示器 2 的 6 次方种色彩，即 64×64×64=262144 种色彩。别看位数只差了 2 位，但色彩数量却是天壤之别，6bit 面板能显示的色彩还不到 8bit 面板的 2%！16.7M 的可以达到纯平的显示色彩。

11．面板类型

液晶面板可以在很大程度上决定液晶显示器的亮度、对比度、色彩、可视角度等非常重要的参数。液晶面板发展的速度很快，常见的有 TN 面板、MVA 和 PVA 等 VA 类面板、IPS 面板以及 CPA 面板。

TN 全称为 Twisted Nematic（扭曲向列型）面板，低廉的生产成本使 TN 成为了应用最广泛的入门级液晶面板，在目前市面上主流的中低端液晶显示器中被广泛使用。TN 面板的优点是由于输出灰阶级数较少，液晶分子偏转速度快，响应时间容易提高，目前市场上 8ms 以下液晶产品基本采用的是 TN 面板。

12．背光类型

背光灯类型分为 CCFL 和 LED 两大类型。

CCFL（冷阴极荧光灯）背光源是目前液晶电视的最主要背光产品。冷阴极荧光灯，即 CCFL（Cold Cathode Fluorescent Lamp）或称为 CCFT（Cold Cathode Fluorescent Tube）。它的工作原理是当高电压加在灯管两端后，灯管内少数电子高速撞击电极后产生二次电子发射，开始放电，管内的水银或者惰性气体受电子撞击后，激发辐射出 253.7nm 的紫外光，产生的紫外光激发涂在管内壁上的荧光粉而产生可见光。

LED 发光二极管（Light Emitting Diode），WLED 是 LED 的一种，特指白光 LED。WLED 全称 White Light Emitting Diode（白光二极管），WLED 作为 CCFL 背光方式的一种替代方式，技术上并没有多少改进，显示屏背光改成使用 LED 后，会具有省电（相比 CCFL 减少约 20% 电量）、寿命长和耐冲击的特点。

13．耗电功率

耗电功率单位为 W。不同的产品其功耗也有所不同。以飞利浦 190V3L 为例，其开机功率 18W，待机功率 0.5W。市面上 22 寸 LED 液晶显示器一般平均功耗在 20～30W。

14．坏点

坏点主要指亮点和暗点，把显示器调到黑屏观察亮点，调到白屏观察黑点，一般厂家把坏点数量控制在 3 个以下。

8.3 显示器的选购

显示器的选购需要注意以下几点。

1．用途

在购买显示器之前，第一点就是要明确自己的用途。比如只是浏览网页这种文本操作，购买 19 宽就足够了。目前大部分网页都采用 10×× 的横向分辨率，而 22 英寸液晶分辨率为 1680×1050，上网时左右会空出很大的白边。另外，19 寸的点距也够大，字体清晰，使用起来同样非常舒适。

而对于游戏或者高清类用户来说，则应该考虑 21.5 英寸以上的液晶显示器。因为更大的显示面积用起来当然更爽，另外分辨率更高观看高清影片也会有更好的视觉体验。

2．性能

各种参数、接口等方面也是要考虑的问题。目前市面上主流显示器的参数差别都不大，还要根据自己真实的感受进行比较，才能知道哪款的画质更适合自己的眼睛。接口方面，19 英寸以下液晶配置 DVI 数字接口对画质的提升不大，也可以省略，而高端的 HDMI 与 DP 接口会增加不少成本，如果不需要外接游戏机等设备也可以省略。另外，产品的附加功能，例如是否带有音箱设计、摄像头、多功能支架等，也要根据自己的需求选购。

3．认证标准

在 3C 认证已经成为电脑产品必须具备的“身份证”后，是否通过 TCO 认证对于显示器来说尤为重要。如果想购买一台更加健康环保的液晶显示器，通过了最新的 TCO'03 认证的产品则是最好的选择。为了有效避免显示器边框所产生的视觉差，只有白色和银色的液晶显示器才能通过 TCO'03 认证。而 TCO'99 认证应该是购买液晶显示器的最低标准。

4．售后服务

显示器的质保时间是由厂商自行制定的，一般有1～3年的全免费质保服务。因此消费者要了解详细的质保期限，毕竟显示器在电脑配件中属于特别重要的电子产品，一旦出现问题，会对自己的使用造成极大影响。目前已经有越来越多的厂商开始了三年全免费质保承诺，这无疑给用户带来更大的保障，因此消费者应尽量选择质保期长的产品。

8.4 实训：显示器的维护及性能检测

8.4.1 实训任务

（1）学会维护显示器；

（2）学会检测显示器。

8.4.2 实训准备

显示器检测工具。

8.4.3 实训实施

1．显示器的维护

显示器需要恰当地使用，稳妥地保养，才能尽可能延长使用寿命，更大限度地工作。液晶屏是保护的重点，因为它是唯一外露的三大核心部分（液晶屏幕、背光源、图像处理电路）之一，所以需要格外爱护。

显示器的维护主要在于大部分用户根本不知道如何正确使用以及保养液晶显示器，其损坏多数是用户不良使用习惯而引起的，在使用过程中，侧重于以下几点。

（1）显示器也要劳逸结合。

一般来说，要延长显示器的寿命，就不要使液晶显示器长时间处于开机状态（连续72小时以上），不用的时候，关掉显示器。关闭后最好加上防尘套，这样做可以防止液晶屏幕上积累太多的灰尘（液晶材质非常容易吸附灰尘），否则时间久了会造成内部烧坏或者老化，进而产生坏点。

（2）避免硬物磕碰、划伤。

对于大部分LED背光显示器来说，它们最脆弱的地方就是屏幕，一般的屏幕硬度都在3H以下（铅笔芯的硬度），平时使用时不注意很容易被其他器件“误伤”，而且一旦屏幕受损也就意味着这台显示器基本报废了。所以避免经常触碰液晶屏幕，不要因为相互交流经常用手指对屏幕指指点点或用尖物在LCD表面上滑动，以免划伤表面。要避免可能遇到的问题，可以选择被动防护与主动防护，被动防护是指一些网吧、寝室等公共场所的用户可以选择购买带钢化玻璃的显示器，这样可以让显示屏“刀枪不入，水火不侵”，不过这会对显示的色彩有所影响，还会有反光现象；而主动防护则是在平时的使用中要倍加小心，尽量把可能对屏幕造成伤害的物品远离屏幕，而清洁屏幕的时候也要轻轻地擦拭，把伤害的可能性降到最小。

（3）不要使用屏幕保护程序。

在CRT时代，很多人都喜欢使用屏幕保护程序，因为这样可以避免电子束长期轰击荧光层的相同区域，显示屏荧光层的疲劳效应导致屏幕老化，甚至是显像管被击穿。而当 LED 背光显示器全面普及时，这个“好习惯”也被很多人保留了下来，但他们却不知屏幕保护程序对液晶显示器非但没有任何好处，反而还会造成一些不好的影响。

一方面，屏保对于液晶显示器来说完全没有必要，因为液晶屏的原理是液晶分子受电流影响偏转不同角度显示画面，不管什么画面其液晶分子一直是处在开关的工作状态的；另一方面，液晶分子的开关次数自然会受到寿命的限制，到了寿命液晶屏就会出现老化的现象，比如坏点等等。因此当大家对电脑停止操作时还让屏幕上显示五颜六色反复运动的屏幕保护程序无疑使液晶分子依旧处在反复的开关状态。一般来说，用户要离开一段时间的话，尽量把显示器关掉，这样不仅节电，还能延长显示器的寿命。

（4）定期清理屏幕。

液晶显示器与用户的关系最为密切，做好清洁卫生工作也是非常有必要的。液晶显示器特别容易显脏，怎么样才能正确地清洁显示器呢？优先要考虑购买品质较出色的清洁套装，清洁液的成份一般包括电解液，高纯度蒸馏水，抗静电液等，可以有效地清洁屏幕上的灰尘、手指印及其他污印记。不少人认为清水也可以，还不会损坏液晶屏幕。不过清水的清洁效果比较差，而且清洁完了灰尘会再次附着。需要注意的一点是，千万不能把水喷在屏幕上，而是要将少许的清洁液喷在清洁布上，再轻轻顺着同一个方向擦拭，而在清洁前，需要把电源线拔出来。而好清洁布也非常讲究，一定要是采用超极细纤维为原料的产品，一般高档眼镜送的眼镜布也可以用来做清洁布。

（5）保持环境的湿度。

不要让任何具有湿气性质的东西进入你的 LED 显示器。发现有雾气，要用软布将其轻轻地擦去，然后才能打开电源。如果已经进入显示器内部了，就必须将显示器放置到较温暖而干燥的地方，以便让其中的水分和有机化物蒸发掉。对含有湿度的液晶显示器加电，能够导致液晶电极腐蚀，进而造成永久性损坏。

（6）不要私自拆卸显示器。

液晶显示器同其他电子产品一样，也属于精密仪器，非专业人士不要自己拆卸显示器。尽管 LED 背光的工作电压相比传统 CCFL 已经大大降低，一般在 20V 以内，不过瞬时的内部有高压依然有很大的危险，另外还容易增大显示器的故障。最忌讳的就是拆开液晶面板，因为液晶面板的组装是在无尘的环境下进行的，私自打开不仅会让里面进入尘土，影响显示效果，甚至可能显示器直接报废。

2．显示器的检测

购买电脑时，检查显示器是否正常，对电脑新手来说是一件很困难的事情，但可以借助于工具软件解决。常用的两款实用的显示器检测工具是 DisplayX 和 Nokia MonitorTest。

DisplayX 是一个显示器的测试工具，尤其适合测试液晶屏，可以评测显示器的显示能力，尤其适合于 LCD 测试。

Nokia MonitorTest 是 NOKIA 公司出品的专业显示器测试软件，如图 8-7 所示。它也是一款经典的验机软件，其功能很全面，包括了测试显示器的亮度、对比度、色纯、聚焦、水波纹、抖动、可读性等重要显示效果和技术参数的功能。

图 8-7　Nokia MonitorTest 测试软件

8.5　习题

1. 液晶显示器由哪些部分组成？各部分的功能又是什么？
2. 液晶显示器是如何工作的？
3. 简述液晶显示器的性能参数及含义。
4. 如何维护显示器？
5. 如何选购与检测液晶显示器？

PART 9

第9章 其他设备

良好的电源能够提高计算机系统的稳定性，质量好的机箱能够保证计算机主机器件的安全，并且能有效地防止电磁辐射，保护使用者。

9.1 电源

9.1.1 简介

电源是 PC 的最重要部件之一，它为系统的每个部件提供电能。电源内部提供多组接口，其中主要是二十或二十四芯的主板插头、四芯驱动器插头和 SATA 插头等。二十芯的主板插头只有一个且具有方向性，可以有效的防止误插，插头上还带有固定装置可以钩住主板上的插座，不至于接反，电源输出接头，如图 9-1 所示。

（a） 24 针主板电源接头

（b） 4 针主板电源接头

（c）大 4 针电源输出接头

（d）大 4 针电源输出接头

图 9-1　电源输出接头

9.1.2 电源的主要接线

ATX 电源接口根据输出电压的不同可分为+5V、+12V、+3.3V、−5V、−12V 和+5V SB 等，这些接线颜色也不同。

+5V（红色线）。主要用于主板供电，包括主板、内存、CPU 和一些主板上的其他设备。光驱、硬盘的信号电路也由+5V 电源供电。

+12V（黄色线）。主要为标准设备的驱动电路供电，例如风扇等散热系统供电，一般连接到适配卡上。

+3.3V（橙色线）。目前 CPU、显卡、内存的电压越来越低，因此新的 ATX 规范增加了+3.3 电压，这样就不用由＋5V 转为+3.3V 了。

−5V（白色线）、−12V（蓝色线）。这两个电压分别支持 ISA 总线以及串行口等老式设备，现在比较少用到了。

+5V SB（紫色线）。与+5V 电压完全一样，但自己独自一条电路，与其他供电电路无关，而且电脑无论开机与否，只要电源通电就可以永远保持开通状态。这种电源支持一些可以对系统激活的设备，例如支持网络唤醒的网卡等。

PS−ON 线（绿色线）。复杂操作系统管理电源的开关，是一种主板信号，和+5V SB 一起成为软电源，实现软件开机、网络唤醒等功能。

PG（Power Good）信号（灰色线）。PG 信号线连接到主板上，并且受主板的监控软件控制开机。系统启动前电压进行内部检查和测试就是通过这条线路完成的，如果没有 PG 信号是无法开机的。

9.1.3 电源性能参数

电源的相关参数可以在贴在电源上标签中查到。如果能确认电源的制造商，直接或通过 Web 和它们联系，电源制造商也能提供这些参数。以长城静音大师 400SD 为例展示电源的性能参数。

表 9-1　　静音大师 400SD 参数

参　　数	值	参　　数	值
型号	静音大师 400SD	大 4Pin 接口	4 个
适用类型	台式机	SATA 接口	4 个
电源标准	ATX，2.31 版	6Pin 电源接口	1 个
额定功率	300W	8Pin 电源接口	1
适用 CPU 范围	支持 Intel，AMD 全系列 CPU	其他接口	一个支持软驱的电源接口
认证规范	3C 认证	PFC 类型	主动式 PFC
主板电源接口	20+4pin 电源接口	风扇描述	采用了低转速的 12cm 大风扇
CPU 供电接口	4+4pin		

1．电源标准

Intel ATX 电源规范就是伴随着 ATX 主板的产生而产生。电源按外形规格可分为以下几种：ATX、BTX、SFX，其中 ATX 最为常见，兼容性最好，目前主要使用的是 ATX 12V 2.3，SFX 主要用于一些 mini 机型中。

ATX 电源规范是从 1995 年 Intel 公司制定的电源结构标准，它历经了 ATX 1.1、ATX 2.0、ATX 2.01、ATX 2.02、ATX 2.03 和 ATX 12V 系列等阶段，现在能看到的是 ATX 12V 系列电源。最早的 ATX 12V 标准是 ATX 12V 1.0 版本，它与前一款 ATX2.03 的主要差距是改用了+12V 电源为 CPU 供电。而以前采用的+5V 供电，无法满足当时奔四处理器的供电要求。并且一改过去主板统一供电，给 CPU 单独提供了一个 4Pin 接口，利用+12V 电压单独给奔四处理器供电。为了确保电源的工作的稳定，ATX 12V 1.0 还对涌浪电流峰值、滤波电容的容量、保护电路等做出了规定。

ATX12V 2.3 的出现主要针对 Vista 系统带来的硬件升级以及双核、多核处理器的功耗改变。目前由于整体芯片性能的不断提高，集成显卡的功能在不断提高，很多低端用户放弃了独立显卡。这样原来 2.2 标准的双路 12V 输出就略显大材小用了。这次 Intel 在 ATX12V 2.3 标准中推出了 180W、220W、270W 三个功率级别的单路+12V 电源标准，为入门级用户提供了一个经济型的产品方案。在大功率电源方面，ATX12V 2.3 标准给出的 300W、350W、400W、450W 功率级别都是为了支持高端显卡而“生”的。

2．功率

一般来说电源的功率有四种，即额定功率、最大功率、峰值功率和输入功率。

额定功率指环境温度为−5℃到 50℃，电压范围 180～264V 时，电源长时间稳定输出的功率。最大功率指环境温度为常温（25℃左右），电压范围 200～264V 时，电源稳定工作时能够输出的最大功率。这个值一般比额定功率高 15%左右。峰值功率指电源短时间内能达到的最大功率，通常仅能维持 30 秒左右的时间。一般情况下电源峰值功率可以超过最大输出功率 50%左右。峰值功率其实没有什么实际意义，因为电源一般不能在峰值输出时稳定工作。输入功率是电源的实际耗电量。例如，一台额定功率是 300W 的电源，所有的电脑配置都开起来实际功率大概是 150W，但是这时候有部分电能转换成热量损耗掉了，所以实际输入给电源的功率可能有 200W。

通常用“额定功率”表示输出功率水平，如果不知道总的输出功率，可以用输出电流折算出输出功率：功率=电压×电流。例如，如果主板被注明汲取 6A（+5V）电流，则按公式消耗 30W 功率。在配置电源时，应该注意让电源功率有一定的冗余。多数电源的额定功率在 150 至 300W 之间，功率不足会引发一些部件工作异常，危害系统的稳定运行。

3．转换效率

由于电源在工作中有部分电能转换成热量损耗掉了。因此，电源必须尽量减少热量的损耗。转换效率就是输出功率除以输入功率的百分比。ATX12V 1.3 版电源要求满载下最小转换效率为 70%。ATX12V 2.0 版更是将推荐转换效率提高到了 80%。

4．功率因数

功率因数主要用来表示对电能的利用效率。功率因数越高，说明电能的利用效率越高。PFC（Power Factor Correction）即“功率因数校正”，通过 CCC 认证的电源都必须增加 PFC 电路。PFC 有两种，一种是无源 PFC（也称被动式 PFC），一种是有源 PFC（也称主动式 PFC）。主动式 PFC 本身就相当于一个开关电源，通过控制芯片驱动开关管对输入电流进行“调制”，令其与电压尽量同步。采用主动式 PFC 的电源功率因数可以达到 98%以上。不过成本比较高。被动式 PFC 一般采用电感补偿方法，通过使交流输入的基波电流与电压之间相位差减小来提高功率因数，采用被动式 PFC 的电源功率因数不是很高，只能达到 70%～80%，并且发热量比较大。

5．MTBF 及 MTTF

MTBF 是指平均故障间隔时间， MTTF 是指平均无故障工作时间。预期在电源发生故障之前，电源平均能工作的时间，以小时计。电源标称的 MTBF 参数（如 100000h 以上）显然不是实测结果，实际上，制造商采用一套公认的标准，由电源中各个元件的失效率计算

MTBF 参数。MTBF 参数往往注明了电源的负载率（以百分数表示）以及测试时的环境温度。

6．输入范围

输入范围（或称工作范围）是指电源能够接受的输入交流电压变化范围。对于 220V 市电，输入范围通常是 180～250V。另外，多数电源被设计成全球通用的，可以在 110V 和 220V 之间自动切换，但有一些电源需要设定一个开关来指定现在所使用的电压。切记：如果电源没有自动切换功能，就要确保电压设定正确。如果使用 110V 市电而设定为使用 220V，还不会损坏什么，但在正确设定开关之前电源显然不会正常工作；但如果在使用 220V 市电时设定成 110V，就可能蒙受损失。

7．峰值浪涌电流

峰值浪涌电流是指电源在开机后的瞬间从电网汲取的最大电流，以特定电压下的安培数表示。该值越低，系统所受的热冲击越小。

8．保持时间

保持时间是指输入电压下降后电源电压能维持在指定的电压范围的时间（以毫秒计）。它可以使 PC 系统在交流电短暂中断的情况下继续运行。目前主流电源的此项参数通常是 15～30ms，一般越高越好。ATX12V 规范要求保持时间至少需要 17ms。

9．瞬态响应

瞬态响应是指输出电流阶跃变化后，电源输出电压恢复到标称水平所需的时间（以毫秒计）。换句话说，就是系统中某一设备开始或停止汲取电流后，电源输出电压恢复稳定所需的时间。电源周期性对计算机汲取的电流进行采样，当某一设备在某一周期内停止汲取电流，如光驱停转，电源可能在一段时间内输出电压稍高，这种过电压称为超调，而瞬态响应时间就是电压回到设定值所需的时间。系统会将其看作是一种电压异常，可能引发故障或死锁。超调曾经是开关电源的一个大问题，近年来已经得到很好的解决。瞬态响应有时用时间表示，有时用某个输出变化的概念来表示，比如“电源输入变化在 20%之内，输出保持稳定”。

10．过压保护

过压保护是对每一路输出，电源关闭或者截止输出的断路点。可以用百分数表示，如对+3.3V 和+5V 输出过压保护折点为 120%；也可以直接用数值表示，如对+3.3V 输出过压保护折点为+4.6V，对+5V 输出过压保护折点是+7.0V。

11．最大负载电流及最小负载电流

最大负载电流是指每一路输出所能安全地提供的最大的电流值（以 A 为单位）。参数表示为每一路输出一个安培数。根据这些数据，不仅能够计算出电源的总的输出功率，还能算出它所能承载的设备数。最小负载电流是指每一路输出必须从中汲取的最小电流值。

12．负载系数

负载系数又称电压负载系数。当从电源某一路输出汲取的电流增大或减小时，该路输出电压也要略微地变化，通常电流升高电压降低，负载系数是指某一路输出电压从最小负载变到最大负载时的变化值（反之亦然）。其值以正负百分数表示，典型值是：对+3.3V、+5V 和+12V 输出为±1%到±5%。

13．线性调整

电网交流输入电压从最小值变到最大值时输出电压的变化值。电源应能在电网电压在规定范围内变化时保持输出变化低于 1%。

串扰（或称串扰和噪声、交流串扰、PARD[Periodic and Random Deviation 周期性和随机性偏差])。以每路输出电压的峰-峰电压的毫伏值计。该参数越小越好；高质量的系统串扰一般为 1%（或更低），如果用电压来表示，则是输出电压的 1%。因此，对于 5V 输出电压来说，串扰将会是 0.05V 或 50mV。这种影响可能来自于内部开关瞬态过程，或者由受控的频率引入，或者是其他随机噪声。

9.1.4 电源认证

安全标准以保障用户生命和财产安全为出发点，在原材料的绝缘、阻燃等方面作出了严格的规定。符合安全标准的产品，不仅要求产品本身符合安全标准，而且对于制作厂家也要求有较完善的安全生产体系。

世界上有许多代理机构对电子和电器设备的安全性和质量进行认证。在美国最著名的代理机构是 Underwriter Laboratories Inc.（UL）；在加拿大，电子和电器产品由加拿大标准组织（CSA）进行认证；在德国是 TUV Rheinland 和 VDE；在挪威有 VEMKO。电源制造商要想将其产品销往国际市场，其产品就需要取得这些认证组织的认证。

在中国的电源认证是中国电工强制认证（CCC—China Compulsory Certification），全称是中国国家强制性产品认证，简称 3C 认证，如图 9-2 所示。这是国家对低压电器、小功率电动机等涉及健康安全、公共安全的电器产品所要求的认证标准，它包括原来的产品安全认证（CCEE）、进口安全质量许可制度（CCIB）和电磁兼容认证（EMC）。三者分别从用电的安全、稳定、电磁兼容及电波干扰方面做出了全面的规定标准，整体认证法与国际接轨。CCC 认证电源在电源标贴上都应该有 CCC 认证标志。而非 CCC 认证电源是没有 CCC 标志的。CCC 电源包括 CCEE、CCIB、EMC 三项认证内容，在电磁辐射等众多指标上要更优秀。此外，CCC 电源一般都有 PFC 电路，对电能的使用效率更高，而且对电网的污染很小。

除了上述认证，电源认证还有欧洲的 CE 认证、美国 FCC 认证和加拿大 CSA 认证等。许多电源制造商声称其产品拥有联邦通信委员会的 B 类认证，即其产品符合关于电磁和无线电频率干扰（EMI/RFI）的 FCC 标准。但这是有争议的，因为 FCC 没有把电源当作一个独立设备进行认证，当然它也没有将主板、内存等部件作为一个独立设备进行认证。

事实上，FCC 证书只能直接颁发给包括计算机机箱、主板、电源在内的基本系统。就是说，声称是 FCC 认证的电源实际上是与某种机箱和主板一起得到了认证——不一定是用户使用的那种机箱和主板。这当然不是说制造商是在欺诈或者这种电源有缺陷，而是说，在评价电源时，不要把 FCC 证书看得比其他的证书（比如 CCC）更重要。

随着能源危机日益突显，节能意识愈发强烈，目前节能效果出色的电源均有 80PLUS 认证。80PLUS 是由美国能源署出台，Ecos Consulting 负责执行的一项全国性节能方案。凡是通过负责机构认证的电源，均打上相关认证，代表其实际转换效率可以达到对应级别。转换效率意味着能源利用率的使用情况，转换效率越高越能为用户降低电能损耗，减少电费开支。实际上，80PLUS 计划实施分为不同阶段，也就是所谓的“路线图”，最终目标是确保所有电源的转换效率都达到 90%以上。但并非一次达成，而是逐年渐进式的提高认证要求。为此，2008 年，80PLUS 官方组织在原有认证的基础上，新增了金（Gold）、银（Silver）、铜（Bronze）三项认证，分别对应不同级别的产品认证，如图 9-3 所示。

9.1.5 电源的选购

购买电源时一般会比较关心电源的功率，当然电源的功率很重要，功率不足可能会导致某些设备无法正常工作，或机器工作不稳定。但事实上，如今买电源不能单一地看重额定功率，还应该考虑到电源的静音、节能等方面。

图 9-2　CCC 认证标志

实施时间	2007年七月-2008年六月	2008年七月-2009年六月	2009年七月-2010年六月	2010七月-2011六月
80PLUS认证	80 PLUS	80 PLUS BRONZE	80 PLUS SILVER	80 PLUS GOLD
电源负载				
20%轻载	80%	82%	85%	87%
50%典型负载	80%	85%	88%	90%
100%满载	80%	82%	85%	87%

图 9-3　80PLUS 认证

1．静音——看电源风扇

一般来说，电源静音效果取决于所采用的风扇大小，应注意选购采用 12cm 或 14cm 大直径风扇的电源，因为大直径的风扇可以较低的转速获得同样大的风量，从而兼顾静音与散热的需求。

2．输出能力——看电源标准

英特尔针对电脑电源提出一系列的设计建议和参考规范，这就是 ATX12V 标准，它对电源的物理尺寸、散热要求、各类接头配置、电气信号延迟等一系列内容进行了定义，目前这种标准已经广泛作为非强制性的电源标准。既然如此，就可以通过这个标准来简单判断电源的输出能力。ATX12V 2.3 标准的提出是考虑到酷睿系列处理器的功耗比较低，而显卡对供电要求日渐增大的情况，所以英特尔在该标准中降低了对处理器供电的＋12V 2 路的功率输出，增大了对显卡供电的＋12V 1 路的功率输出。另外此版本还在 ATX12V 2.2 标准的基础上，提升了对转换效率的规定，增大了对节能方面的要求。

3．节能——看安全认证

虽然在上面的电源标准中，ATX12V 2.3 版要比 2.2 版的转换率高，理论上更节能，但实际上，电源的实际节能能力还取决于不同的生产厂商和采用的原料及技术等很多方面。

当然对于电源的选择，大家可以采用一种比较土的方法，就是用手掂一掂看看电源的重量，一般比较重的电源质量相对较好。

9.1.6　电源的安装

将电源供应器对应置入机箱内（如图 9-4 所示），并用四个螺丝将电源供应器固定在机箱的后面板上。

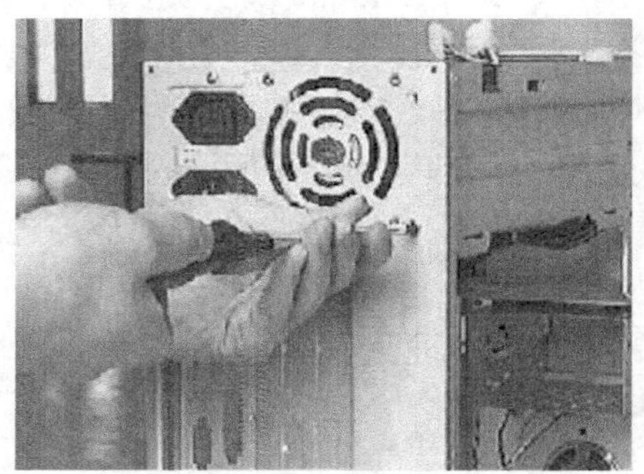

图 9-4　电源的安装图

9.2 机箱

9.2.1 简介

机箱是用来安装主机所有硬件的平台，机箱的质量好坏会直接影响机器的稳定性的、使用寿命以及电磁辐射。

计算机机箱可分为立式和卧式，如图 9-5 所示。立式机箱在散热方面有着相当的优势，因此当今台式机所使用的机箱大部分为立式机箱。

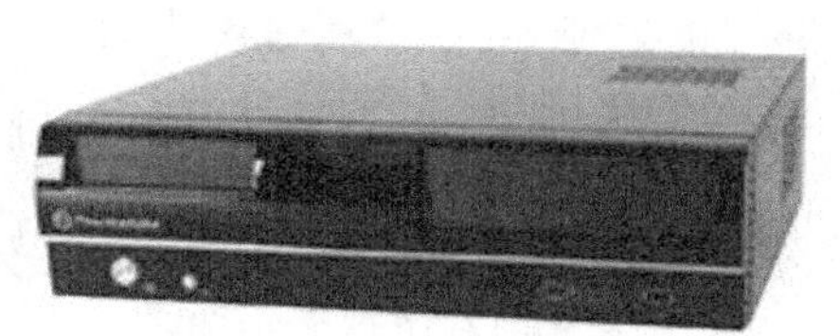

（a）卧式机箱

（b）立式机箱

图 9-5 计算机机箱

机箱面板上有电源开关（Power）、复位开关（Reset）和各种指示灯（如电源指示灯、硬盘工作指示灯等）。目前很多机箱面板上还装有前置 USE 接口和音频接口。

9.2.2 机箱主要参数

下面以金河田飓风 7621B（见图 9-6）为例，说明其参数。

表 9-2 金河田飓风 7621B 参数

参数	值	参数	值
型号	飓风 7621B	前置接口描述	2×USB 2.0 接口，1×E-SATA 接口 1×耳机接口，1×麦克风接口
适用类型	台式机	机箱风扇	有
机箱样式	立式 ATX ，立式 MATX	免工具设计	是
兼容主板	ATX 主板，MICRO ATX 主板	机箱尺寸	465×190×445mm
机箱仓位	4 个 5.25 英寸光驱位 6 个 3.5 英寸硬盘位	其它性能	全屏蔽，防静电，抗干扰设计
机箱材质	SECC（电解镀锌钢板）		

机箱的材质是衡量机箱优与劣的重要指标，直接决定着机箱质量的好坏，而机箱材质的选择则是影响机箱防电磁辐射能力的重要因素之一。机箱的材质主要在于所使用的钢板的品质。

1．镀锌钢板

机箱板材常用有镀锌板、冷轧板和铝板等，而镀锌钢板具有抗酸、防锈、防蚀、使用年限长、材质轻等特点，同时外表也较为美观，因此镀锌钢板是最为常见的机箱材质。

图 9-6　金河田飓风 7621B 机箱

镀锌钢板的颜色通常为灰色，表面细腻，经过表面烤漆处理后能形成均匀的颗粒状表面，长期使用不易出现摩擦痕迹和腐蚀等现象。镀锌钢板有两种：热浸镀锌（SGCC）与电镀镀锌（SECC）。这两种材料根据镀锌方式、生产工艺及镀锌量的不同而区分命名，而且各方面的特性都存在着较大差异。

总的来说，SECC 以光泽度好，有利于冲压，镀锌层厚而均匀，不易锈蚀和划破镀锌层而较 SGCC 有优越性，同时对电磁波尤其是对低频电磁波具有极强的吸附性，从而对电磁辐射的防护起到事半功倍的效果。

2．铝镁合金

由于铝镁合金板材具有更高的耐磨性、抗腐蚀性、重量轻，同时还具有很高的热传导能力，所以以前只使用在笔记本电脑等特殊的产品中，用这种板材制造的机箱结构更加稳固，整体重量也大大减轻，外观更加漂亮，当然只是价格也比镀锌钢板贵不少，因此大多用于高端的机箱产品。

全铝机箱外观时尚，而且硬度有保障，如果想买一款 5 年甚至 10 年都不用换的机箱，这类产品可以考虑。

机箱材质的识别方法。镀锌电解板颜色为灰白色，热镀锌板表面有镀锌层比较光亮，颜色发白，表面呈现均匀的颗粒状，冷轧板、马口铁的表面油较多，易生锈、氧化，喷涂时需将其内外两面全部覆盖。

铝机箱和飞机不是同样材质。为了突出铝机箱优势，商家可能声称这种材质是用来制造飞机的，其实这是不正确的。用于航空或军工领域的铝合金主要合金元素是铜和锌，铝铜合金是 2 系列，综合性能最好，铝锌合金是 7 系列，以硬度高著称。这两种铝合金的机械性能都远远超过低碳钢，不过成本非常高，不适合于民用，而常见的铝机箱所用的材质是 6 系列，主要合金元素是镁和硅。

9.2.3　机箱的选购

机箱的选购要注意以下几点。

1．机箱用料

机箱主要由前部的塑料面板和钢板铆接而成的框架这两部分组成，一般高档机箱前面板采用硬度较高的 ABS 工程塑料制成；机箱本身钢板的厚度至少应在一毫米以上，并且板材应该是经过特殊处理的 SECC 冷镀锌钢板，这样钢板制成的机箱具有高屏蔽性、高导电率、不易生锈、耐腐蚀等特点。

2．机箱工艺

工艺较高的机箱的钢板边缘绝不会出现毛边、锐口、毛刺等痕迹，并且所有裸露的边角都经过了折边处理，装机时不会划伤手。各个插卡槽位的定位也都相当精确，不会出现某个配件安装不上或错位的尴尬现象。

3．机箱外观

机箱外观的造型、颜色能否与居室协调一致，能否体现自己的个性爱好，能否足够时尚等也已成为人们选购机箱时考虑的重要因素之一。

4．机箱散热

机箱的散热性能很大程度上决定了整机系统的稳定性，而现在的机箱内部配件越来越多，其工作时产生的热量也越来越大。最好选择一个内部空间较大，前后都设计了散热风扇安装位置的机箱。

5．电磁屏蔽

一般说来，设计良好的机箱可使计算机的总体辐射干扰降低 10～60dB，所以一些厂商在设计机箱时往往采取了严格的电磁兼容标准，因此最好选择品牌机箱。

9.2.4 机箱的安装

首先，打开机箱的外包装，随机箱会有许多附件，如螺丝、挡片等，在安装过程中都会用到。首先要把机箱的外壳取下，机箱及其附件如图 9-7 所示。

各个部件的安装顺序不是固定的，怎么方便就怎么装，对不同的机箱也有不同的安装方法，但基本上都是大同小异。

（a）机箱

（b）螺丝及其附件

图 9-7 机箱的安装

9.3 键盘与鼠标

9.3.1 简介

键盘（Keyboard）是按有序排列组成的并带有功能电路的一组键体开关。用于操作设备运行的一种指令和数据输入装置，如图 9-8 所示。键盘可按接口和内部结构进行分类。按接口的不同可分成 PS/2（如图 9-9 所示）和 USB（如图 9-10 所示）两种。它们只是接口不同，在功能上没有区别。USB 接口键盘支持热插拔功能，而 PS/2 接口的键盘安装后要重新启动系统才能使用。

图 9-8 键盘

鼠标（Mouse）是显示系统纵横位置的指示器。鼠标是在窗口界面下操作的常用的输入设备设备。鼠标的使用是为了使计算机的操作更加简便，来代替键盘那繁琐的指令。因形似老鼠而得名“鼠标”（港台作滑鼠），如图 9-11 所示。按其工作原理及其内部结构的不同可分为机械式、光电式和无线三种。鼠标与键盘相似，可按接口进行分类，常见的有 PS/2 和 USB 两种。

图 9-9 PS/2 接口

图 9-10 USB 接口

图 9-11 鼠标

9.3.2 键盘的架构

目前市面上 80%的键盘都是基于火山口架构的设计，因为火山口价格是在所有架构中相对便宜的，而且设计比较简单。火山口架构需要较长的键程所以一般应用在普通的键盘上，对于超薄键盘火山口基本无力运用。“X 架构”也叫剪刀脚架构。当分别测试键帽左上角、右上角、左下角、右下角以及按键中心五个部位的敲击力道时发现，传统键盘敲击力道大而且不均衡，而“X 架构”键盘的敲击力道小而且相当均衡。也就是说，当敲击“X 架构”键盘时费力较小，不宜疲劳，而且作用力平均分布在键帽的各个部分，手感更加舒适。其广泛应用于笔记本键盘和超薄键盘中。

图 9-12 火山口架构键盘

图 9-13 X 架构键盘

9.3.3 鼠标的主要参数

一般来说，主要看鼠标的分辨率和响应速度，数值越大就代表性能越好。分辨率（dpi）是每英寸点数，也就是鼠标每移动一英寸指针在屏幕上移动的点数。一般 dpi 高的鼠标移动速度也高。

9.3.4 键盘的选购

键盘的选购注意以下几点。

1．注意产品的做工

选购时要注意边角是否有毛刺、颜色是否均匀等。做工良好的键盘其键帽上字符标示都是激光蚀刻的，因此键帽上的字符不易脱落。

2．实际感受“手感”

不同的人对手感的认识也是不一样的。即使同一款产品，不同用户的手感也可能不同。因此购买键盘时要实际操作一下，这样才能挑选到适合自己的产品。

9.3.5 鼠标的选购

键盘的选购注意以下几点。

1．理性看待“分辨率”

鼠标 dpi 的定义是，鼠标每移动 1 英寸，光标在屏幕上移动地象素距离，其单位就是 dpi。市场上大多数鼠标都是 400dpi 或 800dpi。假如 400dpi 地鼠标移动了 1 英寸，鼠标指针在显现器桌面上就移动了 400 个象素。所以 dpi 值越高，鼠标移动速度就越快，定位也就越准。常见地 CS 等第一人称游戏中，就需要高 dpi 地鼠标来操作，否则游戏效果会很糟糕。

2．认真对待“采样频率”

采样频率是判别鼠标地重要参数，它是单位时间地扫描次数，单位是“次/秒”。这个参数相对来说很好理解，就是一个简单地数量情况。每秒内扫描次数越多，能够比较地图像就越多，相对的定位精度就应当越高。

3．人体工程学

人体工程学是指依据人的手型、用力习惯等要素，设计出持握使用更舒适贴手、操控更简单的鼠标。

9.4 闪存

9.4.1 简介

闪存的英文名称是 Flash Memory，一般简称为 Flash。它应用在主板 BIOS 芯片上。闪存与常见的 DDR、SDRAM 或 RDRAM 等内存有根本性的差异：后者只要被停止电流供应，芯片中的数据便无法保持，闪存在没有电流供应的条件下也能够长久地保持数据。

闪存的数据存储方式和操作机理上并不复杂，闪存以单晶体管作为二进制信号的存储单元，它的结构与普通的半导体晶体管（场效应管）非常类似，区别在于闪存的晶体管加入了“浮动栅（Floating gate）”和“控制栅（Control gate）”，前者用于贮存电子，表面被一层硅氧化物绝缘体所包覆，并通过电容与控制栅相耦合。当负电子在控制栅的作用下被注入浮动栅中时，该单晶体管的存储状态就由 1 变成 0。相对来说，当负电子从浮动栅中移走后，存储状态就由 0 变成 1；而包覆在浮动栅表面的绝缘体的作用就是将内部的电子“困住”，达到保存数据的目的。如果要写入数据，就必须将浮动栅中的负电子全部移走，令目标存储区域都处于 1 状态，这样只有遇到数据 0 时才发生写入动作，但这个过程需要耗费不短的时间，所以闪存写入速度总是慢于读取的速度。

闪存的基本工作原理如图 9-14 所示。

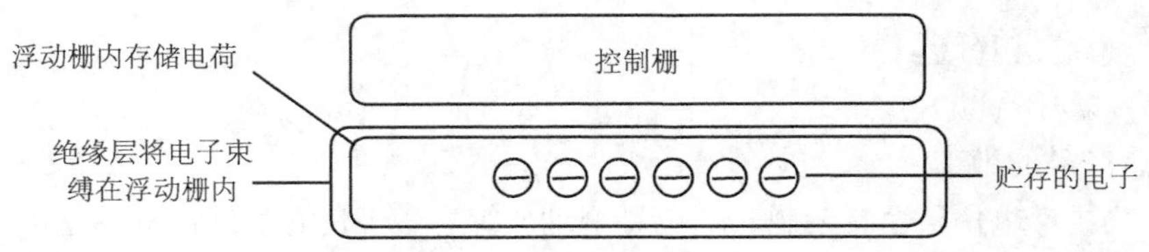

图 9-14　闪存的基本工作原理

虽然基本原理相同，但闪存可以有不同的电荷生成与存储方案，根据这些不同，闪存可以分为 NAND 和 NOR 两种类型，前者可提供更大的容量，但不支持代码本地执行；而 NOR 型闪存支持代码本地运行，但主要缺点在于很难实现较高的存储密度。不同的特性让这两者分别属于不同的市场：NAND 广泛用于数据存储相关的领域，而 NOR 主要用于手机、掌上电脑等需要直接运行代码的场合。

常见的使用闪存的外存储器设备有闪存盘和闪存卡。

9.4.2　闪存盘

闪存盘通常又被称为 U 盘或优盘，如图 9-15 所示，它是目前 PC 系统最主要的移动存储设备，一般采用 USB 接口与 PC 连接。

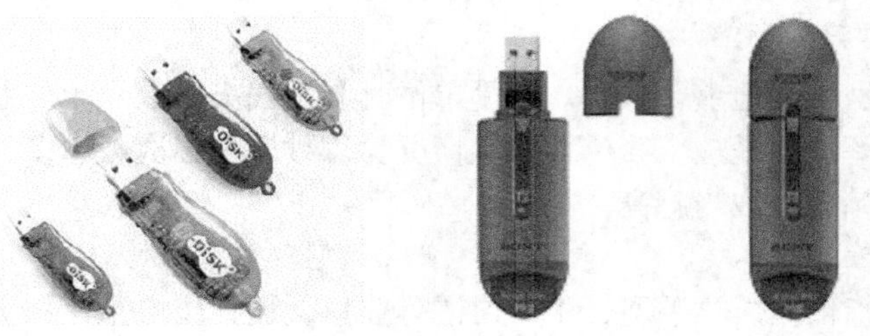

图 9-15　闪存盘

它的特点如下。

- 体积小，重量轻，由 USB 接口直接供电，不用驱动器，可热拔插、即插即用、使用非常方便。
- 存储容量大（4 ~ 16GB），读写速度快（USB 1.1/2.0），保存时间长（达 10 年之久），可重复擦写 100 万次以上。
- 耐高低温、不怕潮、不怕摔、经久耐用。
- 外观造型变化多端。

闪存盘的组成非常简单，包括闪存芯片、USB I/O 控制芯片及接口连接器三大部分。另外，根据应用方面的特性可以分为很多种类，常见的有无驱动型、启动型及加密型三类。无驱动型在 Windows Me 以上不需要驱动程序；启动型从闪存盘启动系统，需要使用专用软件在闪存盘上制作启动信息，并在 BIOS 中正确设置启动设备的类型；加密型主要控制访问闪存盘的权限和对数据加密。

9.4.3　闪存卡

闪存卡通常使用于各种数码设备，主要以下几种类型：CF（Compact Flash）、SM（Smart Media）、MMC（MultiMedia Card）、记忆棒（Memory Stick）、SD（Secure Digital）、xD（eXtreme Digital）。

1．CF

CF是由SanDisk公司在1994年发明的，如图9-16所示。它采用了ATA体系结构，不仅仅是一个存储器件，而且内置了控制器，无论采用多大容量的闪存芯片组，其外部接口都是标准的ATA接口（50针）；CF设备连接PC之后，系统会像对其他驱动器一样，给它分配一个盘符。

CF原来的尺寸是Ⅰ型的（3.3mm厚），Ⅱ型（5mm厚）是为了适应大容量的设备的。两种CF卡都是36mm宽，43mm长，支持CFⅠ型卡的设备无法使用CFⅡ型卡，但是使用CFⅡ型卡的设备则可以向下兼容CFⅠ型卡。CF卡技术的发展很快，尤其在容量与速度方面。

2．MMC

MMC由西门子和Sandisk在1997年推出，尺寸只有32mm×24mm×1.4mm。MMC把存储器和控制器集成在一起，有很好兼容性。MMC有7针接口，采用低压闪存芯片。

RS-MMC（Reduced Size MultiMedia Card，更小尺寸的多媒体卡）在MMC本来就很小的基础上进行缩减，尺寸变为18mm×24mm×1.4mm，通过适配器可以用作MMC。

MMCplus和MMCmobile是两种新型的高速存储标准，外形分别与MMC、RS-MMC相当。新的标准允许更大的总线宽度，也适度地增加了时钟频率，从而使最高数据传输率有了很大的提高。另外，MMCplus和MMCmobile标准更率先支持双电压功能。MMCplus和MMC mobile采用13针的接口，但还是能够兼容MMC和RS-MMC。

MMCmicro在MMC系列中是外形最小的，其尺寸只有12mm×14mm×1.1mm，但存取速度和性能却完全能够和主流的闪存卡相提并论，主要用于对体积要求非常苛刻的数码设备，如图9-17所示。

图9-16　CF卡

图9-17　MMC卡

3．SD

SD卡于1999年8月由松下、东芝和SanDisk联合推出，是从MMC发展而来。SD卡的尺寸为32mm×24mm×2.1mm，与MMC相比稍厚，因此可容纳更大的存储单元。SD卡还在MMC原有的7针接口两侧增加了2针作为数据线，并且把控制器集成在卡内，带有物理保护开关、安全保密技术。SD标准中保留了设备对MMC的兼容，但因为闪存卡厚度和接口针脚数的原因，使用MMC的设备不一定可以使用SD卡，但使用SD卡的设备却可以使用MMC。

miniSD卡是SD卡的缩小版本，在外形上更加小巧，尺寸只有21.5mm×20mm×1.4mm，使用适配器可以兼容原先的那些使用普通SD卡的设备。

microSD卡的外形更小，尺寸仅为11mm×15mm×1mm。microSD的前身是T-Flash（TransFlash），因此，microSD卡除了可与大量的SD卡和miniSD卡兼容之外，也与T-Flash卡兼容。支持microSD的设备可以使用T-Flash卡，但支持T-Flash卡的设备，不一定能使用microSD卡，如图9-18所示。

图 9-18 SD 及 MSD 卡

4．记忆棒

记忆棒（memory stick）是由 SONY 公司开发研制的，尺寸为 50mm×21.5mm×2.8mm，支持 MagicGate 的版权保护技术（部分产品）。和很多闪存卡不同，记忆棒规范是非公开的，没有什么标准化组织。记忆棒内部包括了控制器，采用 10 针接口。

Memory Stick Duo 在记忆棒家族中体积比较小巧，尺寸为 31mm×20mm×1.6mm，拥有和记忆棒完全兼容的电气特性，通过适配器可以用作普通记忆棒。

Memory Stick Pro、Memory Stick Pro Duo 是记忆棒中的增强版本，外形尺寸分别与普通记忆棒以及 Memory Stick Duo 相同，但性能和容量提高到了原来的数倍。

增强记忆棒没有提供向下兼容。也就是说，支持增强记忆棒的设备可以使用增强记忆棒和普通记忆棒，但是支持普通记忆棒的设备却不能使用增强记忆棒。

Memory Stick Micro（M2）是一款体积只有 Memory Stick Pro Duo 四分之一的产品，尺寸为 15mm×12mm×1.2mm。它设有弹出式控键，可有效避免记忆棒弹出时丢失。Memory Stick Micro 记忆棒适用于两种电压：1.8V 和 3.3V。1.8V 是目前移动电话普遍采用的运行电压，而 3.3V 则能与 Memory Stick PRO 兼容产品相匹配，通过适配器能在对应产品间进行数据交换，如图 9-19 所示。

5．SM

SM 以前的名字是 SSFDC，是 Solid State Floppy Disk Card（固态软盘卡）的缩写。SM 是最简单的闪存设备，它只是一块包含闪存芯片的卡，上面没有任何控制电路。SM 卡的尺寸为 45mm×37mm×0.76mm，厚度很薄（是目前最薄产品）。因为 SM 卡没有包含控制器，所以为了兼容不同的 SM 闪存卡，生产商必须不断升级 SM 使用的设备。目前 SM 卡已经不流行了，如图 9-20 所示。

6．xD

xD 卡全称 xD-Picture Card，是由日本富士胶片公司和奥林巴斯公司共同开发的新一代存储卡，被人们视为 SM 卡的换代产品，如图 9-21 所示。

图 9-19 记忆棒

图 9-20 SM 卡

图 9-21 xD 卡

体积小巧，速度快是它的主要特点。xD 卡的尺寸为 20mm×25mm×1.7mm，采用单面 18 针接口。需要注意的是，xD 卡本身不集成控制器，只是基本的存储单元，它的读写速度完全取决于所使用的设备所能提供的接口速度。当然，使用的闪存芯片性能也是瓶颈，就像木桶原理一样，最终速度取决于最慢的一项。

9.4.4 闪存的性能参数

闪存的性能参数主要有速度和容量这两项。

闪存的容量从早年的 8MB、32MB、64MB 发展至现今的 8GB、16GB，而且还在朝着更大的方向飞速发展，小容量的闪存几乎已经停产。

闪存盘的接口通常是 USB 1.1 或 USB 2.0，其中采用 USB 2.0 接口的速度达到了 10MB/s 左右。闪存卡的速度除了采用 MB/s 表示以外，还会像 CD-ROM 驱动器一样采用 xx 速来表示，其中基准速率也是 150KB/s。达到 40 速（即 6MB/s）的存储卡往往被称为高速卡。随着技术的发展，60x、80x 乃至 160x 的记忆卡不断涌现，逐渐成为市场的主流。但这些速度只是代表闪存性能的一个参考，受到诸多影响，实测的速度往往达不到厂家的标称值，并且写入速度要低于读取速度，对于使用而言，写入速度更重要，更能反映闪存的性能。

9.4.5 闪存适配器设备

闪存适配器设备用于将各种专有接口的闪存卡连接到 PC。适配器设备有很多种，它们提供的接口丰富多样，图 9-22 展示了主要的几种适配器设备，分别可以提供 PCMCIA、IDE 和 USB 接口。

图 9-22　PCMCIA、IDE、USB 接口适配器

图 9-23 展示了一款 USB 接口的 23 合 1 读卡器以及它所支持的闪存卡类型。

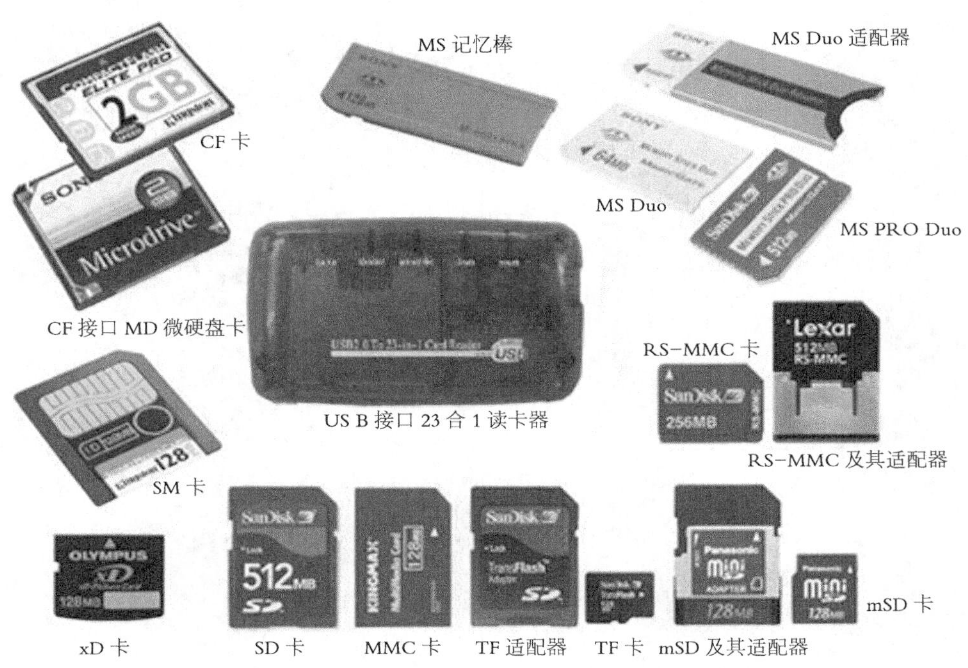

图 9-23　USB 接口的 23 合 1 读卡器以及它所支持的闪存卡类型

9.5 习题

1. 电源的输出接口有哪些？
2. 电源的主要性能参数有哪些？其作用又是什么？
3. 电源有哪些认证？
4. 机箱的主要性能参数有哪些？
5. 如何选购电源及机箱？
6. 如何选购键盘鼠标？
7. 简述闪存的工作原理。
8. U 盘的特点有哪些？
9. 简述闪存的性能参数。
10. 常用闪存卡有哪些？
11. 闪存适配器设备有哪些？

PART 10

第 10 章 计算机硬件的组装

通过前面的学习，大家熟悉了计算机的各个部件，理解了各个部件的性能参数及功能指标，并能够合理的配置一台计算机。下一步工作则是如何合理的，按技术规范将这些部件组装成一台计算机。使他们成为一个有机的整体，从而为人们服务。

10.1 组装前的准备

计算机的硬件组装，首先要了解组装需要的工具，掌握计算机组装的规范与计算机硬件组装的流程。重点掌握各部件的安装方法，完成机器的组装。

准备工作主要包括合理放置相关工具，铺设防静电桌布，取出硬件配件并在工作台上有序摆放，正确配带防静电手腕带，做好静电防范工作。

10.1.1 静电防范

静电的防范主要了解以下几个方面的内容。

1．静电的危害

静电有以下危害：

（1）吸尘——改变线路间的阻抗，影响产品的功能与寿命；

（2）放电破坏——完全破坏；

（3）放电产生热——潜在的损伤；

（4）放电产生电磁场——干扰其他设备。

2．静电产生原因

人体产生静电是由原子外层的电子受到各种外力的影响发生转移，分别形成正负离子造成的。任何两种不同材质的物体接触后都会发生电荷的转移和积累，形成静电。人身上的静电主要是由衣物之间或衣物与身体的摩擦造成的，因此穿着不同材质的衣物时“带电”多少也是不同的。

在不同湿度条件下，人体活动产生的静电电位有所不同。在干燥的季节，人体静电可达几千伏甚至几万伏。实验证明，静电电压为 5 万伏时人体没有不适感觉，带上 12 万伏高压静电时也没有生命危险，人体静电有电压，没电流，对身体是没有影响的。不过，静电放电也会在其周围产生电磁场，虽然持续时间较短，但强度很大。

3．静电的预防

静电预防的措施有以下两点。

（1）防静电包装。

防静电袋具有自身“不起”静电和能屏蔽外界静电的双重功能，所以存放电脑硬件大部分配件都会用防静电袋包装。防静电袋如图 10-1 所示。

合格计算机配件在拆封时，关键配件均为防静电包装。防静电包装如图 10-2 所示。

图 10-1 防静电袋

图 10-2 防静电包装

（2）使用防静电工具消除静电。

防静电腕带的工作原理是人体皮肤与手腕带上的导电材料直接接触，使手腕带接地，通过接地系统将人体运动产生的静电迅释放。

作为电脑组装人员，必须要能正确配带防静电腕带，在组装机器的时候还要装机台上铺上防静电桌布，并将防静电腕带及防静电桌布接地。

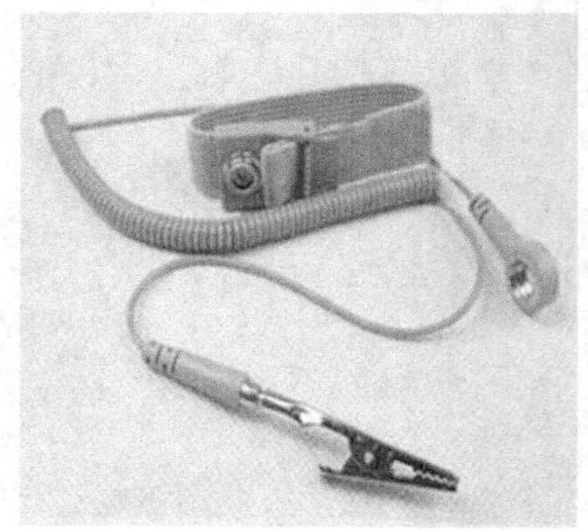

图 10-3 防静电手环

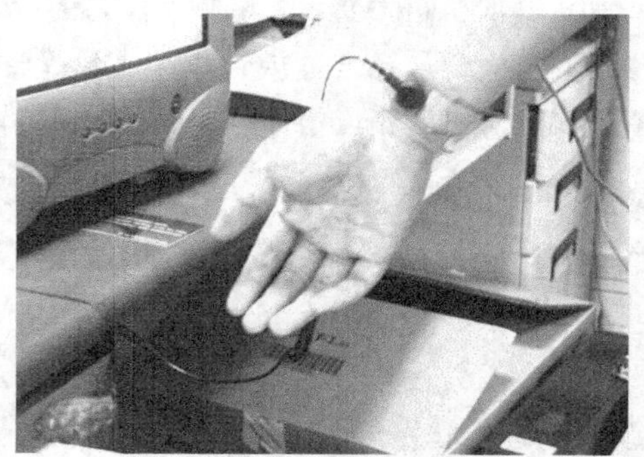

图 10-4 佩戴防静电手环

10.1.2 组装工具和配件

常用的装机工具有尖嘴钳、十字螺丝刀、一字螺丝刀及导热硅脂，如图 10-5 所示。

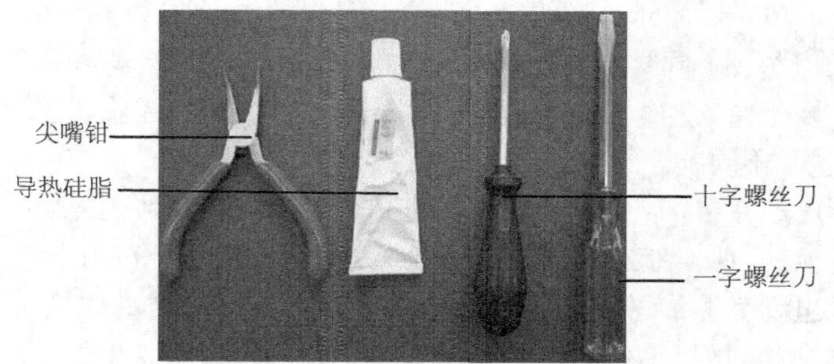

图 10-5 装机工具

尖嘴钳是装机人员不能少的工具，用于取下机箱背部的挡片和安装铜柱的螺丝。这个工作一般的平口钳也能做到，不过因为空间的原因，在装机过程中要夹小物件或机箱内有难于安放电脑配件的地方时就需要借助尖嘴钳子。在有些不标准的机箱内，做工不是很好，容易出现不平的地方，导致无法正确地安装电脑配件，此时就可用钳子来消除这些不平之处，以减少安装过程中的麻烦。

导热硅胶是安装 CPU 的时候必不可少的，它主要用于填充散热器与 CPU 表面的空隙，以更好地帮助散热。但不是装机人员必需的工具，因为原装 CPU 已配好，而散装在买 CPU 风扇时会送一点，不过要是改装旧机，就得准备了。

螺丝刀是装机人员工具中最重要的一个，2 号十字螺丝刀是必须的。平头螺丝刀虽然不常用，有条件的话也应准备一把以备不时之需，最好使用顶部带磁性的螺丝刀，用起来方便，而且可以将装机时不小心掉入机箱内的螺丝吸出来。

10.1.3 注意事项

在装机过程中会用到各种工具，这些工具不要和电脑配件叠放在一起。使用正常的安装方法，不可粗暴安装：在安装的过程中一定要注意正确的安装方法，对于不懂不会的地方要仔细查阅说明书，因为说明书上都会有说明如何安装此配件和注意事项，不要强行安装，稍微用力不当就可能使引脚折断或变形。对于安装后位置不到位的设备不要强行使用螺丝钉固定，因为这样容易使板卡变形，日后易发生断裂或接触不良的情况。

注意：在装机过程中严禁给设备加电。

10.1.4 组装步骤

以台式机为例，其装机的顺序如图 10-6 所示。

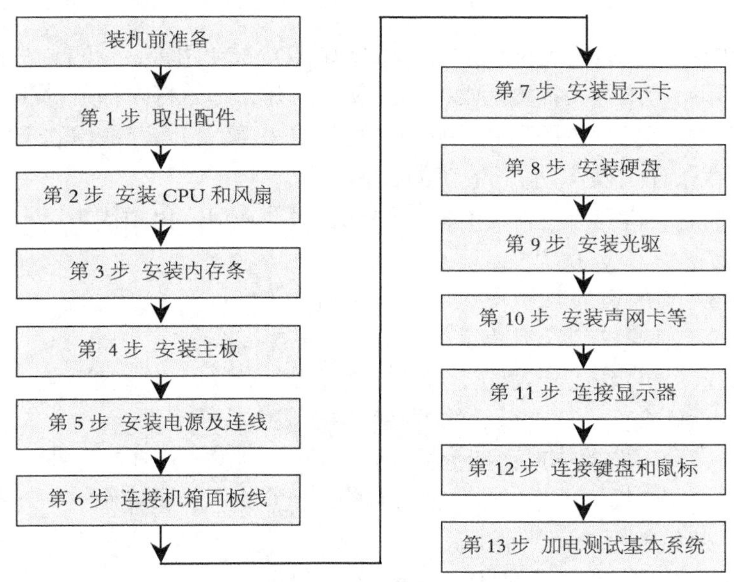

图 10-6 装机步骤

应该注意的是，大家所讲的装机顺序只是一般的规则，并不需要绝对遵从。在实际的组装中，应根据主板、机箱的不同结构和特点来决定组装的顺序，以安全和便于操作为原则。

10.2 计算机的硬件组装过程

1．安装机箱

首先，打开机箱的外包装，再把机箱的外壳取下，随机箱会有许多附件，如螺丝、挡片等。各个部件的安装顺序不是固定的，怎么方便就怎么装。

机箱安装操作见第 9.2.4 小节。

2．安装电源

将电源供应器对应置入机箱内（如图 9–4 所示），并用四个螺丝将电源供应器固定在机箱的后面板上。电源安装操作见第 9.1.6 小节。

3．安装 CPU 及散热器风扇

本步骤注意要点主要有以下几点。

- 装 CPU 时注意不要装反了，注意上面的防呆提示。
- 涂抹硅脂，涂抹硅脂时要均匀，并且尽量的薄，如果抹得太厚就会阻热了。
- 安装散热器，散热器有很多种，很好装，对准主板上的四个孔装上就行。主板的背面要装到位。
- 安装风扇，有的风扇是直接用螺丝上的，如是带扣具的，仔细看看就懂。装完风扇要把风扇电源接上。接口上也有防呆提示。
- 最后扣扣具，扣的时候有点紧，要用点力压，扣上就行。如果上一步没操作好，就会损坏 CPU 针脚，要注意扣具的位置。

安装 CPU 及散热器风扇的详细操作见第 2.6 节。

4．安装内存条

目前常用的内存条有 240 线的 DDR2 和 DDR3 SDRAM 两种，它们的安装方法相似。安装内存条时，先用手将内存条插槽两端的卡柱朝外掰开，然后将内存条对准插槽，用两拇指按住内存条两端均匀用力向下压到底，听到“啪”的一声后，内存插槽的卡柱即将内存条固定到位。安装内存条详细操作见书 4.6 节的实训部分。

注意：安装内存，内存条上面都有防呆缺口，对准缺口避免插错。

5．安装主板

安装主板见 3.7 节的实训部分。

本步骤注意要点主要有以下几点。

- 上踮脚螺丝：机箱内的铜螺丝，要上全，不要随便上几个就完事了。如果上不全，时间长了主板就会变形或在以后的拆装当中造成主板断裂。
- 安装主板，用手拿散热风扇把主板放到机箱内（要注意方向），在调整主板时注意下面的铜柱，不要损坏主板。然后把所有的螺丝全上上，不要偷懒、上螺丝的时候要对角的上，避免主板受力不平衡。
- 安装好机箱的挡板，注意要卡好并卡紧。

6．安装显示卡

安装显示卡操作见 7.6 节的实训部分。

注意点：安装显卡如有 2 个插槽，一般一个是 PCI–EX16，另一个是 PCI–EX4，注意要将显卡装在 PCI–E X16 插槽上。安装之前要把机箱后的挡板拆掉，显卡上面也有防呆缺口，看准后再安装，还要注意接显卡供电接口，最后固定好显卡在机箱上的挡板的螺丝。

7．安装光驱和硬盘

安装硬盘操作见 5.5 节的实训部分，安装光驱操作见 6.5 节的实训部分。安装 SATA 硬盘电源与数据线。数据线为红色，电源线为黑黄红交叉线设计，安装时按正确的方向插入即可，反方向则无法插入。

将硬盘及光驱的数据线连接到主板的 STAT 接口，如图 10-7 和图 10-8 所示。

图 10-7　硬盘电源与数据线

图 10-8　主板的 STAT 接口

本步骤注意要点主要有以下几点。

- 安装光驱时，注意前面要平整。上螺丝机箱两边都要上。然后接上线。
- 安装硬盘时，安装硬盘的时候注意前置风扇的位置，硬盘要对准风扇的位置，这样有利于硬盘散热，之后同样上上螺丝接上线即可。硬盘要放稳，不要有抖动，否则硬盘很容易损坏。

8．连接内部电源线

首先要熟悉主板连接电源线，如图 10-9 所示。目前主要有 24 针加 4 针或 24 针加 8 针。

其次将 24 针 D 型的连接线按正确方向与主板相应的接口连接，如图 10-10 所示。

最后注意检查 CPU 的供电情况，如有辅助供电，则将 4 针或 8 针 D 型的电源线与 CPU 的供电系统连接，如图 10-11 所示。

图 10-9　主板连接电源线

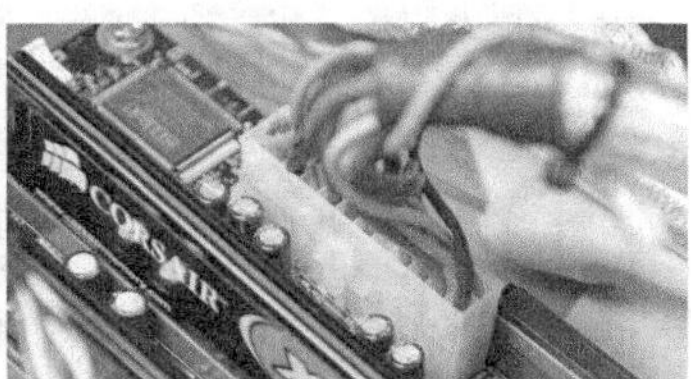

图 10-10　连接主板电源线

图 10-11　CPU 输助供电

注意：连接主板电源和 CPU 电源时，这些接口都有防呆扣，注意不要用蛮力。

9．连接内部数据线

注意检查并连接好相应的数据线。

10．连接机箱前置面板信号线

首先熟悉机箱的前置主板面板信号线。主要有以下几种，如图 10-12 所示。

（1）POWER SW：（POWER SWITCH）PWR，电源开关；

（2）RESET SW：（RESET SWITCH）RST，复位开关；

（3）POWER LED：PLED，电源指示灯；

（4）SPEAKER：SPKR 喇叭；

（5）HDD LED：（HARD DISK DRIVER LED），硬盘指示灯。

其次查找主板对应前置机箱面板信号线部分，如图 10-13 所示。将相应的插块与之连接。需要注意指示灯的连接有正负之分，一般颜色鲜艳的为正级，应接入主板对应的“+”极。

图 10-12　前置机箱面板信号线

图 10-13　主板对应前置机箱面板信号线

再次是查找前置机箱面板 USB 及音频信号线，如图 10-14 所示。连接时将插块正确的插入指定的位置，对 USB 模块要注意方向性，如插反会烧毁 USB 口设备，如图 10-15 所示成功连接 USB 接口。对音频线注意色标，否则会造成无声。可参照主板和机箱说明书。

主机组装完成后，应当将机箱内电缆进行整理并用扎线扎好，为机箱提供良好的散热空间，另外不要急于将机箱盖封上，因为有可能还要对主机箱内备件进行操作。

注意点：接连接前置面板信号线时，注意正负极。HDD LED 硬盘指示灯 POWER-电源开关，POWER+、POWER-电源指示灯，USB 就是 USB 接口，一旦接错了，可能会烧主板。F-AUDIO 前置音频，每个主板的位置不同，要对照主板说明书来连接。没有说明书的就只能在主板上慢慢找。

11．连接外部设备

接上键盘、鼠标、显示器数据线和电源线，连接 PS/2 接口的键盘、鼠标时要注意方向，连接完成后，如图 10-16 所示。

图 10-14　前置机箱面板 USB 及音频信号线

图 10-15　连接前置 USB 接口号

图 10-16　连接外部设备线

12．开机测试和收尾工作

开机测试前应将所有的设备安装完成，并注意全面检查，其步骤如下。

检查所有连接，注意查看有无遗漏与错误。

确认无误后，再接上电源。

按下显示器开关后再按机箱电源开关，如电源指示灯亮，硬盘指示灯闪烁，显示器显示开机画面，并进行自检，则表明硬件组装成功。如加电检测无反应，则应在断电后重新检查各部件连接。

开机测试通过后，注意整理连线，不要机箱里面乱七八糟的，不利于散热同时也不安全。

所有工作完成后，将机箱档板安装到机箱，拧紧螺丝。至此，一台完整的计算机的硬件组装完成。

注意：连线尽量不要碰到散热片、CPU 风扇和显卡风扇。

10.3 加电自检故障排除

加电检测无法通过，根据现象排除。一般现象可能是没有任何通电现象或是仅显示器无信号或是间隙开关机，其故障及排除方案如下所述。

1．没有任何通电

没有任何通电的征兆，包括 CPU 风扇转动，机械硬盘的转动，电源的风扇转动以及显示器信号。

（1）确认电源线已经接好，如果电源外面有开关，注意检查拨到“-”位置。

（2）确认电源连接主板的 20+4PIN 线连接完整。

（3）确认前置面板和主板的连接线是否插对位置，尤其是‘POWER SW’接线，如果这个接错了，那么按电源按钮必然没用。

2．显示器无信号

如果仅仅是显示器没信号，那么应该按照以下步骤排除。

（1）确认显示器电源开启，显示器线安装牢固，显示器已经打开；

（2）使用 DVI-VGA 接口的，需要注意使用的 DVI 口是否为 DVI-I，如果不是，则不能使用转接头，转接是无效的；

（3）有独立显卡的，请不要将显示器接到主板的显示接口上，就算想用某些软件达到集显独显的切换，也先接到独显上，因为部分主板检测到独显时优先在独显上输出视频信号，集显却没有输出信号，显示器自然也不可能有信号；

（4）查看显卡的金手指是否完全插进 PCI-E 16X 插槽中；

（5）仍没有信号，如果主板提供显示输出或者 CPU 有核显的话，将独显拔掉，使用集显再试，如果有信号了，说明显卡有问题或插槽有问题。

3．间隙开关机

如果听见机器转动后突然间断电，然后继续开机，再次断电，引起这种故障的原因可能有以下几种。

（1）主板和 CPU 接触不良，无法识别 CPU。

（2）主板和内存不兼容。

（3）主板和显卡不兼容或接触不良。

（4）外部某些设备引起主板的检测出现错误。

排除则需要用最小开机法来解决，拔掉所有多余的设备，只留下一条内存一块显卡（有集显就不用独显）一个鼠标一个键盘。再开机尝试，如果不能成功点亮就更换内存插槽位置，如果还不行，那就是兼容问题了，需要一个个排除。

如果能点亮，那就一步步加入原来的设备，每加一次尝试开机一次，只要显示器能显示出图像，就算是成功了，直到发现加到某个设备出现了重启问题，就能找到硬件的冲突了。冲突的硬件一般就只能换一个。

10.4 习题

1. 在平时训练中如何理解计算机硬件安装流程中的先后顺序。
2. 主板螺丝的安装方法如何？这样安装有何好处？
3. 按实验室提供的配件，合理规范地组装一台计算机并作详细的记录，见表 10−1。

表 10-1 组装单

序号	组装的部件	安装方法和注意事项
1		
2		
3		
4		
5		
6		
7		
8		
9		
10		
11		
12		
13		
14		

请在下表中列出目前 3000 元、5000 元和 8000 元三种不同价位的台式机配置，其中必须至少有一种是 AMD 平台，其格式见表 10−2。并请详细、逐项比较这三种配置机器对应部件的性能差异。要求用技术参数和测试数据说话，不浮于表面，其格式见表 10−3。

表 10-2 组装配置清单

配置部件	3000 元入门级配置		5000 元中端配置		8000 元高端配置	
	品牌型号	价格	品牌型号	价格	品牌型号	价格
处理器						
内存						
硬盘						
主板						
显卡						
光驱						
显示器						

续表

配置部件	3000元入门级配置		5000元中端配置		8000元高端配置	
	品牌型号	价格	品牌型号	价格	品牌型号	价格
电源						
机箱						
键鼠						
音箱						
合计						

表10-3　　参数测试表

配置部件	3000元入门级配置 主要性能参数	5000元入门级配置 主要性能参数	8000元入门级配置 主要性能参数	测试软件
处理器				
内存				
硬盘				
主板				
显卡				
显示器				
电源				

4. 如何排除加电检测故障？

PART 11

第 11 章 BIOS 设置

11.1 BIOS 概述

计算机组装好后，只是表明计算机硬件组装的完成，还不能正常启动与运行。实际上计算机的启动是一个复杂的过程，分为四个阶段，如图 11-1 所示。

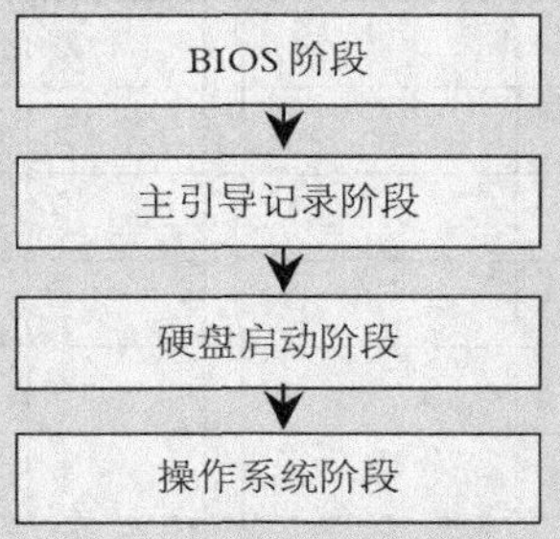

图 11-1 计算机启动过程

本章围绕 BIOS 阶段展开，其余部分在第 12 章、第 13 章中阐述。

用户在使用计算机的过程中，都会接触到 BIOS，它在计算机系统中起着非常重要的作用。一块主板性能的优越与否，很大程度上取决于主板上的 BIOS 管理功能是否先进。如果 BIOS 设置不合理，会使计算机不能正常使用甚至损坏硬件，因此组装时需要对 BIOS 进行正确的设置。本章主要介绍什么是 BIOS，其作用是什么，如何合理地对 BIOS 设置。

11.1.1 BIOS 的含义

BIOS（Basic Input/Output System，基本输入输出系统），全称是 ROM-BIOS，是只读存储器基本输入 / 输出系统的简写，它实际是一组被固化到电脑中，为电脑提供最低级最直接的硬件控制程序，它是连通软件程序和硬件设备之间的枢纽，通俗来说，BIOS 是硬件与软件程序之间的一个“转换器”或者说是接口（虽然它本身也只是一个程序），它负责解决硬件的即时要求，并按软件对硬件的操作要求具体执行。

BIOS 芯片是主板上的一块长方形或正方形芯片，BIOS 中主要存放以下程序。

（1）自诊断程序：通过读取 CMOS RAM 中的内容识别硬件配置，并对其进行自检和初始化；

（2）CMOS 设置程序：引导过程中，用特殊热键启动，进行设置后，存入 CMOS RAM 中；

（3）系统自举装载程序：在自检成功后将磁盘相对 0 道 0 扇区上的引导程序装入内

存，让其运行以装入 DOS 系统；

（4）主要 I / O 设备的驱动程序和中断服务。

由于 BIOS 直接和系统硬件资源打交道，因此总是针对某一类型的硬件系统，而各种硬件系统又各有不同，所以存在各种不同种类的 BIOS，随着硬件技术的发展，同一种 BIOS 也先后出现了不同的版本，新版本的 BIOS 相比老版本来说，功能更强。

11.1.2 BIOS 的功能

目前市场上主要的 BIOS 有 AMI BIOS 和 Award BIOS 以及 Phoenix BIOS，其中，Award 和 Phoenix 已经合并，二者的技术也互有融合。从功能上看，BIOS 分为以下三个部分。

1．自检及初始化程序

自检和初始化负责启动计算机，又分成加电自检、初始化和引导程序三部分。

第一，加电自检（Power On Self Test，简称 POST），是指计算机接通电源并对硬件进行检测，检测的结果在开机画面中显示，一旦在自检中发现问题，系统将给出提示信息或声音警告。

第二，初始化，包括创建中断向量、设置寄存器、对一些外部设备进行初始化和检测等，其中很重要的一部分是 BIOS 设置，主要是对硬件设置的一些参数，当电脑启动时会读取这些参数，并和实际硬件设置进行比较，如果不符合，会影响系统的启动。

第三，引导程序，即按照事先设置好的启动顺序搜寻各外存和网络服务器等启动设备，读入操作系统引导记录，由引导记录把操作系统装入电脑，在电脑启动成功后，BIOS 的这部分任务就完成了。

例如 BIOS 有一个启动设备的排序，这种排序叫作“启动顺序”（Boot Sequence）。打开 BIOS 的操作界面，里面有一项就是“设定启动顺序”。

2．硬件中断处理

BIOS 的服务功能是通过调用中断服务程序来实现的，这些服务分为很多组，每组有一个专门的中断。应用程序需要使用哪些外设、进行什么操作只需要在程序中用相应的指令说明即可，无需直接控制。

3．程序服务请求

程序服务处理程序主要是为应用程序和操作系统服务，这些服务主要与输入输出设备有关，例如读磁盘、文件输出到打印机等。

11.1.3 CMOS 的含义

CMOS（Complementary Metal Oxide Semiconductor）是互补金属氧化物半导体的缩写。其本意是指制造大规模集成电路芯片用的一种技术或用这种技术制造出来的芯片。在这里通常是指电脑主板上的一块可读写的 RAM 芯片。它存储了电脑系统的时钟信息和硬件配置信息等。系统在加电引导机器时，要读取 CMOS 信息，用来初始化机器各个部件的状态。它靠系统电源和后备电池来供电，系统掉电后其信息不会丢失。但电池用尽时，存储的信息就会丢失。

由于 CMOS 与 BIOS 都跟电脑系统设置密切相关，所以才有 CMOS 设置和 BIOS 设置的说法。因此，初学者常将二者混淆。CMOS RAM 用于存放系统参数，而 BIOS 中的系统设置程序是完成参数设置的手段。因此，准确的说法应是通过 BIOS 设置程序对 CMOS 参数进行设置。而大家平常所说的 CMOS 设置和 BIOS 设置是简化说法，也就在一定程度上造成了两个概念的混淆。

综上所述，BIOS 是软件，而 CMOS 是芯片。实际上是通过 BIOS 这个程序去设置 CMOS 里的参数。

11.1.4 升级 BIOS 的作用

现在的 BIOS 芯片都采用了 Flash ROM，都能通过特定的写入程序实现 BIOS 的升级，升级 BIOS 主要有以下两大目的。

1．免费获得新功能

升级 BIOS 最直接的好处就是不用花钱就能获得许多新功能，比如能支持新频率和新类型的 CPU，例如以前的某些老主板通过升级 BIOS 支持图拉丁核心 Pentium III 和 Celeron，现在的某些主板通过升级 BIOS 能支持最新的 Prescott 核心 Pentium 4E CPU；突破容量限制，能直接使用大容量硬盘；获得新的启动方式；开启以前被屏蔽的功能，例如英特尔的超线程技术和 VIA 的内存交错技术；识别其他新硬件等。

2．解决旧版 BIOS 中的 BUG

BIOS 既然是程序，也就必然存在着 BUG，而且现在硬件技术发展日新月异，随着市场竞争的加剧，主板厂商推出新产品的周期也越来越短，在 BIOS 编写上必然也有不尽如意的地方，而这些 BUG 常会导致莫名其妙的故障，例如无故重启，经常死机，系统效能低下，设备冲突，硬件设备无故“丢失”等。在用户反馈以及厂商自己发现后，负责任的厂商都会及时推出新版的 BIOS 以修正这些已知的 BUG，从而解决那些莫名其妙的故障。

由于 BIOS 升级具有一定的危险性，各主板厂商针对自己的产品和用户的实际需求，也开发了许多 BIOS 特色技术。

11.2 BIOS 设置基本操作

计算机加电后，系统将会开始 POST（加电自检）过程。这个过程会出现提示进入 BIOS 设置的方法，不同的 BIOS 有不同的进入方法，通常会在开机画面有提示。通常 Award BIOS 按<Del>键，AMI BIOS 按<Del>键或<Esc>键，Phoenix BIOS 按<F2>键设置。

如图 11-2 所示，出现 Press DEL to enter...setting（按<Del>键即可进入设定程序）。如果此信息在做出反应前就消失了，而仍需要进入 Setup，则需关机后再开机或按机箱上的<Reset>键或同时按下<Ctrl+Alt+Delete>组合键重启系统。

图 11-2 BIOS 进入界面

11.2.1 CMOS 主界面

以 Phoenix 的 BIOS 为例，进入了 Phoenix-Award® BIOS CMOS Setup Utility 设定工具，屏幕上会显示主菜单（不同的 BIOS 程序和版本的界面可能会不同，但具体的设置内容和操作方法大同小异），如图 11-3 所示。主菜单共提供了十二种设定功能和两种退出选择。用户可通过方向键选择功能项目，按<Enter>键可进入子菜单。

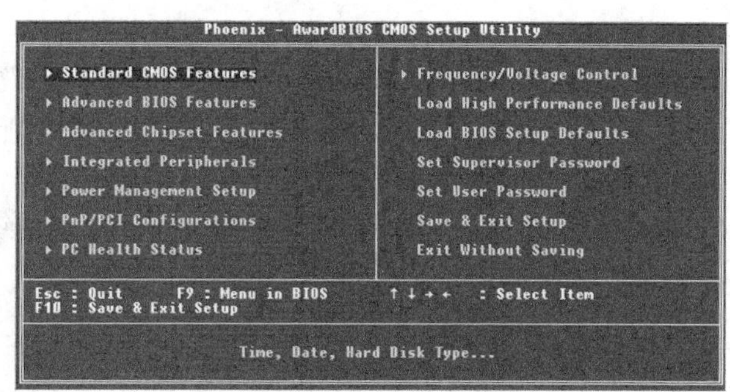

图 11-3 CMOS 主界面

选项说明如下。

- Standard CMOS Features（标准 CMOS 特性设定）

使用此菜单可对基本的系统配置进行设定。如时间，日期等。

- Advanced BIOS Features（高级 BIOS 特性设定）

使用此菜单可对系统的高级特性进行设定。

- Advanced Chipset Features（高级芯片组特性设定）

使用此菜单可以修改芯片组寄存器的值，优化系统的性能表现。

- Integrated Peripherals（整合周边设定）

使用此菜单可以对周边设备进行特别的设定。

- Power Management Setup（电源管理特性设定）

使用此菜单可以对系统电源管理进行特别的设定。

- PnP/PCI Configurations（PnP/PCI 配置）

此项仅在您系统支持 PnP/PCI 时才有效。

- PC Health Status（PC 健康状态）

此项显示了您 PC 的当前状态。

- Frequency/Voltage Control（频率/电压控制）

使用此菜单可以进行频率和电压的特别设定。

- Load High Performance Defaults（载入高性能默认值）

使用此菜单可以载入系统性能最佳化的 BIOS 值，但此缺省值可能会影响系统的稳定性。

- Load BIOS Setup Defaults（载入 BIOS 设定默认值）

使用此菜单可以载入制造厂商设定的稳定系统性能的 BIOS 默认值。

- Set Supervisor Password（设置管理员密码）

使用此菜单可以设定管理员密码。

- Set User Password（设置用户密码）

使用此菜单可以设定用户密码。

- Save & Exit Setup（保存后退出）

保存对 CMOS 的修改，然后退出 Setup 程序。

- Exit Without Saving（不保存退出）

放弃对 CMOS 的修改，然后退出 Setup 程序。

11.2.2　BIOS 默认设置和最优化设置

每一种类型的 BIOS 设置程序中，都有 CMOS 参数默认设置功能，这样不但可以免去一般用户进行 CMOS 参数设置的不少困难和麻烦，还可以为系统问题的解决提供安全可靠的恢复,便于检测问题所在。在主菜单上这两个选项允许用户为 BIOS 加载性能优化默认值和 BIOS 设定缺省值。性能优化默认值是主板制造商设定的优化性能表现的特定值，但可能会对稳定性有所影响。而 BIOS 设定默认值也是主板制造商设定的能提供稳定系统表现的设定值。

如果选择加载 Load High Performance Defaults（性能优化缺省值），屏幕将显示信息如图 11-4 所示。

按 Y 键加载性能优化缺省值，可优化系统的性能表现。

当选择 Load BIOS Setup Defaults 时，将会弹出如图 11-5 所示的信息。

图 11-4　性能优化默认值设置界面

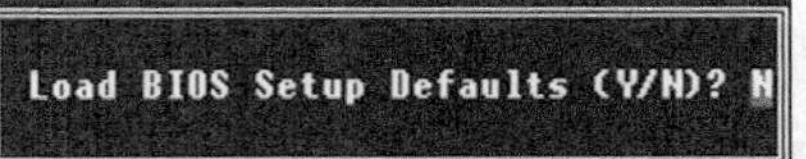

图 11-5　加载 BIOS 设置默认值界面

按 Y 键加载 BIOS 设定缺省值，可提供稳定的系统性能表现。

11.2.3　计算机启动顺序的设置

计算机要从光驱启动、从硬盘启动还是从软驱启动，这个问题需要在 BIOS 设置中解决。将光标移到主界面第二项“Advanced BIOS Features（高级 BIOS 特性设定）” 并按<Enter>键，就会见到启动顺序的设置界面，如图 11-6 所示。

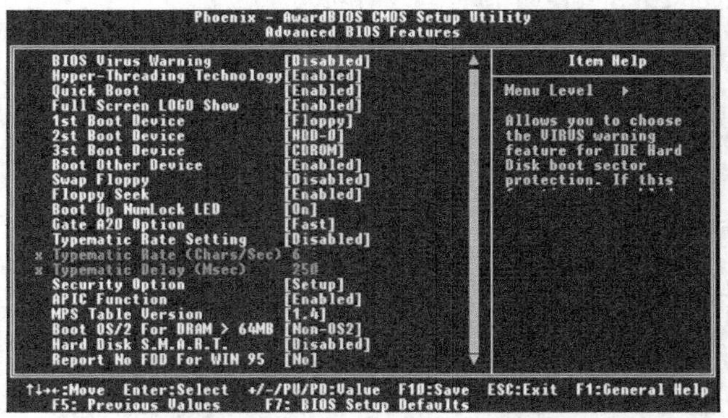

图 11-6　高级 BIOS 特性设置界面

1. 1st/2st/3st Boot Device（第一/第二/第三启动设备）

此项允许您设定 BIOS 载入操作系统的引导设备启动顺序，计算机首先从 1st Boot Device 选项的设备开始启动，如引导不成功则从 2st Boot Device 选项的设备启动，依此类推。一般在安装操作系统前大家将光驱设置为第一启动设备，操作系统完成后就改为硬盘启动，这样可以加快启动速度。主要设定值的含义如下所述。

Floppy 系统首先尝试从软盘驱动器引导

LS120 系统首先尝试从 LS120 设备引导

HDD-0 系统首先尝试从第一硬盘引导

SCSI 系统首先尝试从 SCSI 设备引导

CDROM 系统首先尝试从 CD-ROM 设备引导

HDD-2 系统首先尝试从第三硬盘引导

HDD-3 系统首先尝试从第四硬盘引导

ZIP100 系统首先尝试从 ATAPI ZIP 设备引导

USB-FDD 系统首先尝试从 USB FDD 设备引导

USB-ZIP 系统首先尝试从 USB ZIP 设备引导

USB-CDROM 系统首先尝试从 USB CD-ROM 设备引导

USB-HDD 系统首先尝试从 USB HDD 设备引导

LAN 系统首先尝试从 Network 设备引导

Disabled 禁用此次序

注意：根据您所安装的启动装置的不同，在“1st/2st/3st Boot Device”选项中所出现的可选设备也有相应的不同。

2. Boot Other Device（**从其他设备引导**）

将此项设定为 Enabled 时，允许系统在从第一/第二/第三设备引导失败后，尝试从其他设备引导。

11.2.4 管理员/用户密码的设置

在主界面选择“Supervisor password”或“User password”选项回车，图 11-7 所示信息将会出现在屏幕上。

Enter Password:

图 11-7 输入密码界面

输入密码，最多八个字符，然后按<Enter>键。现在输入的密码会清除所有以前输入的 CMOS 密码。再次被要求输入确认密码，再输入一次密码后按<Enter>键即可完成密码的设置。如果放弃则可以按<Esc>键，不用输入密码。

要清除密码，只要在弹出输入密码的窗口时按<Enter>键。屏幕会显示一条确认信息，是否禁用密码。一旦密码被禁用，系统重启后，不需要输入密码直接进入设定程序。

一旦使用密码功能，在每次进入 BIOS 设定程序前，被要求输入密码。这样可以避免任何未经授权的人改变系统的配置信息。

此外，启用系统密码功能，还可以使 BIOS 在每次系统引导前都要求输入密码。这样可以避免任何未经授权的人使用自己的计算机。用户可在高级 BIOS 特性设定中的 Security Option（安全选项）项设定启用此功能。如果 Security Option 设定为 System，系统引导和进入 BIOS 设定程序前都会要求密码。如果设定为 Setup 则仅在进入 BIOS 设定程序前要求密码。

注意：关于管理员密码和用户密码，Supervisor password 菜单项能进入并修改 BIOS 设程序。User password 菜单项只能进入，但无权修改 BIOS 设定程序。

11.3 BIOS 升级和常见错误分析

11.3.1 BIOS 升级

BIOS 的升级应注意以下几点。

（1）没出现硬件兼容性等问题时最好不要刷新 BIOS。

（2）确定要升级时，切记要到主板的官网下载，一定要选对主板型号、板本，否则可能出现不能开机的情况。

（3）一般下载到的 BIOS 文件包中都会有升级程序、BIOS 文件、更新及操作说明。如果没有，则在官网会有专门的升级程序下载以供使用。

（4）许多大品牌的主板另外出品了可在 WINDOWS 下刷新的升级程序，操作直观，不易出错。

（5）建议先学习相关知识，特别是刷新失败后的挽救措施。

11.3.2 BIOS 常见错误分析

（1）BIOS ROM checksum error–System halted（BIOS 信息在进行总和检查（checksum）时发现错误，因此无法开机）。

解析：遇到这种问题，通常是 BIOS 完全不能工作，一般是因为 BIOS 信息刷新不完全所造成的。

（2）CMOS battery failed（cmos 电池失效）。

解析：这表示 CMOS 电池的电力已经不足，请更换电池。

（3）CMOS checksum error–Defaults loaded（CMOS 执行整和检查时发现错误，因此载入预设的系统设定值）。

解析：通常发生这种状况都是因为电池电力不足所造成的，因此建议先换电源看看。如果此情形依然存在，那就有可能是 CMOS ram 有问题，而因为 CMOS ram 个人是无法维修的，所以建议送回原厂处理。

（4）Press ESC to skip memory test（在内存测试中，可按下<Esc>键略过）。

解析：如果你在 BIOS 内并没有设定快速测试的话，那么开机就会执行电脑零件的测试，如果你不想等待，可按<Esc>键略过或到 BIOS 内开启 quick power on self test 一劳永逸。

（5）Memory test fail（内存测试失败）。

解析：通常发生这种情形大概都是因为内存不兼容或故障所导致，所以请分批测试每一条内存，找出故障的内存，把它拿掉或送修即可。

（6）HARD DISK initizlizing（在对硬盘做启始化（initizlize）动作）。

解析：这种信息在较新的硬盘上根本看不到。但在较旧型的硬盘上，其动作因为较慢，所以就会看到这个信息。

（7）Hard disk install failure（硬盘安装失败）。

解析：遇到这种事，请先检查硬盘的电源线、硬盘线是否安装妥当？或者硬盘 jumper 是否设错？（例如两台都设为 master 或 slave。）

（8）Hard disk(s) diagnosis fail（执行硬盘诊断时发生错误）。

解析：这种信息通常代表硬盘本身故障，可以先把硬盘接到别的电脑上试试看，如果还是一样的问题，则代表硬盘有故障。

（9）primary master hard disk fail（post 侦测到 primary master IDE 硬盘有错误）。

解析：即主硬盘检测失败，看看 BIOS 设置是否正确，是否设置成了手动设置数值，如果是改成自动或者关闭就好了，看看跳线是否没接好引起的故障。主板电池放一下电，如果连接正常，则可能是硬盘出现故障。

（10）Secondary master hard disk fail（post 检测到第二主硬盘有错误）。

解析：根据错误信息检查一下，CMOS 设置，如没有从盘但在 CMOS 里设为有从盘，会出现错误，可以进入 COMS 设置选择 IDE HDD AUTO DETECTION 进行硬盘自动侦测。也可能是第二个口的主硬盘硬盘跳线设置不当如两台都设为 master 或 slave 或者其电源线、数据线未接好？最后将主板电池放一下电，如果连接正常，则可能是硬盘出现故障。

（11）Keyboard error or no keyboard present（此信息表示无法启动键盘）。

解析：检查看看键盘连接线有没有插好？把它插好即可。

（12）Press TAB to show POST screen（按 TAB 可以切换显示器显示）。

解析：有一些 OEM 厂商会以自己设计的显示画面来取代 BIOS 预设的 post 显示画面，而此讯息就是要告诉使用者可以按 tab 来把厂商的自定画面和 BIOS 预设的 post 画面来做切换。

（13）Override enable—Defaults loaded（目前的 CMOS 组态设定如果无法启动系统，则载入 BIOS 预设值以启动系统）。

解析：可能是在 BIOS 内的设置不当（如内存只能跑 pc100 但设置成 pc133），这时进入 BIOS 设定画面调用 Load BIOS Defauts 即可。

11.3.3 BIOS 密码遗忘的处理方法

开机口令遗忘将带来很大的不便，建议在牢记已设定口令的基础上再把它记录下来，但万一忘了怎么办？可以尝试用以下方法解除密码。

1．万能密码

各厂家生产的 BIOS 其密码设定均不是唯一的。用户设定的密码，万能密码均可打开锁定的计算机。生产 BIOS 的厂家不同，万能密码也不相同，尝试用厂家名称的简写或各个单词的第一字母组合的字符串，或许就是万能密码。

2．CMOS 放电

软件可实现对 CMOS ROM 的放电，达到解除 CMOS SETUP 口令的目的，具体是用 DEBUG 命令。更多的是采用硬件跳线对 CMOS BIOS 放电。绝大多数主板都是通过跳线对 CMOS 放电。不同的主板跳线短接脚均不同。在进行跳线短接放电时，必须先看主板说明书，然后再行动，若某些主板说明中没有标明 CMOS 放电跳线脚的情况，建议再查看主板上是否有“Exit Batter”，“Clean CMOS”，“CMOS ROM Reset”字样，如有则将 1，2 脚短接即可；如没有这些标志字样，则只有取下电池对 CMOS 进行放电了。

3. 求助厂商

打电话或上网向主板生产或销售商取得技术支持。

11.4 习题

1. 机器现另加一块网卡，如何屏蔽主板集成网卡，请给出解决方案。
2. 学校实验室禁止学生使用 USB 接口设备，如何禁止主板 USB 接口的使用。
3. 如何升级 BIOS，请给出详细的操作步骤及注意事项。

PART 12

第 12 章 硬盘的分区与格式化

12.1 概述

硬盘不同于一般的电脑产品，一块新硬盘是不能直接用来存储数据的，要想正常地使用，就必须对硬盘进行初始化，即必须经过分区和格式化才能存储数据。硬盘就相当于一张白纸，现在想利用白纸制作画报，就要将它分为若干个小块（分区），再分别在这些小块上打上格子（格式化）。这样在白纸上写字、排版就方便了，不仅版面整齐，而且能充分利用面积。同样的道理，硬盘的分区和格式化就是为了方便存储、管理数据而进行的。

计算机组装好之后，对 BIOS 进行设置后就要对硬盘进行初始化，然后才能安装操作系统和软件。硬盘初始化主要分三步：低级格式化、分区和高级格式化。而硬盘在出厂的时候已经对硬盘进行过低级格式化，所以，要做的就是进行分区和高级格式化。通常分区操作是将一块硬盘分成一个主分区和一个扩展分区，并在扩展分区分出若干逻辑分区。分区的重要点在于首先要确定分区的方案即要确定每个分区的大小，然后要选择合适的软件，然后进行分区和格式化操作。分区软件很多，功能也各有特色，但结果是相似的。

12.1.1 分区与文件系统的概念

1. 分区的概念

一台物理磁盘（Physical Disk）可以分割成一个逻辑磁盘，也可以分割成数个逻辑磁盘，依据需要来调整。分区后使用的 C:磁盘、D:磁盘，泛称为逻辑磁盘。

主分区（Primary Partition）是包含操作系统启动所必需的文件和数据的硬盘分区，系统启动时必须通过它才行。可见，要在硬盘上安装操作系统，则该硬盘至少有一个主分区。按照相关规范，一块硬盘最多可以建立 4 个主分区。但是这 4 个主分区只能有一个是活动的，因为主分区是引导系统的，故只能一个处于被激活的状态。激活的主分区就是活动分区。多个主分区的作用主要是可以安装多个操作系统，但是现在要安装多系统，可以通过系统自带的多系统引导程序来实现。因此，一般只划分一个主分区。在操作系统中一般的盘符为“C”。

扩展分区（Extended Partition）是相对主分区而言的，除主分区外，硬盘剩下的空间所建立起来的分区。扩展分区可以没有，最多 1 个。但它不能直接使用，必须再将它划分成若干逻辑分区才能使用。

一个硬盘可以有多个逻辑分区。如图 12-1 中在操作系统中可以看到的 D、E……等分区。

硬盘分区之后，会形成 3 种形式的分区状态。即主分区、扩展分区和非 DOS 分区。在硬盘中非 DOS 分区（Non-DOS Partition）是一种特殊的分区形式，它是将硬盘中的一块区域单独划分出来供另一个操作系统使用，对主分区的操作系统来讲，是一块被划分出去的存储空间。只有非 DOS 分区的操作系统才能管理和使用这块存储区域。

2．主引导记录

计算机启动 BIOS 阶段完成后，进入主引导记录（Master Boot Record）阶段。硬盘的 0 柱面、0 磁头、1 扇区称为主引导扇区（也叫主引导记录 MBR）。它由三个部分组成，主引导程序、硬盘分区表 DPT（Disk Partition Table）和硬盘有效标志（55AA）。在总共 512 字节的主引导扇区里主引导程序（Boot Loader）占 446 个字节，第二部分是 Partition Table 区（分区表），即 DPT，占 64 个字节，硬盘中分区有多少以及每一分区的大小都记在其中。第三部分是 Magicnumber，占 2 个字节，固定为 55AA，其结构如表 12-1 所示。

表 12-1　　主引导记录结构

偏移地址	功　能	组　成
0000 01BD	Master Boot Record 主分区记录（446 个字节容量）	主引导程序
01BE 01CD	分区信息 1（16 个字节容量）	硬盘分区表
01CE 01DD	分区信息 2（16 个字节容量）	
01DE 01ED	分区信息 3（16 个字节容量）	
01EE 01FD	分区信息 4（16 个字节容量）	
01FD	55	硬盘有效标志
01FF	aa	

一般将 MBR 分为广义和狭义两种：广义的 MBR 包含整个扇区（引导程序、分区表及分隔标识），也就是上面所说的主引导记录；而狭义的 MBR 仅指引导程序而言。

硬盘分区表（DPT）可以说是支持硬盘正常工作的骨架。操作系统正是通过它把硬盘划分为若干个分区，然后再在每个分区里面创建文件系统，写入数据文件。硬盘分区表如表 12-2 所示。

表 12-2　　硬盘分区表

偏移地址	字节	含　义
01BE	1	分区类型，80H 表示为活动分区，00H 表示为非活动分区
01BF～01C1	3	分区起始地址（磁头/扇区/柱面），通常第一分区开始于 1 磁头 0 柱面 1 扇区。因此三个字节应为 010100

续表

偏移地址	字节	含　义
01C2	1	分区文件系统标志，其值及含义主要有：00--未用分区，05--扩展分区，06--FAT16，07--NTFS，0B--FAT32
01C3～01C5	3	分区结束地址（磁头/扇区/柱面）
01C6～01C9	4	逻辑起始扇区号，表示分区起点之前已用了的扇区数
01CA～01CD	4	分区所占用的总扇区数
01CE～01CF	2	分区表的结束标志，其值为55AA

分区表只有四项，随着硬盘越来越大，四个主分区已经不够了，这就需要更多的分区。如何实现呢？这就得说扩展分区与逻辑分区了。硬盘中有且仅有一个区可以被定义成“扩展分区”（Extended Partition）。扩展分区又可分成多个区。这种分区里面的分区，就叫作“逻辑分区”（Logical Partition）。

计算机工作时先读取扩展分区的第一个扇区，叫做“扩展引导记录”（Extended Boot Record，EBR）。它里面也包含一张64字节的分区表，但是最多只有两项（也就是两个逻辑分区）。在第二个逻辑分区的第一个扇区的分区表中找到第三个逻辑分区的位置，以此类推。因此，扩展分区可以包含无数个逻辑分区。

3．硬盘启动阶段

执行MBR中的程序，在主分区表中搜索标志为活动的分区。将活动分区的第一个扇区读入内存。激活分区的第一个扇区，叫做“卷引导记录”（Volume Boot Record，VBR）。“卷引导记录”的主要作用是，告诉计算机，操作系统在这个分区里的位置。然后计算机就会加载操作系统了。

如果操作系统确实安装在扩展分区，一般采用启动管理器的方式启动。在这种情况下，计算机读取“主引导记录”前面446字节的机器码之后，不再把控制权转交给某一个分区，而是运行事先安装的“启动管理器”（Boot Loader），由用户选择启动哪一个操作系统。

4．文件系统

文件系统是操作系统用于明确磁盘或分区上的文件的方法和数据结构，即在磁盘上组织文件的方法。也指用于存储文件的磁盘或分区，或文件系统种类。

常用的分区格式有四种，分别是FAT16、FAT32、NTFS和Linux。

（1）FAT16。

FAT16是目前获得操作系统支持最多的一种磁盘分区格式，几乎所有的操作系统都支持，能支持最大为2GB的硬盘。它有一个最大的缺点：磁盘利用效率低，为了解决这个问题，微软公司在Windows 97中推出了一种全新的磁盘分区格式FAT32。

（2）FAT32。

FAT32格式采用32位的文件分配表，使其对磁盘的管理能力大大增强，突破了FAT16对每一个分区的容量只有2GB的限制。由于现在的硬盘生产成本下降，其容量越来越大，运用FAT32的分区格式后，可以将一个大硬盘定义成一个分区而不必分为几个分区使用，大大方便了对磁盘的管理。FAT32是目前应用很多的分区格式，支持的操作系统有Windows 97/98/Me/2000/XP，以及如今常用的Windows 7/Vista。

（3）NTFS。

NTFS 的优点是安全性和稳定性极其出色，在使用中不易产生文件碎片。它能对用户的操作进行记录，通过对用户权限进行非常严格的限制，使每个用户只能按照系统赋予的权限进行操作，充分保护了系统与数据的安全。支持的操作系统有 Windows NT/2000/XP/Windows 7/Vista。

（4）Linux。

Linux 操作系统，它的磁盘分区格式与其他操作系统完全不同，共有两种。一种是 Linux Native 主分区，一种是 Linux Swap 交换分区。这两种分区格式的安全性与稳定性极佳，结合 Linux 操作系统后，死机的情况大大减少。但是，目前支持这一分区格式的操作系统只有 Linux。

12.1.2 常用分区及格式化操作

新硬盘需要分区与格式化，这称为硬盘的初始化，然后才能谈到安装系统和应用程序。分区基本操作主要有建立、删除、隐藏、设置活动分区、格式化等实用操作。操作中要注意以下两点。

1．规划分区大小

规划好硬盘分成几个区及每一个区域的大小。

2．选取分区方案

根据操作要求，选取合适的方案执行操作。它主要包括磁盘分区工具的选取。

常见的磁盘分区工具有 Fdisk、SPFDisk、DiskGenius、PartitionMagic 等。

一般情况下使用 Fdisk、Format 两条 DOS 命令来完成操作，这种方法的好处是兼容性绝佳，但无论是 Fdisk，还是 Format，使用时都必须进入纯 DOS 模式才能执行相关的操作，而且又是全英文界面，执行时间也很长，使用起来颇有不便。

SPFDisk 中文界面操作较方便，SPFDisk 综合了硬盘分割工具（FDISK）及启动管理程序（Boot Manager）的软件。Partition Magic 最大的特点是允许在不损失硬盘中原有数据的前提下对硬盘进行重新设置分区、分区格式化以及复制、移动、格式转换和更改硬盘分区大小、隐藏硬盘分区以及多操作系统启动设置等操作。Disk Genius 以其操作直观简便的特点为电脑用户所喜爱，它是一款特别特别适合新手的硬盘分区格式化软件。

本书主要讲述 SPFDisk 及 DiskGenius 使用，并介绍 Partition Magic 调整分区大小及 Windows 7 自带的磁盘调整工具的使用。

12.2 使用 SPfdisk 分区及格式化硬盘

这里以 80GB 硬盘为例进行的分区，如图 12-1 所示，硬盘主要分为两个区，主分区和扩展分区，主分区一般用来安装操作系统，而扩展分区中必须创建逻辑驱动器才能使用，至于创建几个逻辑驱动器，每个驱动器大小是多少由用户自己按照需求来确定。确定分区方案为主分区容量为 20GB，其余为扩展分区，创建三个逻辑驱动器大小全部为 20GB。

使用 SPfdisk 软件进行硬盘分区的过程如下。

（1）用启动盘启动电脑，运行 SPfdisk 软件，进入分区软件运行界面，如图 12-2 所示，然后选择“硬盘分割工具”。

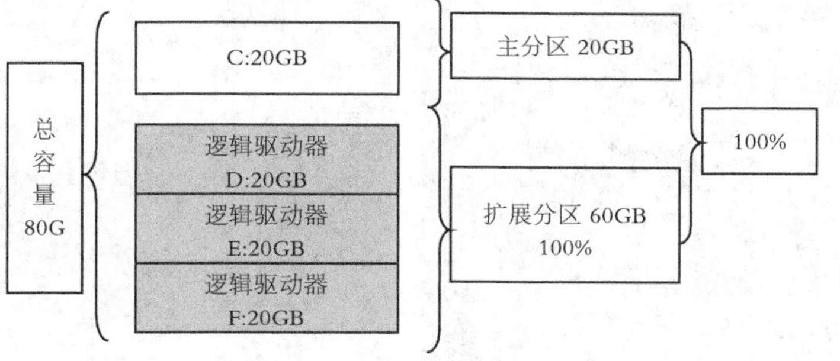

图 12-1 硬盘的分区示意图

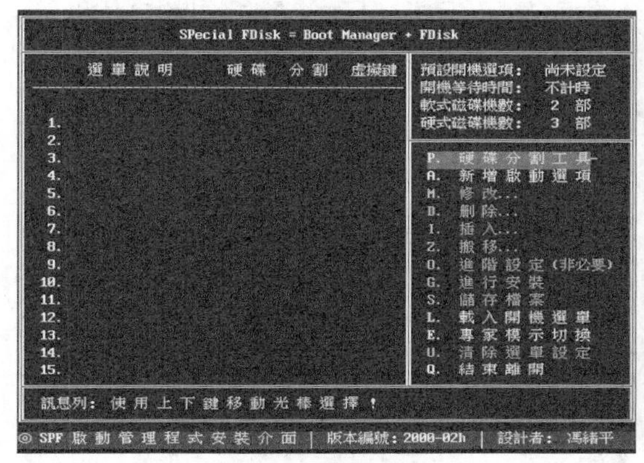

图 12-2 硬盘分割工具界面

图 12-3 分区硬盘选择

（2）选择未划分的硬盘。

（3）按回车进行分区，首先选择“建立分割”，然后选择“建立主分割”，这时出现一个对话窗口，询问是否配置整块区域，选择“否”，如图 12-4 所示。

图 12-4 建立主分区

（4）输入主分区的大小为（20000MB）20GB，如图 12-5 所示，回车确定，主分区创建完成，如图 12-6 所示。

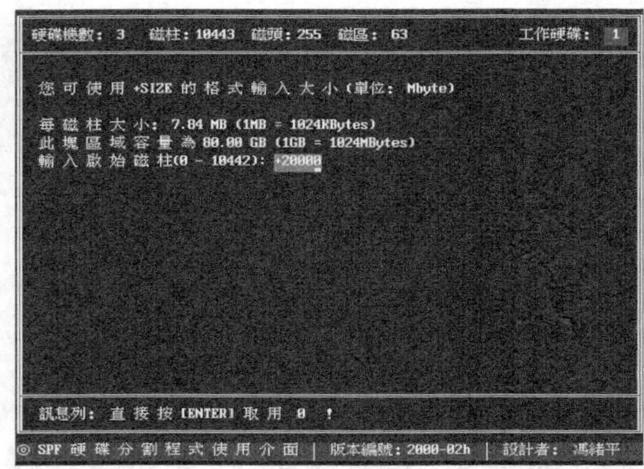

图 12-5 输入主分区大小

图 12-6 主分区创建完成

（5）选择剩余空间，选择“建立分割”，然后选择“建立扩充分割”创建扩展分区，将剩余空间全部分给扩展分区，在对话框理选择“是”，如图 12-7 及图 12-8 所示。

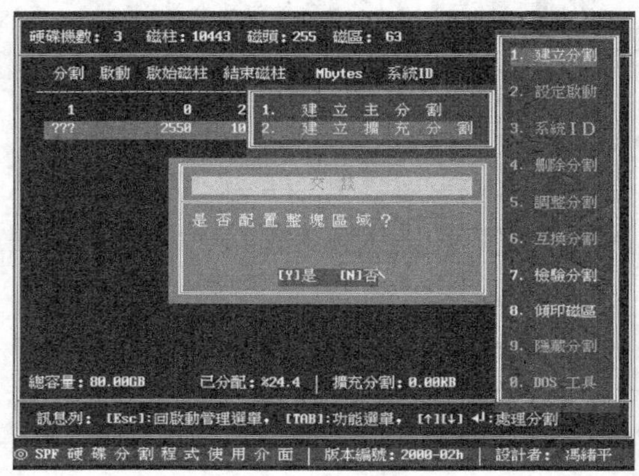

图 12-7 创建扩展分区

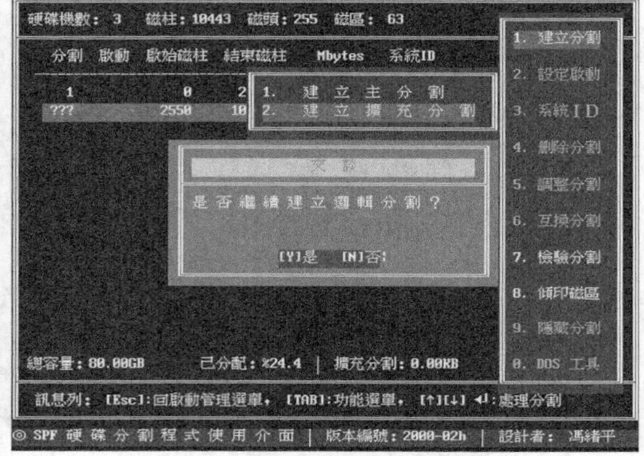

图 12-8 创建逻辑驱动器

（6）然后在扩展分区中创建逻辑驱动器，在对话框中选择“是”，本方案创建 3 个逻辑驱器、每个驱动器大小都为 20GB。

（7）激活主分区，如图 12-9 所示。

（8）存储分区，完成离开，分区完成，如图 12-10 所示。

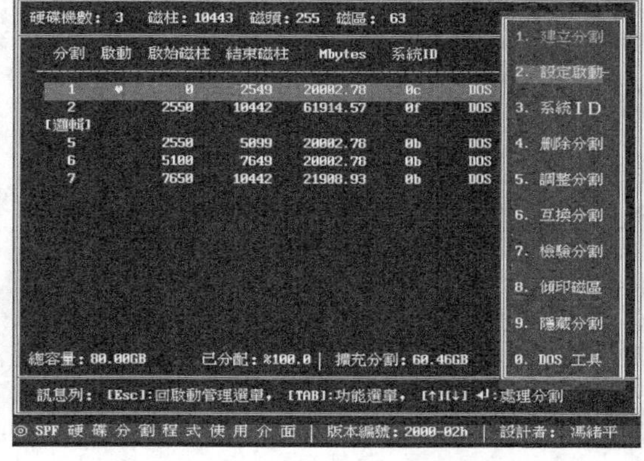

图 12-9 将主分区设为活动分区

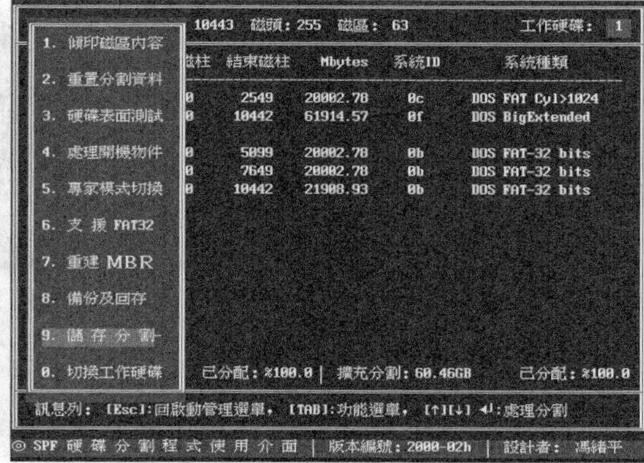

图 12-10 储存分区

12.3 使用 Disk Genius 分区及格式化硬盘

这里以 500GB 硬盘为例进行的分区，硬盘主要分为两个区，主分区和扩展分区，确定分区方案为主分区容量为 100GB，其余为扩展分区。

Disk Genius 与其他大多数分区软件相比最大的一个特点就是直观，一般从光盘启动，运行光盘中 Disk Genius 程序，其界面如图 12-11 所示，整个灰色的柱状的硬盘空间显示条表示硬盘上没有任何的分区。

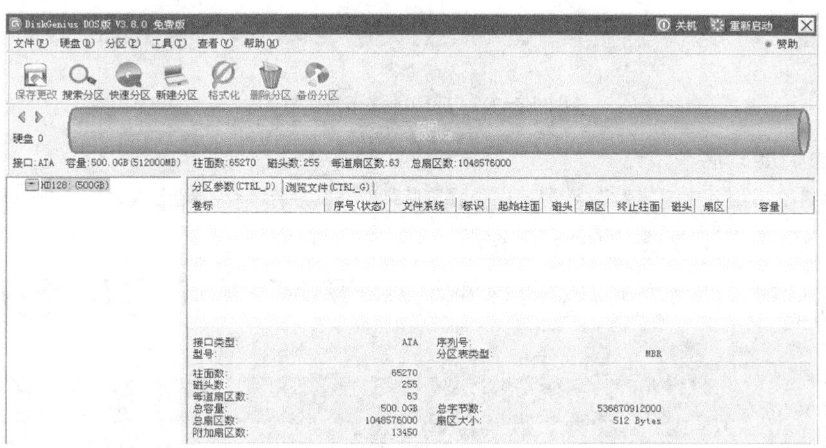

图 12-11 Disk Genius 启动界面

1．创建主分区

选中柱状图中的灰色区域，按回车键或者执行“分区→新建分区”命令，按照提示输入新分区的大小 100GB，选择分区类型为 NTFS，按回车确认就可以了，如图 12-12 所示。

图 12-12 建立新分区对话框

创建成功后相应的区域会改变为深红色，如图 12-13 所示。

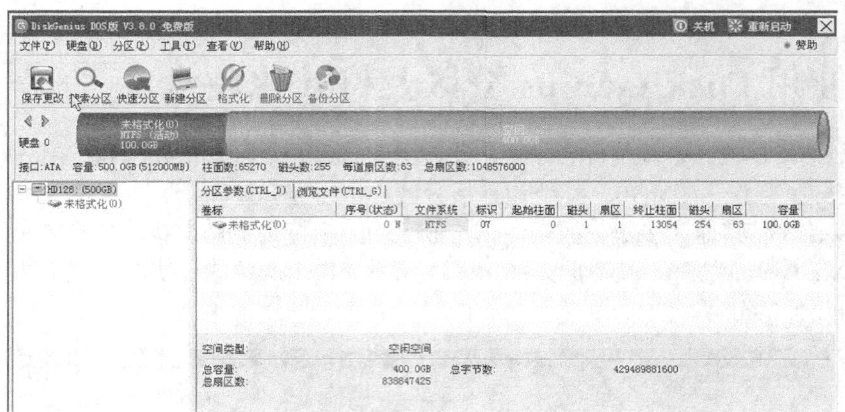

图 12-13　成功创建主分区界面

2．创建扩展分区

执行“分区→建扩展分区”命令，步骤同创建主分区，按照提示输入新分区的大小 400GB，按回车确认就可以了，如图 12-14 所示。

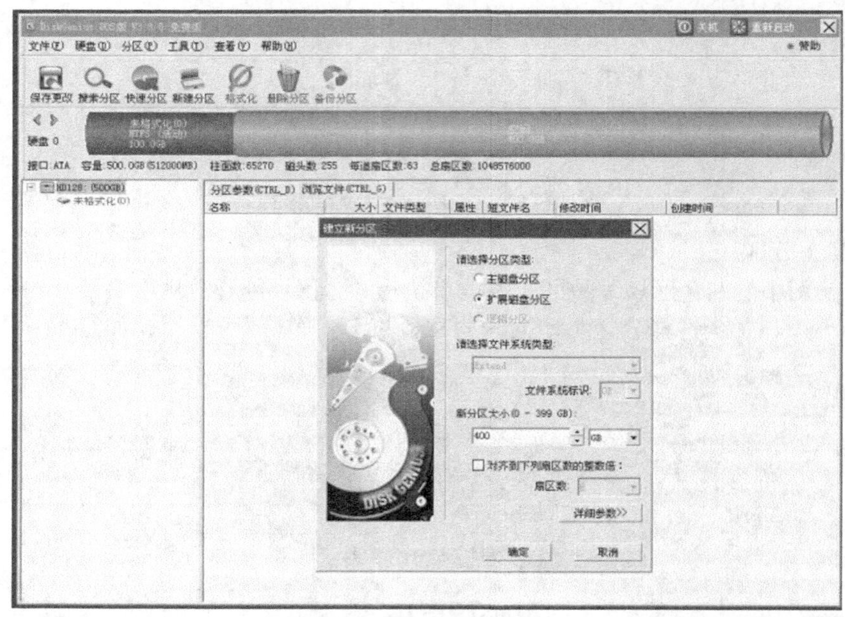

图 12-14　创建扩展分区

创建扩展分区后这块区域将变为绿色，同时会显示左下方显示扩展分区字样，如图 12-15 所示。在此位置根据需要建立一个或多个逻辑分区。

3．保存分区信息

执行“文件→存盘”，Disk Genius 提示将更新硬盘分区表。如果不存盘，所有操作只是记录在了内存里；只有执行了存盘命令后，操作才会真正生效，如图 12-16 所示。如果你由于某些原因需要撤消上一步操作，可以通过“硬盘→回溯”命令恢复最近一次的写盘操作。

4．格式化分区

选择柱状图中的主分区，执行“分区→格式化分区”命令，弹出格式化对话框，输入卷标 sys，执行“格式化”命令，确认后执行，如图 12-17 所示。

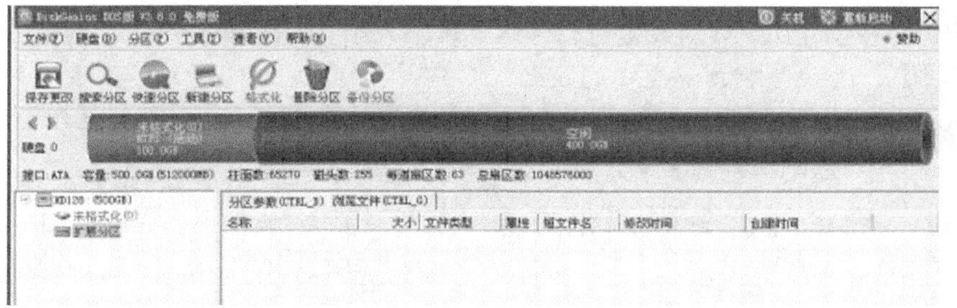

图 12-15　成功创建扩展分区

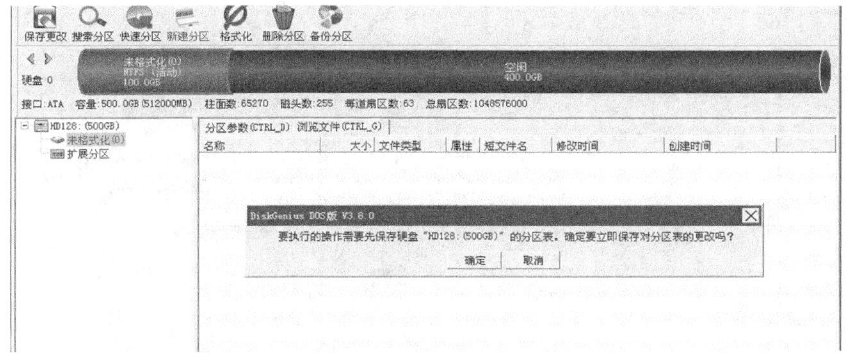

图 12-16　保存分区信息

图 12-17　格式化分区

分区表的恢复与备份操作方法类似，并且都有中文提示，比较简单。

12.4　使用 Partition Magic 调整分区

Partition Magic（分区魔术师）是一款由诺顿公司出品的磁盘分区管理软件。Partition Magic（简写 PM）能在 Windows 界面中非常直观地显示磁盘分区信息并且能对磁盘进项各种操作。

PM 最大的优点在于，用 PM 对硬盘进行分区、调整大小、转换分区格式时，相关操作都是所谓“无损操作”，不会影响到磁盘中的数据。

PartitionMagic 可以建立、删除、格式化、合并及调整分区，其调整分区可谓是相当有特色，以调整分区为例阐述。

12.4.1 确定硬盘分区调整方案

在使用过程中发现逻辑盘 E：的空间不够，要将逻辑盘 F：中划分 10GB 给 E：。

12.4.2 用 Partition Magic 软件进行分区调整

（1）首先启动 PM 后，分区情况如图 12-18 所示。

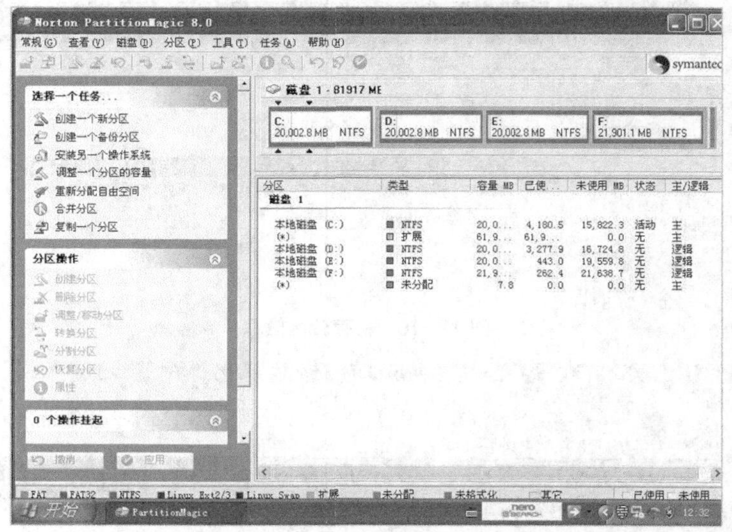

图 12-18　当前硬盘分区信息

（2）在 F：上右击鼠标，选择第一项“调整容量/移动”菜单项，如图 12-19 所示，则弹出“调整容量/移动分区”对话框。

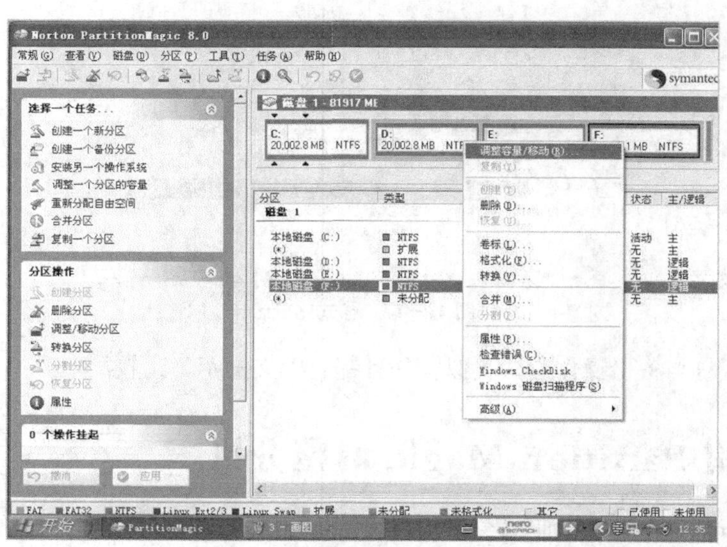

图 12-19　调整分区容量

（3）拖曳滑块到指定大小的位置处，单击“确定”按钮。如图 12-20 所示。

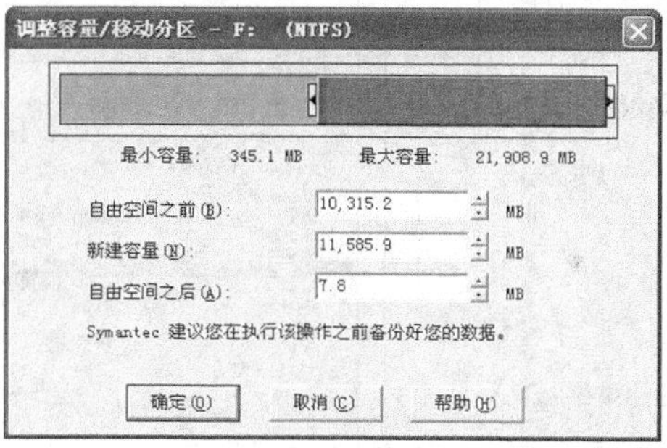

调整容量/移动分区 － F: (NTFS)
最小容量: 345.1 MB
最大容量: 21,908.9 MB
自由空间之前 (B): 10,315.2 MB
新建容量 (N): 11,585.9 MB
自由空间之后 (A): 7.8 MB
Symantec 建议您在执行该操作之前备份好您的数据。
确定 (O)
取消 (C)
帮助 (H)

图 12-20 拖曳滑块

（4）然后出现了一块未分配的自由空间，可以将它划分给 E:，如图 12-21 所示。

Norton PartitionMagic 8.0
常规(G) 查看(V) 磁盘(D) 分区(P) 工具(T) 任务(A) 帮助(H)
symantec.
选择一个任务...
创建一个新分区
创建一个备份分区
安装另一个操作系统
调整一个分区的容量
重新分配自由空间
合并分区
复制一个分区
分区操作
创建分区
删除分区
调整/移动分区
转换分区
分割分区
恢复分区
属性
1 个操作挂起
撤消
应用
磁盘 1 - 81917 MB
C: 20,002.8 MB NTFS
D: 20,002.8 MB NTFS
E: 20,002.8 MB NTFS
未分配
F: 11,585.9 MB
分区
类型
容量 MB
已使...
未使用 MB
状态
主/逻辑
开始

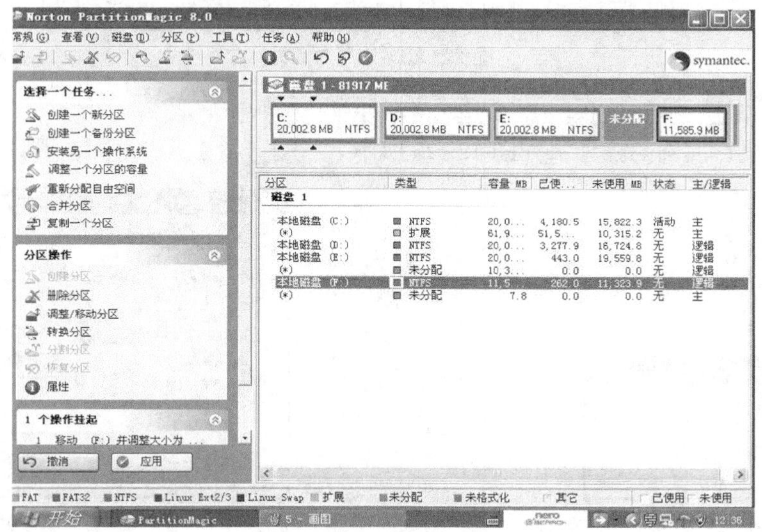

图 12-21 未分配空间

（5）在 E: 上右击鼠标，选择“调整分区容量”菜单项，拖动滑块至最右端。如图 12-22 所示，然后单击“确定”按钮。

调整容量/移动分区 － E: (NTFS)
最小容量: 541.2 MB
最大容量: 30,318.0 MB
自由空间之前 (B): 0.0 MB
新建容量 (N): 28,631.4 MB
自由空间之后 (A): 1,686.5 MB
Symantec 建议您在执行该操作之前备份好您的数据。
确定 (O)
取消 (C)
帮助 (H)

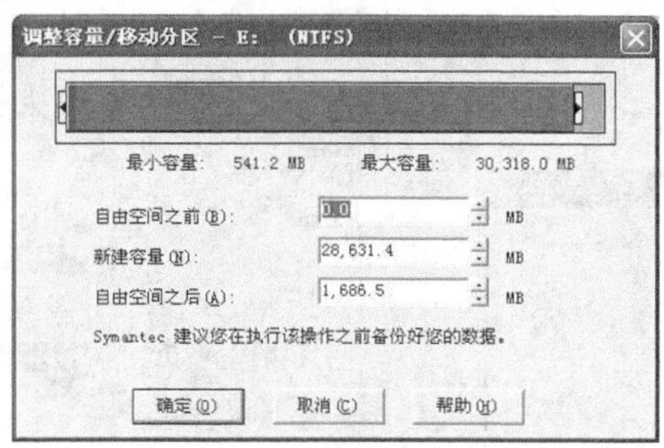

图 12-22 分区空间调整

（6）前面所做的划分并没有真正的执行，下面是最重要的一步，单击“应用”按钮。如图 12-23 所示。

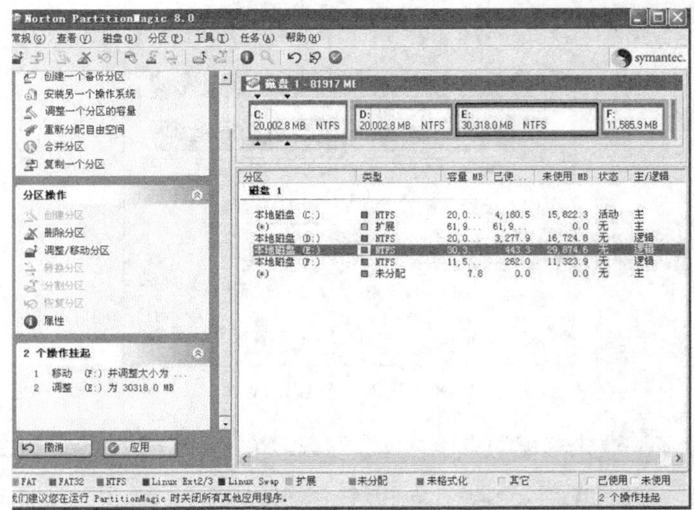

图 12-23　应用对话框

（7）单击“是”按钮确认，如图 12-24 所示。

（8）开始执行前面的操作。如图 12-25 所示。

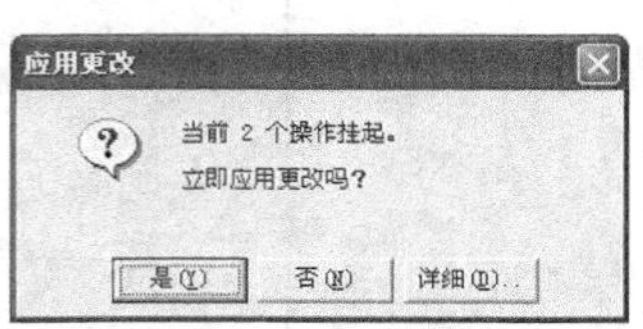

图 12-24　应用更改

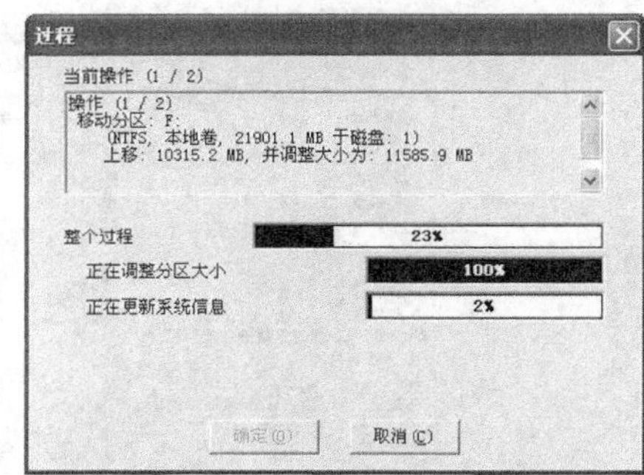

图 12-25　执行过程

（9）单击“确定”按钮，所有操作完成，如图 12-26 所示。

（10）分区大小调整完成，如图 12-27 所示。

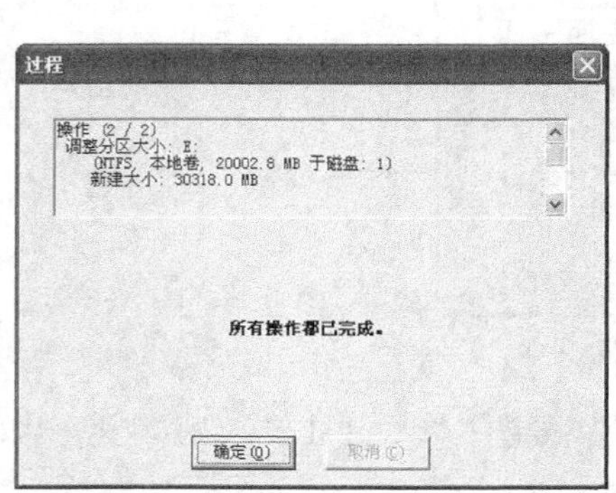

图 12-26　完成

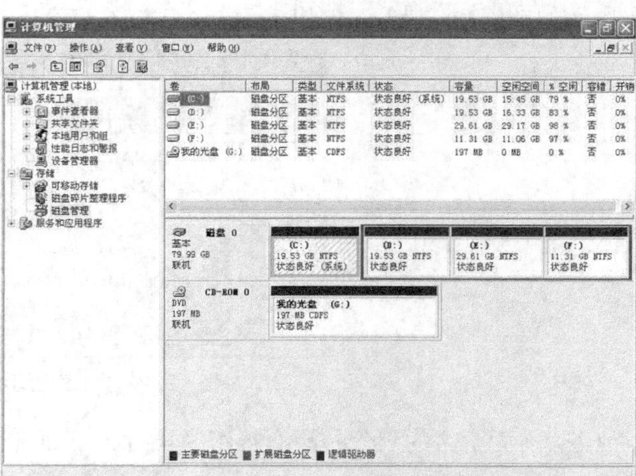

图 12-27　调整后的分区

需要注意的是，虽然 Partition Magic 能够无损调整分区容量、格式，但为了数据的安全，建议在操作前对重要的数据进行备份，以免造成数据的丢失。在使用 Partition Magic 过程中不要退出系统或关机以及断电，这样会造成分区中的数据丢失，严重时甚至会造成硬盘的物理损坏。

12.5 使用 Windows 7 磁盘管理工具调整分区

购买预装有 Windows 7 系统的电脑，无需安装即可直接享用正版 Windows 7，确实方便，不过现成 Windows 7 电脑的硬盘分区未必符合用户的个性需求，一般用户只有一个很大的磁盘，由于厂商方为了便维护，对启动作了特殊设置，外设启动对硬盘往往不能有效地操作。这时 Windows 7 系统自带有磁盘管理工具，可以轻松简单地完成分区操作。最常见的应用就是将空间过大的分区一分为二，下面讲述具体的操作方法和步骤。

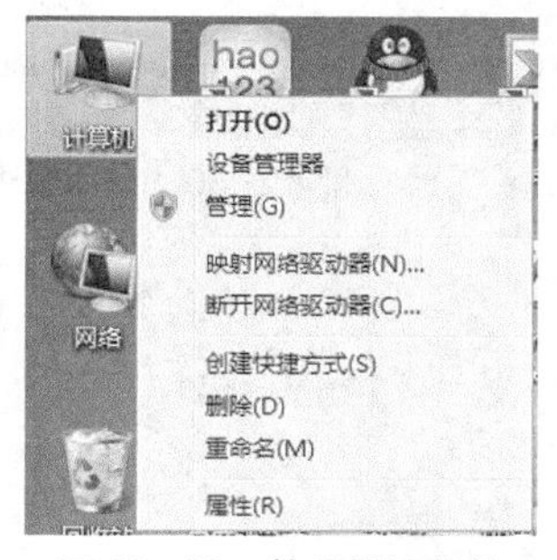

图 12-28 管理快捷菜单

单击 Windows 7 桌面左下角圆形开始按钮，然后用鼠标右键点击“计算机”，从下拉菜单选择“管理”，打开“计算机管理”窗口，如图 12-28 所示。

在 Windows 7 系统“计算机管理”窗口中单击“存储”下面的“磁盘管理”，窗口右边显示出当前 Windows 7 系统的磁盘分区现状，包含不同分区的卷标、布局、类型、文件系统、状态等等，如图 12-29 所示。

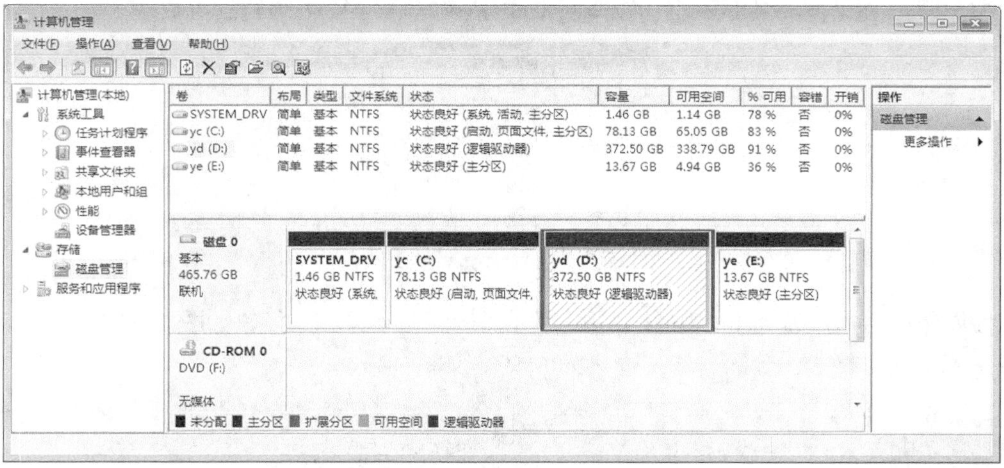

图 12-29 磁盘管理界面

现在我们希望将 D 盘“数据”分成两个区，可以这样操作。

右键单击选择要压缩的 D 盘分区，从右键菜单中选择“压缩卷”，如图 12-30 所示。

在“输入压缩空间量（MB）”里填写需要新开分区的空间数量，比如这里我们需要 100GB，把结果数字填写进去，如图 12-31 所示。

填写完毕后，单击“压缩”按钮，Windows 7 系统便开始自动分配磁盘，分配完毕后我们会看到一块标示为绿色的新磁盘空间，如图 12-32 所示。

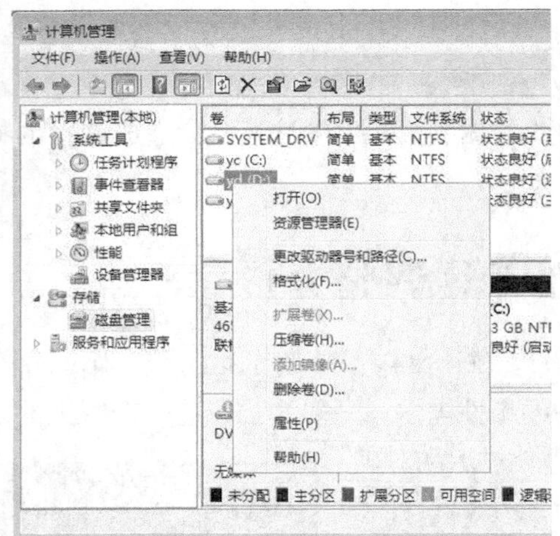

图 12-30　压缩卷快捷菜单

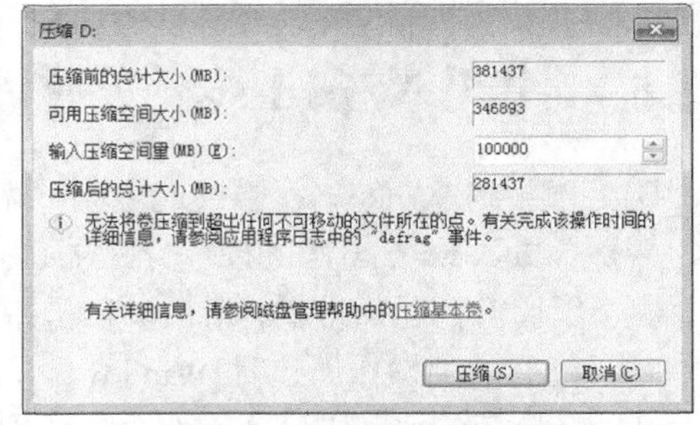

图 12-31　设置新分区空间大小

图 12-32　分配新分区

分配好新分区空间后，还需要将这个空间变成真正的 Windows 7 分区。右键单击这个绿色的新空间，从弹出菜单中选择"新建简单卷"，如图 12-33 所示。

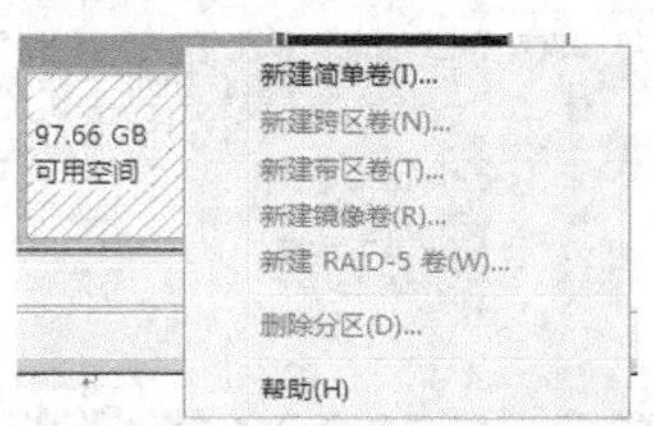

图 12-33　新建简单卷

按操作提示指定卷大小，如图 12-34 所示。分配驱动号和路径，如图 12-35 所示。选择文件系统格式、格式化分区，输入卷标为 MSC，如图 12-36 所示。

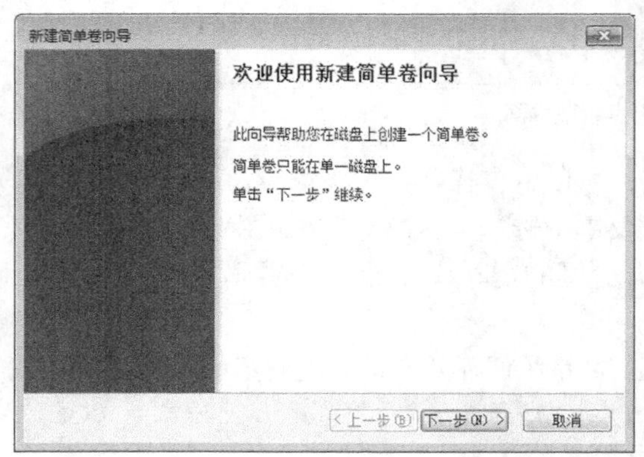

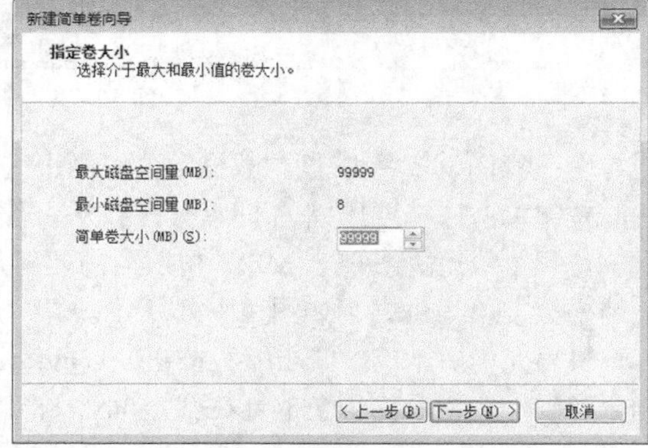

图 12-34　指定卷大小

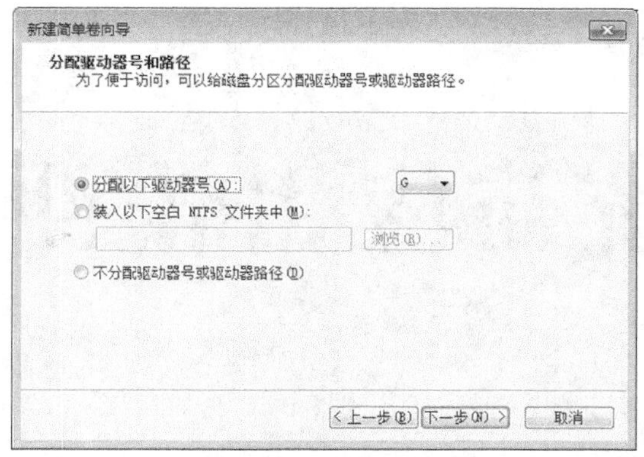

图 12-35 分配驱动号和路径

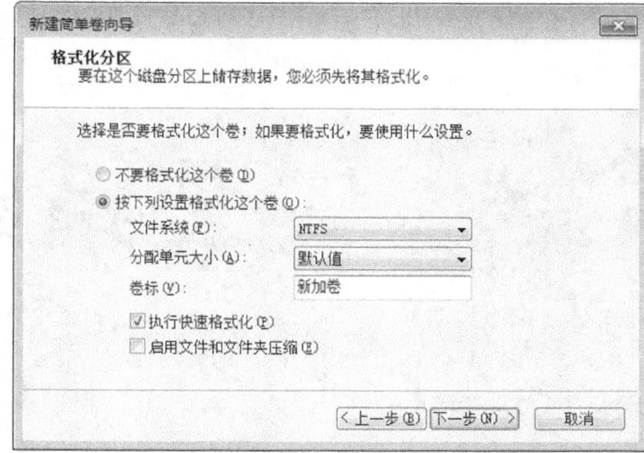

图 12-36 选择文件系统格式

设置完毕后 Windows 7 系统会在“新建简单卷向导”给出完整的新磁盘分区信息，确认无误后，单击“完成”按钮，如图 12-37 所示。

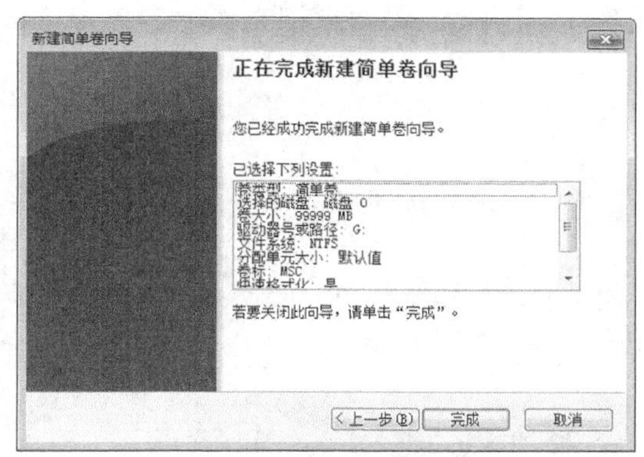

图 12-37 新分区信息

现在在 Windows 7 系统中成功分割和创建了一个 100GB 的新分区“MSC”(G:)，如图 12-38 所示。

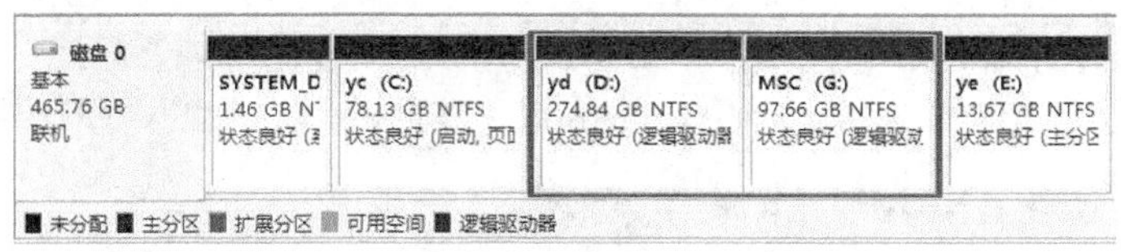

图 12-38 新分区成功创建

12.6 习题

1. 硬盘有哪些分区?
2. 简述分区格式及特点。
3. 常用分区工具有哪些?
4. 简述格式化类型及作用。
5. 如何实现分区调整?
6. 分区调整操作注意要点有哪些?

PART 13 第 13 章 安装系统与应用软件

13.1 操作系统概述

硬盘分区并格式化后，计算机仍然不能正常启动，需要进入启动的第四个阶段即操作系统阶段，安装系统软件。这样，操作系统的内核才能被载入内存，控制权才能转交给操作系统。

操作系统是计算机最重要的系统软件，它是计算机工作的平台，其他所有软件都要运行在这个平台之上。

PC 常见操作系统有 Windows（XP，Vista，Server，Windows 7 等），苹果 MAC，Linux，UNIX 等。

目前个人用户主要使用的操作系统是 Windows 7。本章以目前常用的 Windows 7 操作系统为例，介绍系统安装的具体操作步骤。

13.2 Windows 7 的安装

Windows 7 是在 Windows Vista 的基础上构造的，采用了 Windows Vista 的所有优点。Windows 7 界面的响应速度更快，可以方便地访问最常用的文件，同时新增更快捷的方式来管理多个打开的窗口。使用 Windows 搜索可方便地定位和打开电脑上的几乎任何文件，包括文档、电子邮件和音乐等。Windows 7 更可靠，它们非常安全，而且用户可以对它们的安全设置和警报数目进行更多的控制，从而使所遇到的中断次数变少。

13.2.1 Windows 7 的系统要求

下面是安装 Windows 7 时推荐的最低硬件配置。

表 13-1　Windows 7 硬件配置

硬件配置	推荐配置
处理器	1 GHz 32 位或 64 位处理器
内存	推荐使用 1 GB 系统 RAM
磁盘空间	16 GB 可用磁盘空间
显示适配器	支持 DirectX 9 图形，具有 128 MB 显存（为了支持 Aero 主题）
光驱动器	DVD-R/W 驱动器
Internet 连接	访问 Internet 以获取更新

13.2.2 Windows 7 的版本

Microsoft 的 Windows 7 包含 6 个版本，分别为 Windows 7 Starter（初级版）、Windows 7 Home Basic（家庭普通版）、Windows 7 Home Premium（家庭高级版）、Windows 7 Professional（专业版）、Windows 7 Enterprise（企业版）以及 Windows7 Ultimate（旗舰版），如图 13-1 所示。

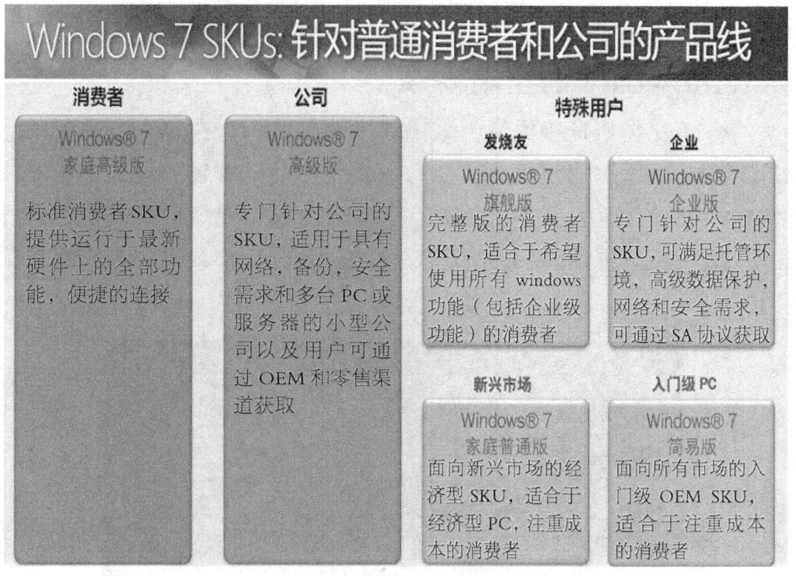

图 13-1 Windows 7 版本

注意：在这六个版本中，Windows 7 家庭高级版和 Windows 7 专业版是两大主力版本，前者面向家庭用户，后者针对商业用户。此外，32 位版本和 64 位版本没有外观或功能上的区别，但 64 位版本支持 16GB（最高至 192GB）内存，而 32 位版本只能支持最大 4GB 内存。目前所有新的和较新的 CPU 都是 64 位兼容的，均可使用 64 位版本。

13.2.3 Windows 7 的安装方式

Windows 7 安装方法如表 13-2 所示。

表 13-2 Windows 7 安装方式

方　法	说　明
升级安装	要安装 Windows 7 并保留您当前的应用程序、用户账户、用户配置文件数据和设置，可以使用此方法
全新安装	安装 Windows 7 但不保留设置时可以使用此方法，例如在新计算机上安装，无法从当前操作系统版本进行升级，或者当前安装存在问题
联机安装程序包	Microsoft 在某些地区提供了从 Microsoft 商店购买 Windows 的选项。当您联机购买 Windows 时，将提供一个用于下载安装文件的选项。该文件就是联机安装程序包
OEM 映像	许多品牌计算机都使用此安装方法。此安装方法可能包括由 OEM 预安装的其他非 Windows 软件，例如可能包括安全软件或其他程序

续表

方　法	说　明
公司部署	这是一些公司通过网络或通过自动化方式安装 Windows 所使用的方法，这样不需要每个用户都执行与安装相关的任务
Windows Anytime Upgrade	此方法用于从 Windows 7 的一个版本升级到更高版本

13.2.4 Windwos 7 的全新安装

Windows 7 的全新安装与升级类似，采用的步骤和结构与在 Windows Vista 安装程序中使用的相同。本节以 Windows 7 旗舰版 32 位为例，介绍全新安装。

首先要对 BIOS 进行合理的设置。主要有启动项设置与硬盘模式设置。系统安装成功后，一般设置 HDD 作第一启动设备。安装系统则是根据需求，大都数设置为光驱作第一启动设备，设置界面如图 13-2 所示。

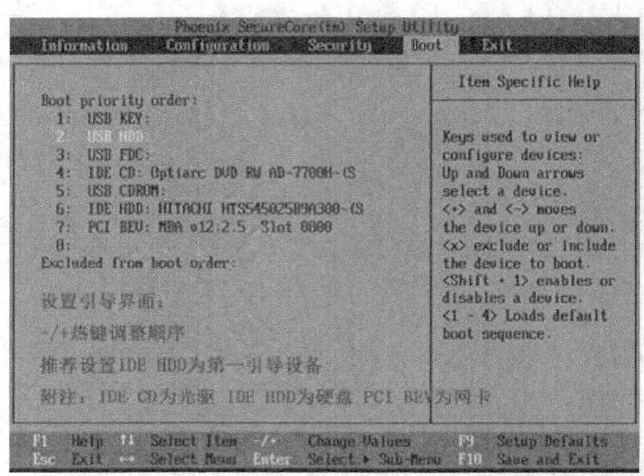

图 13-2　启动设置

硬盘模式主要有以下几种。

（1）Disabled 禁用 SATA 设备，默认值。在使用 SATA 硬盘时要开启这一项。

（2）Auto，由 BIOS 自动侦测存在的 SATA 设备。

（3）Conbined Mode，SATA 硬盘被映射到 IDE1 或 IDE2 口，模拟为 IDE 设置，此时要在"Serial ATA Port0/1 Mode"中选定一个位置启用 SATA 设备；最多同时使用 2 个 SATA 及 2 个 PATA 设备。

（4）Enhanced Mode，允许使用所有连接的 IDE 和 SATA 设备，最多支持 6 个 ATA 设备，要在"Serial ATA Port0/1 Mode"中设定一个 SATA 设备作为主 SATA 设备。

（5）SATA Only，只能使用 SATA 设备。

在多数情况下，选择"Enhanced"模式可获得最佳的性能和扩展性，但对于老版本操作系统及部分 DOS 模式下运行的软件（如旧版 GHOST）等，却有可能出现兼容问题，最好使用"AUTO"模式交由 BIOS 自动设置。

使用中不少计算机上没有这么多模式选项，一般会标有 AHCI、Compatible 或是 IDE 模式。AHCI 其实就是 SATA 模式，IDE 就是工作在普通模式。

BIOS 硬盘模式设置界面如图 13-3 所示。

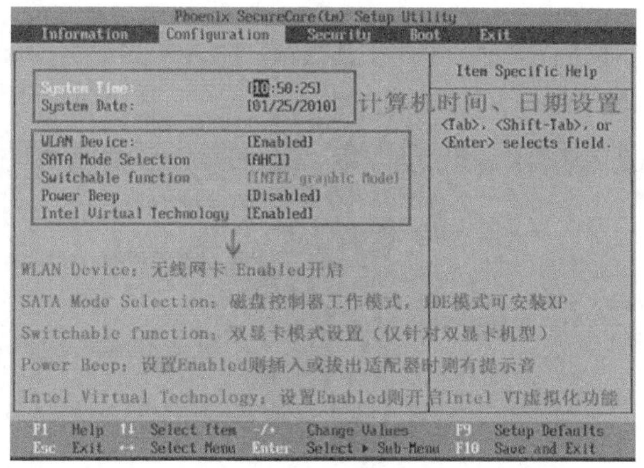

图 13-3 硬盘模式设置

1．启动安装程序

这里设置第一启动设备为光驱，将 Windows 7 系统盘插入光驱，出现安装的第一步是“按任意键从 CD 或 DVD 启动”，如图 13-4 所示。如图 13-5 所示，WinPE 开始加载，并显示“Windows 正在加载文件”进度指示器。

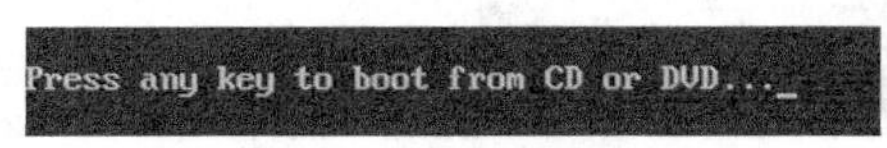

图 13-4 光盘启动界面

图 13-5 加载文件

2．系统安装设置

文件加载完成后，接下来是“正在启动 Windows”图像。安装程序成功启动，第一个用户界面是语言选择，如图 13-6 所示。正确设置后，单击“下一步”按钮，继续安装。

注意：两个选项是“现在安装”及“修复计算机”。“现在安装”选项将使用第 2 阶段中启动的日志启动 setup.exe。“修复计算机”选项将启动 WinRE。

单击“现在安装”按钮，如图 13-7 所示。

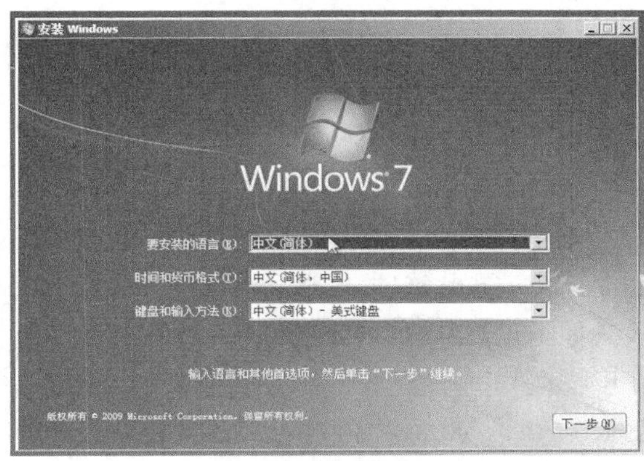

图 13-6 选择安装选项

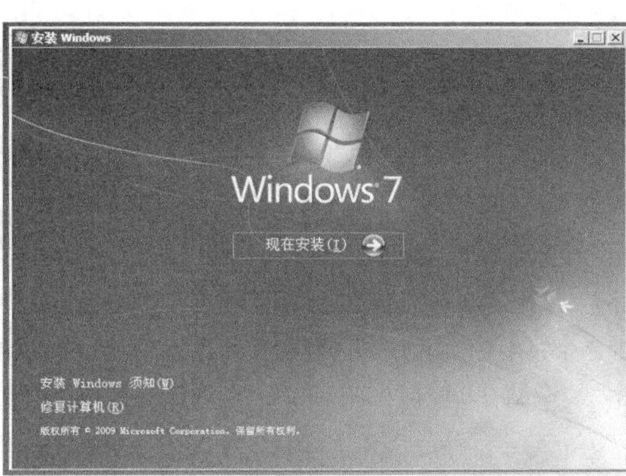

图 13-7 “现在安装”界面

将显示“安装程序正在启动”消息，指示已启动 setup.exe。一段时间后显示“请阅读许可条款”，如图 13-8 所示。在此需选中“我接受许可条款”，单击“下一步”按钮，继续安装。

下一步是询问“您想进行何种类型的安装”，通过 DVD 启动执行全新安装的示例继续按照“自定义（高级）”途径执行，如图 13-9 所示。

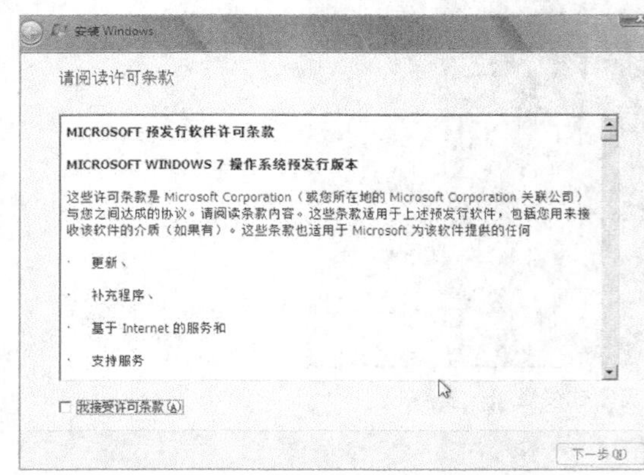

图 13-8 许可条款

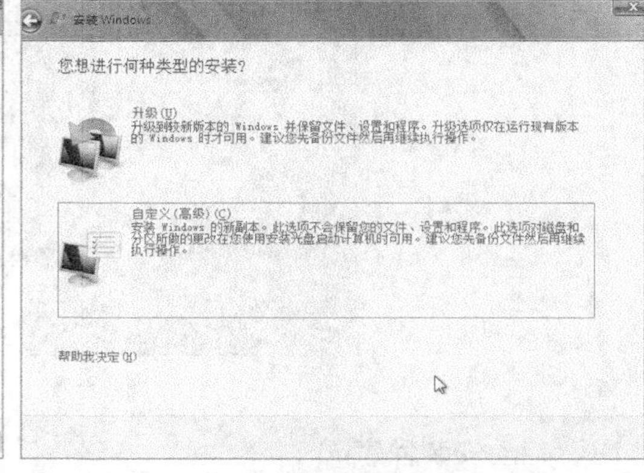

图 13-9 安装的类型

下一步是“您想将 Windows 安装在何处？”。在此步骤中将选择目标磁盘或分区，如图 13-10 所示。在具有单个空硬盘驱动器的计算机上只需单击“下一步”执行默认安装即可。安装程序将创建一个 100 MB 的系统分区，并将其余的磁盘空间分配给 Windows 分区。

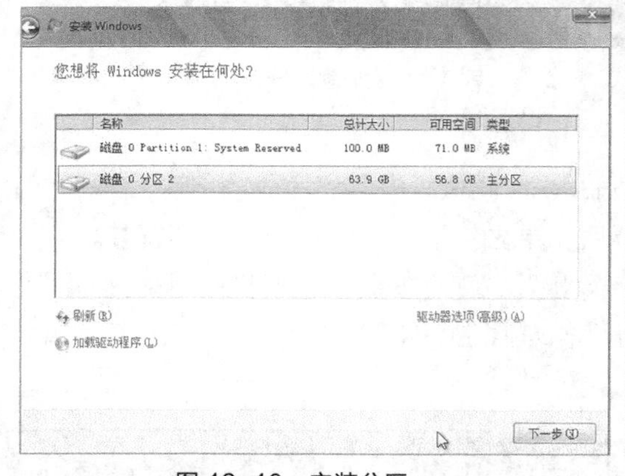

图 13-10 安装分区

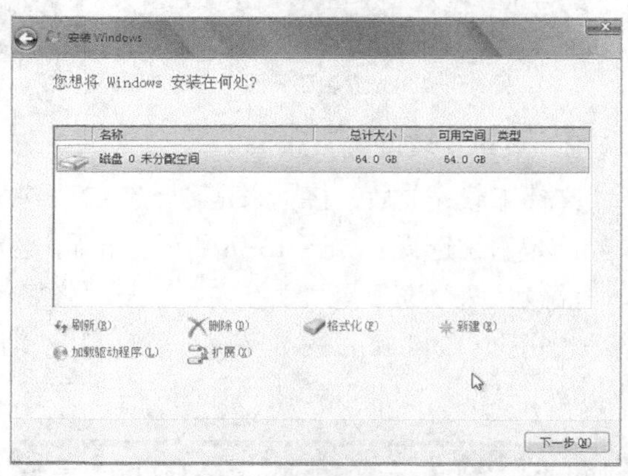

图 13-11 设置分区

在此步骤中有三个主要选项。“刷新”选项应用于应该显示的驱动器没有列出的情况，单击此选项将刷新此视图。如果在安装程序外部配置磁盘（如通过 Shift+F10 和 Diskpart.exe），也可以使用此选项。“加载驱动程序” 选项应用于将在可移动介质中查找存储控制器驱动程序。如果有一个随机驱动程序不支持的磁盘控制器，将需要此选项。“驱动器选项（高级）选项”应用于需要配置分区，单击此选项可以查看其他驱动器和分区管理选项。如图 13-11 所示，单击“驱动器选项（高级）”链接将新增如下所示选项。“删除”表示此选项可以删除一个分区。“扩展”表示此选项可将一个分区扩展到驱动器上的未分配空间。“格式化”表示此选项可格式化某个分区。“新建”表示此选项可在未分配空间中创建一个分区。

在选择安装程序的目标位置之后，安装程序将继续执行“复制 Windows 文件”步骤，如图 13-12 所示。此界面中的前 4 个步骤在首次重新启动之前完成。这些步骤是复制 Windows 文件，展开 Windows 文件，安装功能，安装更新。在这 4 个步骤全部完成后，将自动重新启动。在下一次重新启动时，将出现“安装程序正在为首次使用计算机做准备”屏幕，如图 13-13 所示。

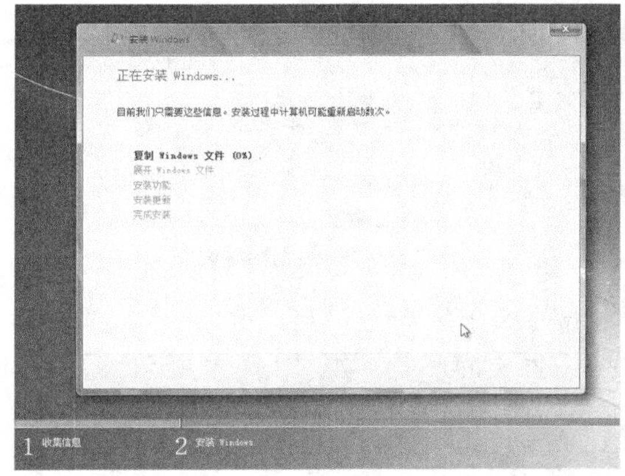

图 13-12 复制文件

图 13-13 首次使用计算机准备界面

3．用户信息设置

“欢迎使用 Windows”中的第一步是输入用户和计算机名称，如图 13-14 所示。接下来是输入密码，如图 13-15 所示。

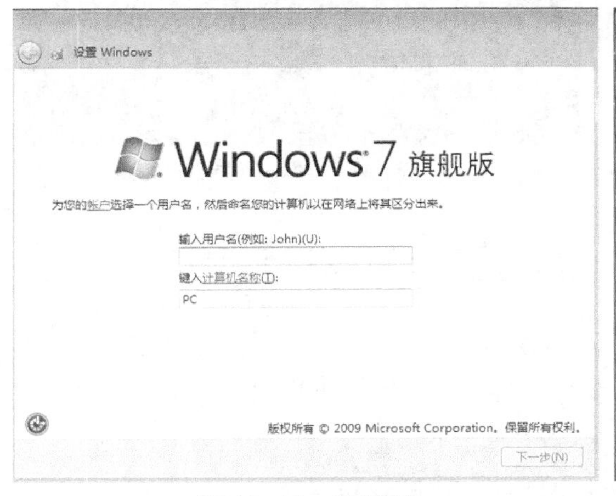

图 13-14 用户设置

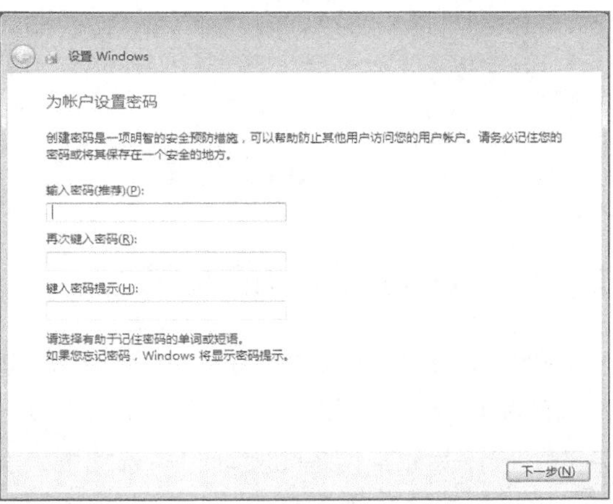

图 13-15 账户密码设置

下一步是“键入您的 Windows 产品密钥”，如图 13-16 所示。此步骤还提供了一个配置激活行为的选项，这与 Windows Vista 安装程序中提供的一样。注意，该步骤已移动到 Windows 7 安装程序中的“欢迎使用 Windows”（使用 OEM 版介质安装 Windows 7 将不会出现此界面）。“帮助自动保护计算机以及提高 Windows 的性能”。下一步建议用户选择“使用推荐设置”，如图 13-17 所示。

“复查时间和日期设置”步骤仅在全新安装中显示。接下来是新的“加入无线网络”步骤，可以通过此步骤连接到无线网络。注意，此步骤是可选的。

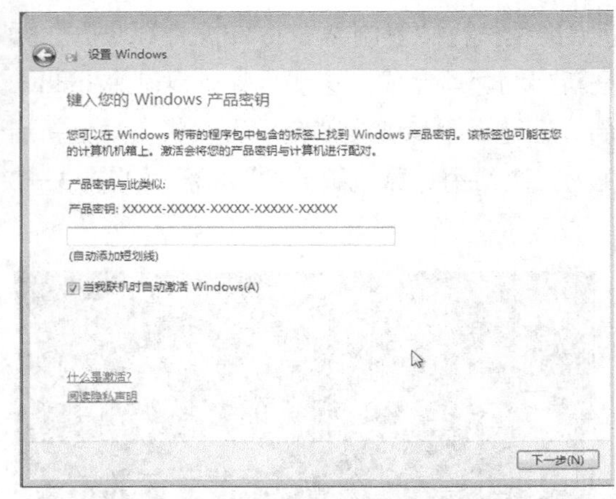

图 13-16　Windows 产品密钥

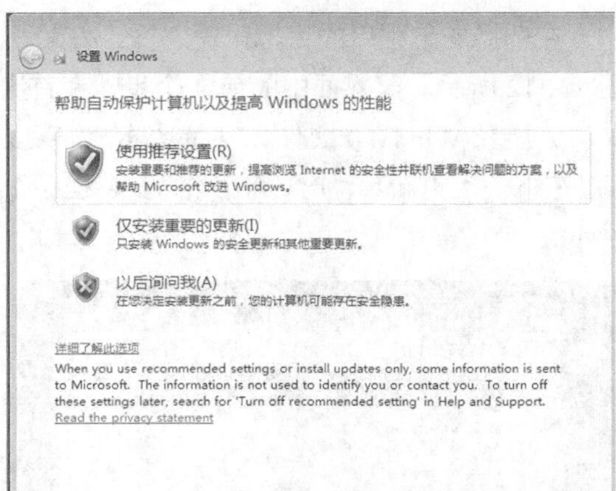

图 13-17　使用推荐设置

如果安装程序这时检测到活动网络连接（无论是有线还是无线），可以选择网络位置，如图 13-18 所示。配置成功完成后，最终进入 Windows7 桌面环境，如图 13-19 所示。

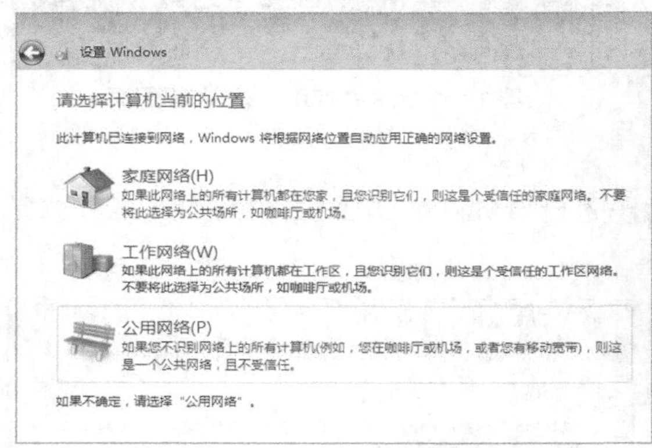

图 13-18　计算机当前位置

图 13-19　Windows7 桌面环境

13.3　驱动程序的安装

英文名为“Device Driver”，中文全称是“设备驱动程序”。它是一种可以使计算机和设备通信的特殊程序，可以说相当于硬件的接口，操作系统只有通过这个接口，才能控制硬件设备的工作，假如某设备的驱动程序未能正确安装，便不能正常工作。

电脑安装了操作系统之后，首先要做的一件事就是安装正确的驱动程序。

13.3.1　驱动程序安装顺序

驱动程序的安装顺序也是一件很重要的事情，它不仅跟系统的正常稳定运行有很大的关系，而且还会对系统的性能有巨大影响。在平常的使用中因为驱动程序的安装顺序不同，从而造成系统程序不稳定，经常会出现重新启动计算机、黑屏死机等情况。正确的驱动程序安装顺序如下。

第一步，安装操作系统后，首先应该装上操作系统的 Service Pack（SP）补丁。驱动程序直接面对的是操作系统与硬件，所以首先应该用 SP 补丁解决了操作系统的兼容性问题，这样才能尽量确保操作系统和驱动程序的无缝结合。

第二步，安装主板驱动。主板驱动主要用来开启主板芯片组内置功能及特性，主板驱动里一般是主板识别和管理硬盘的 IDE 驱动程序或补丁，比如 Intel 芯片组的 INF 驱动和 VIA 的 4in1 补丁等。如果还包含有 AGP 补丁的话，一定要先安装完 IDE 驱动再安装 AGP 补丁，这一步很重要，很多系统不稳定的直接原因就是这一步骤出了问题。

第三步，安装 DirectX 驱动。这里一般推荐安装最新版本，目前 DirectX 的最新版本是 DirectX 11。DirectX 是微软嵌在操作系统上的应用程序接口（API），DirectX 由显示部分、声音部分、输入部分和网络部分四大部分组成，显示部分又分为 Direct Draw（负责 2D 加速）和 Direct 3D(负责 3D 加速),所以说 Direct3D 只是它其中的一小部分而已。而新版本的 DirectX 改善的不仅仅是显示部分，其声音部分（DirectSound）——带来更好的声效；输入部分（Direct Input）——支持更多的游戏输入设备，且在这些设备的识别与驱动方面更加细致，充分发挥设备的最佳状态和全部功能；网络部分（DirectPlay）——增强计算机的网络连接，提供更多的连接方式。只不过是 DirectX 在显示部分的改进比较大，更引人关注罢了。

第四步，这时再安装显卡、声卡、网卡、调制解调器等插在主板上的板卡类驱动。

第五步，最后就可以安装打印机、扫描仪、读写机这些外设驱动。

这样的安装顺序就能使系统文件合理搭配，协同工作，充分发挥系统的整体性能了。

另外，显示器、键盘和鼠标等设备也有专门的驱动程序，特别是一些品牌比较好的产品。虽然不用安装它们也可以被系统正确识别并使用，但是安装上这些驱动程序后，能增加一些额外的功能并提高其稳定性和性能。

13.3.2 安装驱动程序的方法

一般来说，安装驱动使用购买电脑时自带的驱动光盘程序来安装，这样在兼容性和稳定性上会比较好；如果没有驱动安装光盘，大家可以使用鲁大师、超级兔子等硬件识别软件，识别出硬件，然后在网上查找相应型号的驱动来安装。

驱动程序的安装方法也有很多种，下面分别介绍。

方法一，利用 setup.exe 程序安装。现在硬件厂商已经越来越注重其产品的人性化，其中就包括将驱动程序的安装尽量简单化，所以很多驱动程序里都带有一个“Setup.exe”可执行文件，只要双击它，然后一路“Next（下一步）”就可以完成驱动程序的安装。有些硬件厂商提供的驱动程序光盘中加入了 Autorun 自启动文件，只要将光盘放入到电脑的光驱中，光盘便会自动启动。

方法二，从设备管理器中安装。具体操作要打开设备管理器，右击有黄色感叹号的更新驱动程序，一般选择自动安装即可，系统会自动搜索驱动盘里的驱动安装。如果是保存在其他盘的驱动可以选择驱动存放的路径，然后确定，进行搜索安装。

方法三，利用系统工具软件安装。一般此类工具软件主要有两个功能，一是硬件检测功能，二是方便用户安装正确的驱动。如驱动人生、驱动精灵等。

现在以驱动人生为例介绍。驱动人生提供给用户一流的驱动解决方案，全方位实现一键式从智能检测硬件到最匹配驱动安装升级的全过程。驱动人生界面如图 13-20 所示。

图 13-20　驱动人生

13.4　常用应用软件的安装

应用软件有很多，其安装方法基本一致，这里以 Office2010 为例阐述其安装方法。

首先下载软件到电脑上。不论是 RAR 压缩包还是 ISO 光盘映像文件，都用鼠标右键，解压文件，Office 软件的文件如图 13-21 所示。

图 13-21　下载应用软件

步骤一：打开解压后的文件夹，选中最右边的文件 setup 打开。

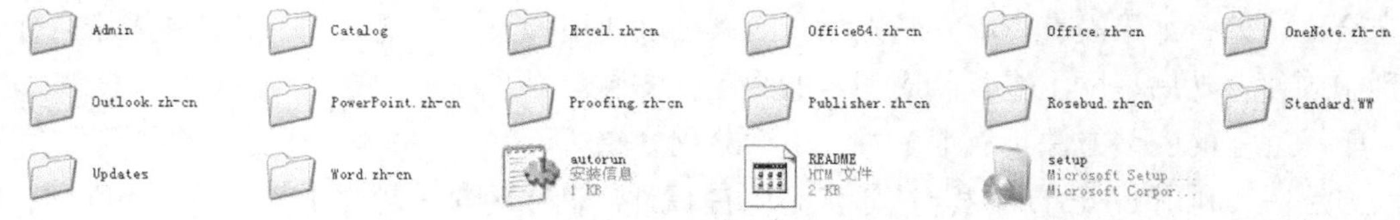

图 13-22　解压文件夹内文件

步骤二：打开后出现下方页面，进入准备安装，如图 13-23 所示。

图 13-23　准备安装

步骤三：出现下方页面，在“我接收此条款”前的框内打勾，单击“继续”按钮，如图 13-24 所示。

步骤四：出现下方页面时，选择“自定义”，如图 13-25 所示。

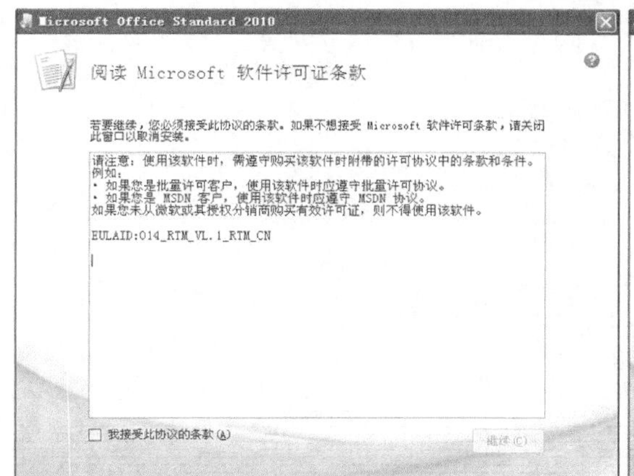

图 13-24 软件许可条款

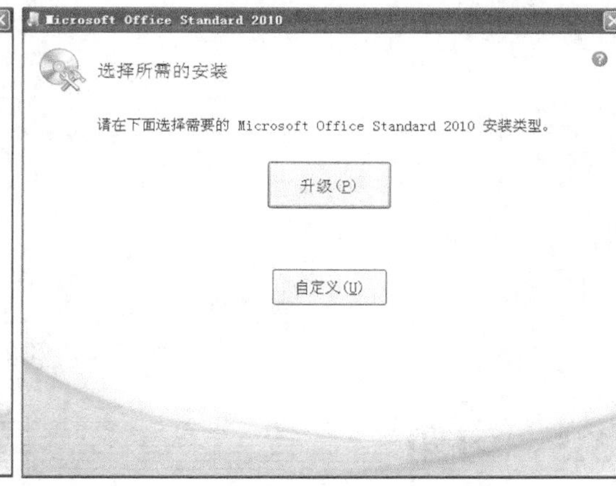

图 13-25 安装方式选择

步骤五：假如原先电脑已装有 Office 软件，会出现如图 13-26 所示页面，选择第一个会删除原先的 office 软件，选择第二个两个可以并存，选第三个会删除早前的几个部分软件，根据需求可自行选择。

步骤六：“安装选项”中选择您需要的部件安装，选择 × 表示不安装。

下一步十分重要，在“文件位置”中选择 D 盘或其他盘安装，如图 13-27 所示。这样可以减小系统盘 C 盘的压力。

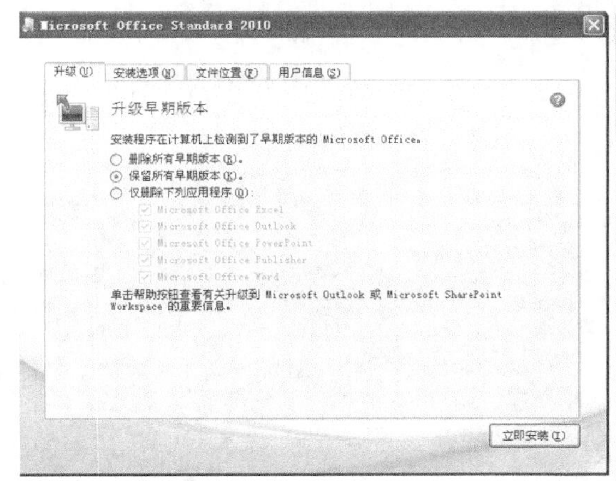

图 13-26 升级安装对话框

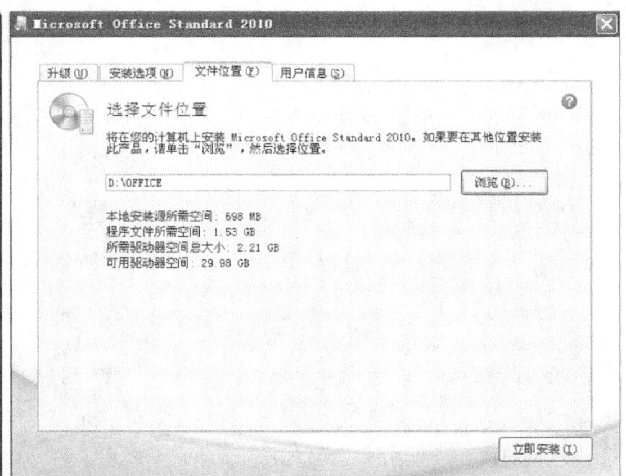

图 13-27 文件位置对话框

步骤七：选好要安装的位置盘后单击“立即安装”，出现如图 13-28 所示页面。

步骤八：安装时间偏长，需要等几分钟，安装好了会提示安装成功。

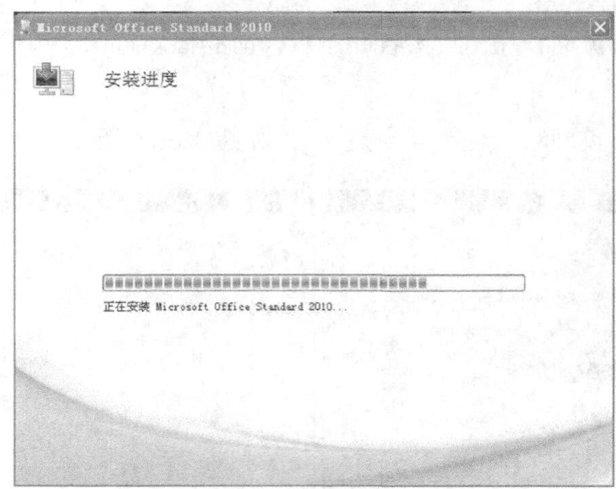

图 13-28　安装进度状态条

13.5　习题

1. 计算机启动有哪些阶段，需完成哪些功能？
2. 安装 Windows 7 推荐的最低硬件要求有哪些？
3. Windows 7 的版本有哪些？其价格如何？
4. Windows 7 的安装方法有哪些？
5. Windows 7 全新安装有哪些注意要点？
6. 尝试从网络上下载常用的应用软件，如视频播放软件、图像处理软件等并安装。
7. 如何移除安装在计算机中的应用软件，可以采用几种方法解决问题？
8. 如何安装 Windows 8 系统？

PART 14

第 14 章 笔记本电脑

14.1 笔记本电脑概述

笔记本电脑是高集成化的计算机设备，与台式机相比，其结构上的差异主要表现在通过集成了输入及输出设备减小体积，达到其便携的效果。

笔记本电脑英文名称为 NoteBook（或 Portable、Laptop、Notebook Computer）简称 NB，又称手提电脑或膝上型电脑（港台称之为笔记型电脑），它是一种小型、可携带的个人电脑，通常重 1～3 公斤。其发展趋势是体积越来越小，重量越来越轻，像 Netbook（上网本）。

笔记本跟 PC 的主要区别在于其携带更加方便。一般说来，便携性是笔记本相对于台式机的最大优势。一般的笔记本电脑的重量只有 2 公斤左右，无论是外出工作还是旅游，都可以随身携带，非常方便。与台式机相比，笔记本电脑有着类似的结构组成（显示器、键盘/鼠标、CPU、内存和硬盘），而其便携性和备用电源使移动办公成为可能。由于这些优势的存在，笔记本电脑越来越受用户推崇，市场容量迅速扩展。

不同的笔记本型号适合不同的人，通常，厂商会对其产品进行型号的划分以满足不同的用户需求。从用途上看，笔记本电脑一般可以分为 4 类：商务型、时尚型、多媒体应用、特殊用途。商务型笔记本电脑的特征一般为移动性强、电池续航时间长；时尚型外观特异也有适合商务使用的时尚型笔记本电脑；多媒体应用型的笔记本电脑是结合强大的图形及多媒体处理能力又兼有一定的移动性的综合体，市面上常见的多媒体笔记本电脑拥有独立的较为先进的显卡，较大的屏幕等特征；特殊用途的笔记本电脑是服务于专业人士，可以在酷暑、严寒、低气压、战争等恶劣环境下使用的机型，多较为笨重。

从使用人群看，学生使用笔记本电脑主要用于教育和娱乐；发烧级本本爱好者不仅追求高品质的享受，而且对设备接口的齐全要求很高。

笔记本电脑从应用上可分为商用笔记本、家用笔记本、上网本。

14.1.1 笔记本电脑简介

笔记本电脑更符合现代人越来越快的生活节奏，其体积轻便，移动自如，且能摆脱网线的束缚。另外，较小的功耗也顺应了节能环保的社会发展潮流，加上不断丰富的外设产品支持，台式机曾经引以为豪的种种优势只有在特定场合才能发挥。

2008 年第三季度美国市场的笔记本电脑销售量为 950 万台，同比增长了 18%，占美国市场全部 PC 销售量的 55.2%，首次超过台式机。长久以来，美国 PC 市场的消费动向一直被视为全球市场的风向标。这就行成了笔记本超越台式机成为消费市场的主流的现象。

1985 年，由日本东芝公司生产的第一款笔记本电脑 T1100 正式问世，这款笔记本电脑目前为止是多数国内媒体公认的第一款笔记本，如图 14-1 所示。

1989 年 9 月，苹果公司面向用户推出了第一款笔记本电脑。1992 年 10 月 IBM 推出了第一台以 ThinkPad 命名的笔记本电脑 ThinkPad700C。

图 14-1　第一款笔记本电脑

2000 年 1 月，Transmeta 带着全新架构的“Crusoe”处理器杀入了笔记本低功耗处理器市场，这无疑也就意味着将与 Intel 和 AMD 争夺市场分额，新一轮的市场竞争又将兴起。

2003 年 1 月 8 日，Intel 发布了全新的笔记本电脑架构 Centrino，即现在所说的迅驰平台。该构架包括了代号为 Banias 的 Pentium-M 移动处理器、Intel855 芯片组（代号 Odem、Montara-GM）和一个支持 802.11b/a 的 WLAN（无线局域网）以及 Mini-PCI 卡（代号 Calexico）。从此开始，笔记本电脑的平台化开始深入人心。

2003 年 5 月，日立公司将 2.5 寸笔记本硬盘的最快转速提升为 7200rpm，最高容量提升为 80G，全面开启了笔记本存储的高容量与高速时代。

2003 年 7 月，VIA 发布笔记本专用处理器汉腾（Antaur）处理器，虽然市场对这款处理器的发布反应冷淡，但却让众多笔记本爱好者看到了笔记本处理器的多元化发展趋势。

2003 年 11 月，全球第一款 64 位处理器的笔记本在日本上市。这款笔记本配备了 Athlon 64 3200+，512M DDR 内存，64G 硬盘，康宝光驱（可选），并搭配了 15 英寸 SXGA 液晶显示屏。

2004 年 1 月，富士通推出了世界上首款基于 S-ATA（串行）技术的笔记本硬盘。它的意义有两方面，一方面将笔记本硬盘的传输速率进行了再一次的扩充；另一方面 S-ATA 端口在笔记本电脑设计中起到了线路的简化作用。

2005 年 1 月 9 日，迅驰二代 Sonoma 平台正式发布。SONOMA 平台的一些技术的三大中心词就是 FSB=533MHz、Intel 915、NIC（Network Interface Controller）。相关新技术支持的词汇还有 SATA、DDR2、HD Audio、PCI-Express 等。

2005 年 4 月 20 日，东芝发布 20 周年纪念笔记本产品——Dynabook SS SX、Dynabook SS S20。这两款机型都采用东芝公司的新型材料为主板原料，大幅度减少了线路并提高速度。其厚度仅为 9.9mm，整体厚度为 19.8mm，采用了华美的金属材质，最大待机时间长达 5.4 小时。

14.1.2　常见笔记本电脑介绍

笔记本电脑按主要品牌及制造商分类是常见的方式，可分为联想（Lenovo）、惠普、戴尔、华硕、东芝、索尼、宏碁、神舟、三星等笔记本电脑。

1．联想笔记本电脑

IBM（International Business Machines Corporation）全称 “国际商用机器公司”，在 1992 年 10 月推出“ThinkPad”(“ThinkPad”是“会思考的本子”的意思)全系列笔记本。ThinkPad 自问世以来一直保持着黑色的经典外观、TrackPoint（指点杆，俗称小红点）、ThinkLight 键盘灯、全尺寸键盘和 APS（Active Protection System，主动保护系统）。ThinkPad 和商务化紧紧地联系在了一起，正因为 IBM 执着的个性追求，和在笔记本累计 1000 多种专利技术的运用，使它成了了世界笔记本品牌的代言人。

2005 年 Lenovo 收购 IBM PC 事业部之后，ThinkPad 商标为联想（Lenovo）所有。联想

集团于1984年由中国科学院计算所创办，到今天已经发展成为全球个人电脑市场的领导企业。联想建立了以中国北京、日本东京和美国罗利三大研发基地为支点的全球研发架构。通过联想自己的销售机构、联想业务合作伙伴以及与IBM的联盟，其产品遍及全世界，图14-2所示为联想ThinkPad产品。

2．苹果笔记本电脑

苹果股份有限公司（Apple Inc.，简称苹果公司）目前全球电脑市场占有率为7.96%。最知名的产品是其出品的Apple II、Macintosh电脑、iPod、Macbook、Macbook Pro、Macbook Air等产品，以创新时尚而闻名。苹果笔记本往往配置较好，多用于图形领域。此外，苹果机往往代表了潮流和时尚，代表了高端与精美的工业设计，如图14-3所示。

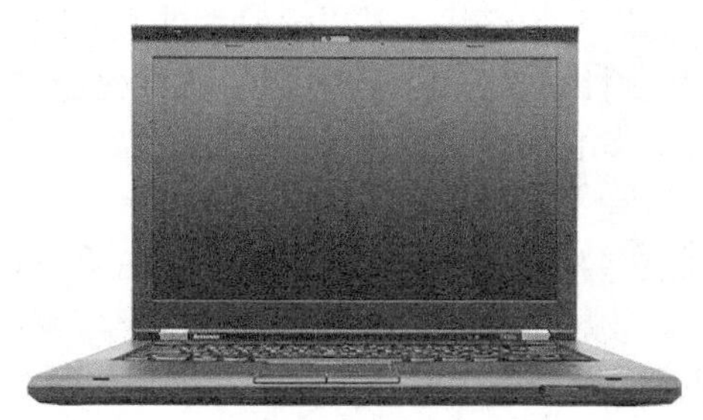

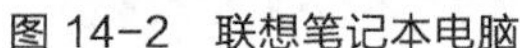

图14-2　联想笔记本电脑

图14-3　苹果笔记本电脑

3．惠普笔记本电脑

惠普（HP）是全球第一大激光打印成像及主要PC制造商。在2002年HP和COMPAQ合并后笔记本研发领域有了长足的进步，其凭借打印机体系的服务网络将笔记本服务体系也很快遍布世界各地，在产品全球化后，笔记本的设计风格也更加多元化，从而使它在世界各个地区的市场占有率大大提升，其产品如图14-4所示。

4．戴尔笔记本电脑

戴尔（DELL）的成长是IT业公认的一个奇迹，在1996年涉足笔记本领域后，DELL的发展可谓一日千里，它的成功完全归咎于DELL完善的销售模式体系，DELL的网络直销和电话直销大大降低了流通环节的成本， 使它的笔记本价格大大降低，而这种模式迎合了美国等发达国家的消费方式，但是DELL的这套体系也制约了他在中高档笔记本的发展，DELL成为了“低价笔记本”的代表，其产品如图14-5所示。

图14-4　HP笔记本电脑

图14-5　DELL笔记本电脑

5．华硕笔记本电脑

华硕（ASUS）作为全球主板、显卡产品的双料第一，依靠自己雄厚的研发实力，在自身世界顶尖工程技术研发团队的支持下，使笔记本产业迅速遍步全球，并以高品质的产品、创新的技术闻名于世。华硕设立了国内六座最豪华国际级电磁波实验室，华硕笔记本电脑取得了环保、生物工程、人体工学、电磁辐射、节能、电气安全性以及资源回收和有害物控制等诸多方面的权威认可，并通过严格限制电子产品使用 6 种有害物质的欧盟 RoHS 认证。其产品如图 14-6 所示。

6．东芝笔记本电脑

东芝（TOSHIBA）在笔记本领域的辉煌可追溯到 20 世纪 80 年代中期，世界上第一台笔记本电脑就是在东芝的实验室里诞生的，此后，东芝的研发技术一直走在世界前列。

7．索尼笔记本电脑

索尼（SONY）是家电和电子产品的代名词，1997 年开始进入笔记本领域，作为全球十大笔记本制造商之一，SONY 始终走的是“时尚、高端”的路线，并以家庭消费类的产品为主，因此外型美观、漂亮成了最大的卖点。但其在稳定性、安全性、耐用性、人性化上较弱，SONY 虽然将工厂带到了中国，但在价格上并没有太多的体现，价格依然较贵。

8．宏碁笔记本电脑

宏碁（Acer）集团创立于 1976 年，宏碁以性价比优势在 2009 年以来销量一直占据全球较大份额。主要从事自主品牌的笔记本电脑、台式机、液晶显示器、服务器及数字家庭等产品的研发、设计、行销与服务，持续为全球消费者提供易用、可靠的资讯产品。其产品如图 14-7 所示。

图 14-6　华硕笔记本电脑

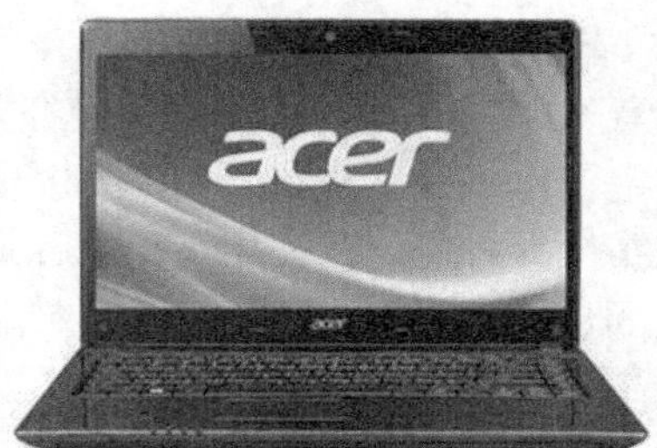

图 14-7　宏碁笔记本电脑

9．神舟笔记本电脑

神舟（HASEE）笔记本以高性价比得到了消费者的喜爱，神舟如今的笔记本细分为天运、承运、优雅、以及小本系列；消费者多喜爱神舟的优雅系列笔记本，这个系列的笔记本集美观、高性能、性价比、高工业设计于一体。其产品如图 14-8 所示。

10．三星笔记本电脑

2004 年三星（Samsung）公司在手机领域做到了全球第二。2001 年，三星凭借它在手机上的知名度，迅速进入了笔记本领域，他完全采用了日本的设计风格，注重便携和外观，走视觉路线，三星笔记本的的设计和生产全部外包给了台湾一些专业笔记本制造商。在成本控制上有较大的优势。其产品如图 14-9 所示。

11．白牌笔记本

家庭制造或改装的笔记本电脑称为白牌笔记本。白牌笔记本大约占据笔记本市场 5%的份额，而且这个数字还在缓慢增长。笔记本电脑行业防止最终用户与笔记本电脑亲密接触的工作非常出色。它们将笔记本电脑制造得难以打开和改造，而且也不易购买到相关的零部件。

事实上很难找到所有需要的零部件来组装出一台笔记本电脑，但是类似华硕和 ECS 这样的厂商允许一些用户订购笔记本电脑空壳。此外，还允许经销商组装白牌笔记本并销售给客户，人们可以对现有部件进行改造和升级。

图 14-8 神舟笔记本电脑　　图 14-9 三星笔记本电脑

14.2 笔记本电脑系统架构

笔记本电脑主板系统架构的主要功能模块有：北桥芯片（North Bridge）、南桥芯片（South Bridge）、显卡芯片（Graphics Process Unit）、嵌入式控制器（Embedded Controller）和 BIOS 等。这几部分一般都是集成在电脑主板上的，以配合 CPU、内存等功能模块，在系统开机后进入 BIOS 控制程序模块。这些功能模块就像是一棵大树的主干，缺一不可。同时，它们也是 PC/AT 电脑系统架构的基本构成元素。其系统架构如图 14-10 所示。

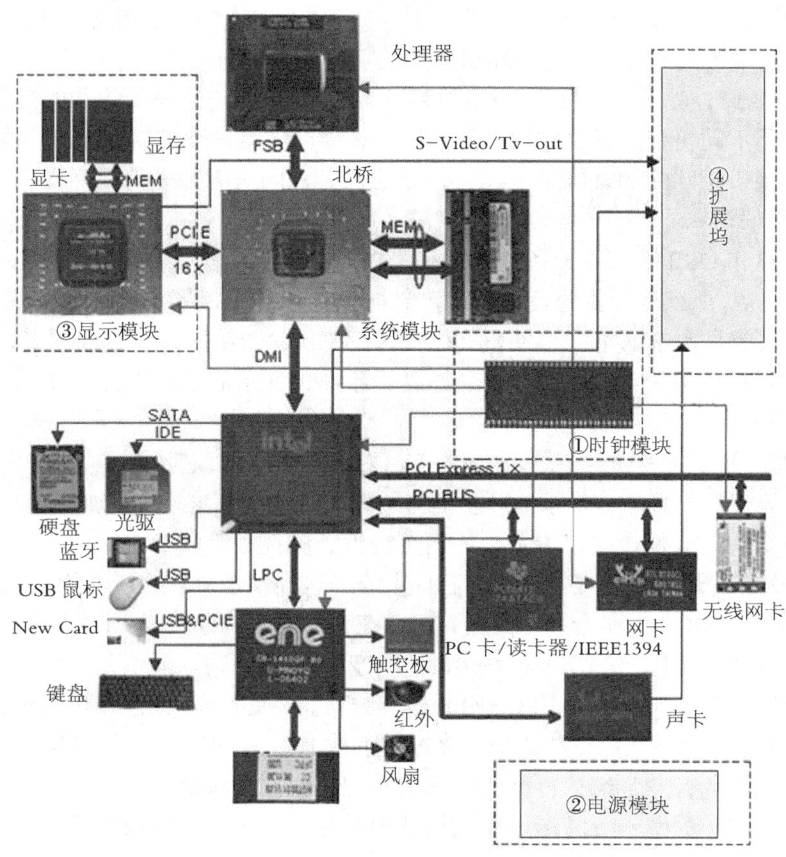

图 14-10 典型系统架构框图

其他部分功能模块，如硬盘、网卡芯片、内置键盘等等，就相当于树的枝干。当然，这并不是说它们不重要，试想如果您的电脑没有硬盘，在很多时候，是根本无法正常使用的。

1．系统模块

包括北桥芯片（North Bridge）、南桥芯片（South Bridge）、显卡芯片（Graphics Process Unit）、嵌入式控制器（Embedded Controller）和BIOS等，这几部分配合CPU、内存等功能模块，在系统开机后进入BIOS控制程序模块，然后再实现与其他模块的连接、控制，如图14-10所示。

系统模块配合时钟模块、电源模块，实现整个笔记本系统的正常运行，三者缺一不可。不同模块的芯片在其正常初始化之前，必须有满足此芯片规格的工作电压和时钟的供给，这也是系统正常运行的前提条件。不同的系统芯片之所以能够顺利进行“沟通”，从根本上讲是要满足体现电压信号的“数据传输”。

2．显示模块

包括显示芯片和显存，负责提供显示器所需的显示信号。显示芯片由北桥芯片PCI Express 16X总线直接控制（915平台之后），集成显卡机型的显示芯片集成在北桥，如图14-10中的③所示。

3．扩展坞

主板上各个芯片上一些冗余的功能端口，还可以通过主板上的导线汇合到一个统一端口，可以称之为扩展坞（Docking），如图14-10中的④所示。设计此端口的用意，是在电脑使用者有需要的时候，满足其相应功能端口的扩展。如ICH6南桥芯片规格最多可配置8个USB端口，但考虑到主板成本和电脑主机端口布局的限制，主板上只用到了4个USB口，那么多余的若干个USB口，就直接连接到扩展坞接口即可。这里有一点需要说明的是，由于扩展坞的端口都是按照不同机型“量身定做”的。所以，要想实现对这些扩展端口的使用，还需要有和该扩展坞接口相匹配的外围扩展设备，它通常是由同一电脑硬件厂商提供。

4．其他功能模块

硬盘、光驱和USB端口等设备是直接和南桥芯片相连的。

PCI总线设备，其实就是通过南桥芯片内部的PCI总线控制器引出来PCI总线。挂在PCI总线上的设备，就是PCI设备。常见的PCI设备有PCMCIA端口、本地网卡、1394控制器和mini PCI界面的内置无线网卡接口等，这些设备端口通常需要有符合PCI总线标准的控制芯片来控制。

EC控制芯片也是通过LPC总线和南桥芯片相连接的。EC芯片除了控制整个系统电源部分的电源电压的产生与分配，如系统开机信号、CPU散热风扇的运转及电池的充放电等，还控制电脑系统中的部分低速端口设备，如内置键盘、触控板等。

系统BIOS芯片通常是直接挂在EC芯片上的，这样做是有它的道理的，EC芯片的控制程序也可以和系统BIOS程序合并在一起，存储在BIOS芯片的Flash ROM中。此外，BIOS芯片通常还包含显卡、网卡等功能模块BIOS程序。

由于声卡控制芯片的特殊性，PC业界通常会给它单独分配一条总线供其使用，声卡芯片就是通过AC_LINK总线和南桥芯片相连接的。主板上的MODEM功能模块，也是需要受到声卡解码芯片控制的，它们端口界面传输的信号都是模拟音频信号。

笔记本的架构（如图14-11所示）与台式机的架构（如图14-12所示）进行比较。

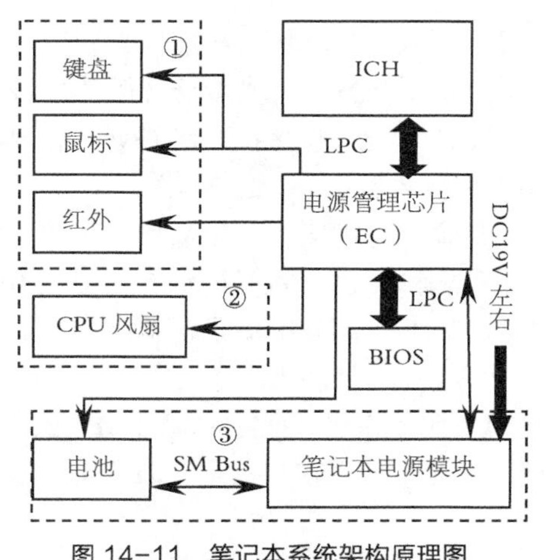

图 14-11　笔记本系统架构原理图

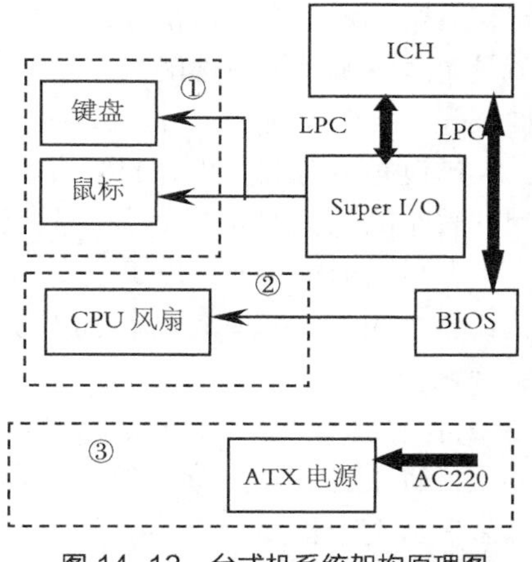

图 14-12　台式机系统架构原理图

可以看出主要有三方面的不同：①键盘、鼠标等低速设备的控制方式不同：②风扇的控制方式不同：③电源管理方式不同。

除了上述部分，典型系统架构还应当包含时钟模块和电源模块。

时钟模块包括时钟芯片及其控制传递不同类型、不同频率的时钟信号，使系统各部件在时钟的驱动下可以有序地工作，如图 14-10 中的①所示。

电源模块包括 EC、3V/5V 电源芯片、CPU 电压模块、芯片组电压模块、内存电压模块和电池充电模块，主要负责将电源的直流电压转换成各系统芯片所需的工作电压，BIOS 和 EC 主要分配电源模块对系统芯片的供电，如图 14-10 中的②所示。

14.3 笔记本电脑硬件组成

首先我们从系统配置上看台式机与笔记本的差异。笔记本主要是从节能和节省空间方面的有较高的要求。具体地讲，由于笔记本体积小，对散热要求高，要求 CPU 省电，而且可由电池供电。笔记本主板通常是需要定制的，不像台式机那样可以通用，因为笔记本的结构设计要求很紧凑，因此各厂商都会定制自己的主板。各种接口和插槽都是依据笔记本专用设备进行设计的通用标准。例如 PCMICA 插槽和笔记本内存插槽。笔记本的内存较小，发热量比较低，这也是考虑散热和空间问题的。笔记本硬盘尺寸都比较小，通常只有台式机硬盘 1/4 的体积，由于考虑节能问题，笔记本硬盘转速相比同期台式电脑的产品低一个级别。目前比较常见的是 5400 转的，而台式机为 7200 转的。光驱通常笔记本为手动抽出的方式，因为笔记本里没有地方安装电机开盖的结构，而且为了节省空间，笔记本光驱的光头和主要部件都和光盘托盘设计在一起，这样有利于缩小结构，但是由于安放和取出光盘的时候，光头同时被抽出，因此笔记本光驱也比较容易被弄脏。笔记本的电源是由内置电池及外接直流充电器构成。

现在以笔记本硬件组成为主分别介绍。

1．外壳

笔记本电脑的外壳既是保护机体的最直接方式，也是影响其散热效果、“体重”、美观度的重要因素。笔记本电脑常见的外壳用料有合金外壳和塑料外壳。其中合金外壳有铝镁合金与钛合金，塑料外壳有碳纤维、聚碳酸酯 PC 和 ABS 工程塑料。

铝镁合金一般主要元素是铝，再掺入少量的镁或是其他的金属材料来加强其硬度。因其本身就是金属，所以导热性能和强度尤为突出。铝镁合金质坚量轻、密度低、散热性较好、抗压性较强，能充分满足3C产品高度集成化、轻薄化、微型化、抗摔撞及电磁屏蔽和散热的要求。其硬度是传统塑料机壳的数倍，但重量仅为后者的三分之一，通常被用于中高档超薄型或尺寸较小的笔记本的外壳。而且，银白色的镁铝合金外壳可使产品更豪华、美观，而且易于上色，可以通过表面处理工艺变成个性化的粉蓝色和粉红色，为笔记本电脑增色不少。因而铝镁合金成了便携型笔记本电脑的首选外壳材料，目前大部分中端笔记本电脑产品均采用了铝镁合金外壳技术。

铝镁合金的缺点在于并不是很坚固耐磨，成本较高，比较昂贵，而且成型比ABS困难（需要用冲压或者压铸工艺），所以笔记本电脑一般只把铝镁合金使用在顶盖上，很少有机型用铝镁合金来制造整个机壳。

钛合金材质的可以说是铝镁合金的加强版，钛合金与铝镁合金除了掺入金属本身的不同外，最大的分别之处，就是还渗入碳纤维材料，无论散热、强度还是表面质感都优于铝镁合金材质，而且加工性能更好，外形比铝镁合金更加的复杂多变。其关键性的突破是强韧性更强、而且变得更薄。就强韧性看，钛合金是镁合金的三至四倍。强韧性越高，能承受的压力越大，也越能够支持大尺寸的显示器。因此，钛合金机种即使配备15英寸的显示器，也不用在面板四周预留太宽的框架。至于薄度，钛合金厚度只有0.5mm，是镁合金的一半，厚度减半可以让笔记本电脑体积更娇小。

钛合金唯一的缺点就是必须通过焊接等复杂的加工程序，才能做出结构复杂的笔记本电脑外壳，因此成本可观。碳纤维材质既拥有铝镁合金高雅坚固的特性，又有ABS工程塑料的高可塑性。它的外观类似塑料，但是强度和导热能力优于普通的ABS塑料，而且碳纤维是一种导电材质，可以起到类似金属的屏蔽作用（ABS外壳需要另外镀一层金属膜来屏蔽）。碳纤维的强韧性是铝镁合金的两倍，而且散热效果最好。其缺点是成本较高，成型没有ABS外壳容易，因此机壳的形状一般都比较简单缺乏变化，着色也比较难。IBM高端机型采用钛合金及碳纤维（其他钛复合材料），这也是IBM笔记本电脑比较贵的原因之一。

聚碳酸酯PC是笔记本电脑外壳采用的一种材料，它的原料是石油，经聚酯切片工厂加工后就成了聚酯切片颗粒物，再经塑料厂加工就成了成品，从实用的角度，其散热性能也比ABS塑料较好，热量分散比较均匀，它的最大缺点是比较脆，常见的光盘就是用这种材料制成的。不管从表面还是从触摸的感觉上，这种材料感觉都像是金属。单从外表面看，不仔细观察会以为是合金物。

ABS工程塑料即PC+ABS（工程塑料合金），在化工业的中文名字叫塑料合金，之所以命名为PC+ABS，是因为这种材料既具有PC树脂的优良耐热耐候性、尺寸稳定性和耐冲击性能，又具有ABS树脂优良的加工流动性。所以应用在薄壁及复杂形状制品，能保持其优异的性能，以及保持塑料与一种酯组成的材料的成型性。ABS工程塑料最大的缺点就是质量重、导热性能欠佳。由于ABS工程塑料成本低，被大多数低端笔记本所采用。

2．显示屏

显示屏是笔记本的关键硬件之一，约占成本的四分之一左右。显示屏主要分为LCD与LED。LCD是液晶显示屏的全称，主要有TFT、UFB、TFD、STN等几种类型的液晶显示屏。笔记本液晶屏常用的是TFT，TFT屏幕是薄膜晶体管，是有源矩阵类型液晶显示器，在其背部设置特殊光管，可以主动对屏幕上的各个独立的像素进行控制，这也是所谓的主动矩阵TFT

的来历，这样可以大大缩短响应时间，约为 80 毫秒，有效改善了 STN（STN 响应时间为 200ms）闪烁模糊的现象，有效的提高了播放动态画面的能力。和 STN 相比，TFT 有出色的色彩饱和度，还原能力和更高的对比度，太阳下依然看的非常清楚，但是缺点是比较耗电，而且成本也较高。

LED 是发光二极管 Light Emitting Diode 的英文缩写。LED 显示屏是由发光二极管排列组成的显示器件。它采用低电压扫描驱动，具有耗电少、使用寿命长、成本低、亮度高、故障少、视角大、可视距离远等特点。

总的来说，LED 显示器与 LCD 显示器相比，LED 在亮度、功耗、可视角度和刷新速率等方面，都更具优势。LED 与 LCD 的功耗比大约为 1:10，而且更高的刷新速率使得 LED 在视频方面有更好的性能表现，能提供宽达 160°的视角，可以显示各种文字、数字、彩色图像及动画信息，也可以播放电视、录像、VCD、DVD 等彩色视频信号，多幅显示屏还可以进行联网播出。而且 LED 显示屏的单个元素反应速度是 LCD 液晶屏的 1000 倍，在强光下也可以照看不误，并且适应零下 40℃的低温。利用 LED 技术，可以制造出比 LCD 更薄、更亮、更清晰的显示器，拥有广泛的应用前景。

简单地说，LCD 与 LED 是两种不同的显示技术，LCD 是由液态晶体组成的显示屏，而 LED 则是由发光二极管组成的显示屏。LED 显示器与 LCD 显示器相比，LED 在亮度、功耗、可视角度和刷新速率等方面，都更具优势。

3．处理器

处理器可以说是笔记本电脑最核心的部件，它也是笔记本电脑成本最高的部件之一（通常占整机成本的 20%）。体积小巧的笔记本电脑因为追求高性能、低耗电量、低发热量，因此对处理器的要求更高。笔记本电脑早期曾直接采用台式机的处理器，但效果不佳。于是制造工艺更先进、更符合笔记本电脑需要的移动处理器（Mobile CPU）应运而生。

笔记本电脑的处理器，基本上是由 4 家厂商供应的，即 Intel、AMD、VIA 和 Transmeta，其中 Transmeta 已经逐步退出笔记本电脑处理器的市场，Intel 和 AMD 又占据着绝对领先的市场份额。

（1）Intel 移动处理器。

世界上第一台笔记本电脑东芝的 T1100 诞生于 1985 年，它采用了 Intel 出品的主频 1MHz 的 8086 处理器，1989 年，Intel 出品的 80386SL/80386DL 才算首批专为笔记本电脑设计的移动处理器（主频 16MHz 起、工作电压 3.3V）。

2003 年，Intel 推出全新的“迅驰”平台——Centrino，赋予了笔记本电脑的新神韵。这个由代号 Banias 的 Pentium-M 移动处理器、855GM/PM 芯片组、Intel Pro/Wireless 2100 无线模块组成的平台功能强大。提升了笔记本电脑的处理能力、也普及了无线网络的应用。从 Banias 开始，Intel 将不再使用桌面处理器核心来研发移动处理器，而是凭借全新的架构、全新的指令执行技术，争取以更低能耗获取更高性能。

2006 年，Intel 发布的 Core（中文名酷睿）架构处理器具有非常出色的性能和功耗控制水平。它包括双核心的 Core Duo 处理器和单核心的 Core Solo 处理器。酷睿处理器还分为标准电压（即型号以 T 开头的）、低电压（型号以 L 开头）和超低电压（型号以 U 开头）3 种，分别针对不同应用需求。标准电压版处理器应用于主流的笔记本电脑，此类产品多采用 14 英寸甚至更大的屏幕，偏重于计算性能。低电压版处理器通常用于 12 英寸屏幕的产品，追求性能与功耗的平衡。超低电压版的处理器，往往用于那些追求超高移动便携特性的产品，屏幕尺寸较小，电池寿命很长。

2009 年是凌动处理器的上网本和 CULV 平台的低电压笔记本大红大紫的一年，搭配 Penryn 采用 45nm 工艺的 Montevina 平台的笔记本还没用多久，下半年，45nm 的酷睿 i7 产品就逐步运用于笔记本中。

2010 年英特尔发布新一代的主流双核酷睿（新酷睿）i5/i3 处理器，作为业界首款正式发布的 32nm 产品，2011 年英特尔推出 Sandy Bridge 微架构的第二代酷睿处理器，基于全新的微架构，仍采用 32 纳米制程技术和第二代高 k 金属栅极晶体管。

2012 年，Intel 相继发布了基于 Ivy Bridge 架构的第三代智能酷睿 i7、i5 及 i3 处理器，新品采用了最先进的 22nm 制造工艺，并首次引入了英特尔的 3D 晶体管技术，Ivy Bridge 首次内建了 USB 3.0 功能，采用型号为 HD 4000 的显示核心提升显示性能，首次使处理器支持 OpenCL 和 DirectX 11。常见三代智能酷睿移动处理器其特性见表 14-1。

表 14-1　常见三代智能酷睿移动处理器性能对比

处理器型号	运行频率（GHz）	L3 缓存（MB）	核心/线程	功耗（W）
i7-3540M	3.0	4	2/4	35
i5-3380M	2.9	3	2/4	35
i5-3340M	2.7	3	2/4	35
i7-3687U	2.1	4	2/4	17
i5-3437 U	1.9	3	2/4	17

2013 年，英特尔推出的 Hawsell 会把 CPU 处理器、GPU 图形核心、南北桥芯片、内存控制器、PCI-E 控制器等所有模块统统集成到了一起。笔记本电脑由此可以做到更加轻薄，并且功耗会进一步降低。Haswell 是英特尔第四代酷睿处理器。

（2）AMD 移动处理器。

世界上第一台使用 AMD 处理器的笔记本电脑诞生于 1998 年 1 月。

2003 年 AMD 正式公布了台式机方面的速龙 64（Athlon 64）和移动速龙 64（Mobile Athlon 64）。两个系列的处理器都采用了 Clawhammer 内核，支持 64 位运算，不同的是移动速龙 64 核心电压更低，在运行时消耗的电力以及产生的热量都更低。

为了提高移动处理器的竞争力，2006 年 AMD 发布了针对笔记本电脑的双核处理器 Turion 64 X2，这是第一款 64 位的双核移动处理器。

2010 年 AMD 推出针对主流平台（代号 Danube，多瑙河）和超轻薄笔记本平台（代号 Nile，尼罗河）)，平台拥有完整的产物线布局，从高端到低端分别是羿龙（Phonem）的四核/三核/双核、炫龙（Turion）双核以及速龙。

Danube（多瑙河）平台针对主流市场，采用全新的 AMD 多核处理器及支持 DX11 的 ATI 系列独立显卡，并搭配 AMD RS880M+SB820 芯片组。Danube 主要产品有 Phonem 系列四核心 X940、X920、N950、P940 等；三核心 N850、N830、P840、P820，双核心 X640、X620、N640、N620；Turion 双核 N570、N550、N530、P560、P540、P520；Athlon 双核 N370、N350、N330、P360、P340、P320。

Nile（尼罗河）针对超轻薄笔记本市场，在处理器方面采用了新一代 AMD 超低功耗双核处理器，并培养 ATI Radeon 4000 系列显卡和 RS880M 芯片组，支持 DX10.1 并具备主流笔记本级别的高清 3D 性能。并能提供接近 8 小时的电池续航时间。处理器主要有 K665、K625、K325、K125 和 V105 等产品。

2011 年 1 月，AMD 发布了近几年最重要的产品 Fusion APU，意味着 CPU+GPU 融合时代的到来，先是 E 系列 APU、之后是 A 系列，全线普及。APU 在笔记本市场找到了很好的切入点，出货量很大，取得一定的市场份额，成为今后 AMD 进军移动市场最有力的武器。

2012 年 AMD 终于发布了第二代 APU（代号 Trinity），显示核心升级到 HD7660D，相比 HD6550D 提升幅度为 25%；Trinity 在功耗控制能力有所改善。

2013 年 AMD 推出米第三代 APU（代号 Richland），Richland 集成人脸辨识和手势辨识，提升显示与运算的效能表现并且增进电源管理功能，并搭配最新 Radeon HD 8000 系列绘图芯片。在能耗、显示性能、安全性上都更加出色。

目前市场上 AMD 移动处理器，其特性见表 14-2。

表 14-2　　常见 AMD 移动处理器性能对比

处理器型号	运行频率（GHz）	二级缓存（MB）	最大内存频率（MHz）	核心数	功耗（W）
E2-2000	1.75	1	1333	2	18
E2-1800	1.7	1	1333	2	18
E1-1500	1.48	1	1066	2	18
E1-1200	1.4	1	1066	2	18
E1-2100	1.0	1	1333	2	9
A8-4500m	1.9	4	1600	4	35
A6-4400m	2.7	1	1600	2	35
A4-4355m	1.9	1	1600	2	17
A4-5000	1.5	2	1600	4	15
A6-5200	2	2	1600	4	25
A8-5550m	2.1	4	1600	4	35
A10-5750m	2.5	4	1866	4	35

现在，采用 AMD 处理器的笔记本产品贴有 VISION 标识，VISION 中文名为视觉。它关注整体性能，VISION 技术包括四个级别，分别是 VISION、VISION 豪华版、VISION 至尊版和 VISION 发烧友版，对应的标识如图 14-13 所示。

图 14-13　VISON 技术的标识

VISON：适用于办公，上网，听音乐，浏览图片。

VISION - PREMIUM （豪华版）：适用于观看高清及蓝光光碟，图片编辑，玩游戏；

VISION - ULTIMATE（至尊版）：适用于视频编辑，3D 游戏玩家。

VISION Black（发烧友版）：其性能最强，功能也最多，适合进行高清内容创建、可同时加载大量程序，能够获得最佳的游戏乐趣，而且在超频方面也表现出众。

AMD 消费者可以通过这种级别的划分来明确自己的购买需求。可以说，VISION 技术为用户而生，它意味着 PC 消费趋势将从以技术参数为导向，转变为以应用体验为导向。VISION 将彻底改变 PC 的选购与使用模式，并将引领 PC 行业营销理念的变革。

预计在 2013 年下半年 AMD 将推出的是 28nm、代号为“Kaveri”的 APU，它将搭载异质化系统架构（HAS）。

4．主板

笔记本主板是笔记本电脑中各种硬件传输数据、信息的“立交桥”，它连接整合了显卡、内存、CPU 等各种硬件，使其相互独立又有机地结合在一起，各司其职，共同维持电脑的正常运行。笔记本追求便携性，其体积和重量都有较严格的控制，因此同台式机不同，笔记本主板集成度非常高，设计布局也十分精密紧凑。

笔记本主板是笔记本电脑上的核心配件，笔记本主板的厂家有很多，品牌也有很多，一般制造笔记本电脑的厂商都拥有自己的主板及其系列，不同机型的主板有所不同，甚至同一个型号的机器也有可能有些区别，比如上面的接口多一个或者少一个，都会导致主板间不能兼容，因此主板之间不具备通用性。图 14-14 是笔记本主板的实物外形。

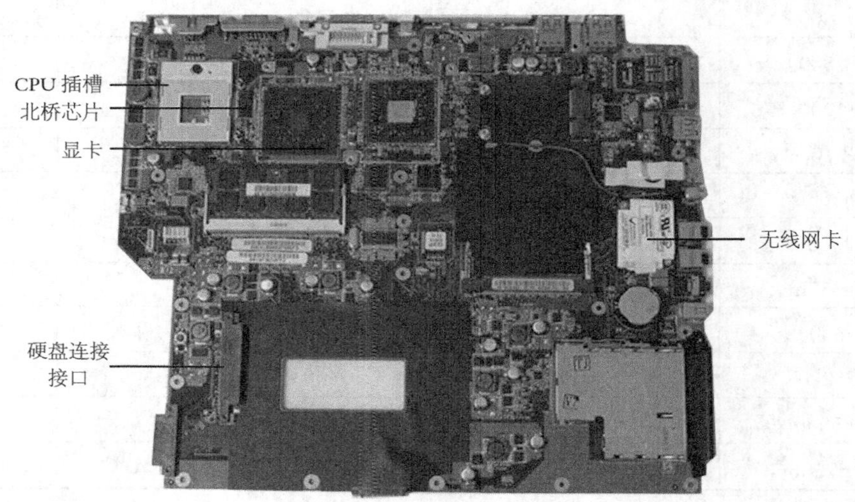

图 14-14　笔记本主板

芯片组是主板的核心，Intel 占主要的份额。第一代酷睿 I7 9 系列对应主板芯片 X58， I7 8 系列、i5、i3 对应的主板芯片一般搭配 Intel 55 系芯片组主板。第二代酷睿 i7、i5、i3 对应主板芯片 Z68\P67\H67\H61。第三代酷睿 i7、i5、i3 对应 Intel 7 系芯片组主板（X79、Z77、Z75、H77），其中 I7 对应高端主板芯片 X79。第三代酷睿采用 LGA1150 处理器接口和更高的规格，对应 8 系列芯片组。

AMD 主流移动式芯片组平台方面，Richland 搭配的芯片组也会升级，A88X 取代 A85X，A78 取代 A75，A68 取代 A55，插槽类型还是 Socket FM2。

5．内存

笔记本电脑的内存可以在一定程度上弥补因处理器速度较慢而导致的性能下降。一些笔记本电脑将缓存内存放置在 CPU 上或非常靠近 CPU 的地方，以便 CPU 能够更快地存取数据。

有些笔记本电脑还有更大的总线，以便在处理器、主板和内存之间更快传输数据。

由于笔记本电脑整合性高，设计精密，对于内存的要求比较高，笔记本内存必须符合小巧的特点，需采用优质的元件和先进的工艺，拥有体积小、容量大、速度快、耗电低、散热好等特性。出于追求体积小巧的考虑，大部分笔记本电脑最多只有两个内存插槽。

笔记本电脑通常使用较小的内存模块以节省空间。笔记本内存的发展分为非标准时代和标准时代。和其他配件一样，内存的发展也是从台式机开始的。刚开始的内存都是焊接在主板上的。经历了 Pentium 时代，CPU 的速度已经越来越快，这时 Intel 公司提出了具有里程碑意义的内存技术 SDRAM。至此，笔记本内存进入完全的标准内存时代。

市场上的标准笔记本电脑用的 SDRAM 都是 144pin 的 SO-DIMM 接口，而大部分 PII 和 PIII 笔记本使用的就是 SDRAM 内存。

相对质的飞跃是 DDR 内存，DDR SDRAM 顾名思义，Double Data Rate（双倍数据传输）的 SDRAM。随着台式机 DDR 内存的推出，笔记本电脑也早已步入了 DDR 时代，其实 DDR 的原理并不复杂，它让原来一个脉冲读取一次资料的 SDRAM 可以在一个脉冲之内读取两次资料，也就是脉冲的上升缘和下降缘通道都利用上，因此 DDR 本质上也就是 SDRAM。而且相对于 EDO 和 SDRAM，DDR 内存更加省电（工作电压仅为 2.25V）、单条容量更加大（已经可以达到 1GB）。

目前的主流已达 DDR3，容量为 4G，比较著名的品牌有金士顿（KINGSTON）、威刚（ADATA）等。如图 14-15 所示为威刚 DDR34G 笔记本内存。

6．硬盘

硬盘的性能对系统整体性能有至关重要的影响。笔记本电脑所使用的硬盘一般是 2.5 英寸，而台式机为 3.5 英寸，笔记本电脑硬盘是笔记本电脑中为数不多的通用部件之一，基本上所有笔记本电脑硬盘都是可以通用的，图 14-16 所示为 WD320G 笔记本硬盘。

（1）厚度。

标准的笔记本电脑硬盘有 9.5mm、12.5mm 和 17.5mm 这三种厚度。9.5mm 的硬盘是为超轻超薄机型设计的，12.5mm 的硬盘主要用于厚度较大光软互换和全内置机型，至于 17.5mm 的硬盘是以前单碟容量较小时的产物，已经基本没有机型采用了。

（2）转数。

笔记本电脑硬盘由于采用的是 2.5 英寸盘片，即使转速相同时，外圈的线速度也无法和 3.5 英寸盘片的台式机硬盘相比，笔记本电脑硬盘现在是笔记本电脑性能提高最大的瓶颈。现在主流台式机的硬盘转速为 7200rpm，但是笔记本硬盘转速仍以 5400 转为主，只有高档的采用 7200rpm。

（3）接口类型。

笔记本电脑硬盘一般采用 3 种形式和主板相连：用硬盘针脚直接和主板上的插座连接，用特殊的硬盘线和主板相连，或者采用转接口和主板上的插座连接。不管采用哪种方式，效果都是一样的，只是取决于厂家的设计。

（4）容量及采用技术。

由于应用程序越来越庞大，硬盘容量也有愈来愈高的趋势，对于笔记本电脑的硬盘来说，不但要求其容量大，还要求其体积小。为解决这个矛盾，笔记本电脑的硬盘普遍采用了磁阻磁头（MR）技术或扩展磁阻磁头（MRX）技术，MR 磁头以极高的密度记录数据，从而增加了磁盘容量、提高数据吞吐率，同时还能减少磁头数目和磁盘空间，提高磁盘的可靠性和抗干扰、震动性能。它还采用了诸如增强型自适应电池寿命扩展器、PRML 数字通道、新型平滑磁头加载/卸载等高新技术。

图 14-15　威刚笔记本内存

图 14-16　笔记本硬盘

7．声卡

大部分的笔记本电脑还带有声卡或者在主板上集成了声音处理芯片，并且配备小型内置音箱。但是，笔记本电脑的狭小内部空间通常不足以容纳顶级音质的声卡或高品质音箱。游戏发烧友和音响爱好者可以利用外部音频控制器（使用 USB 或火线端口连接到笔记本电脑）来弥补笔记本电脑在声音品质上的不足。

8．显卡

显卡主要分为两大类：集成显卡和独立显卡，性能上独立显卡要好于集成显卡。

集成显卡是将显示芯片、显存及其相关电路都做在主板上，与主板融为一体；集成显卡的显示芯片有单独的，但现在大部分都集成在主板的北桥芯片中；一些主板集成的显卡也在主板上单独安装了显存，但其容量较小，集成显卡的显示效果与处理性能相对较弱，不能对显卡进行硬件升级，但可以通过 CMOS 调节频率或刷入新 BIOS 文件实现软件升级来挖掘显示芯片的潜能；集成显卡的优点是功耗低、发热量小、部分集成显卡的性能已经可以媲美入门级的独立显卡了，所以不用花费额外的资金再购买显卡。

独立显卡是指将显示芯片、显存及其相关电路单独做在一块电路板上，自成一体而作为一块独立的板卡存在，它需占用主板的扩展插槽（ISA、PCI、AGP 或 PCI-E）。独立显卡单独安装有显存，一般不占用系统内存，在技术上也较集成显卡先进得多，比集成显卡能够得到更好的显示效果和性能，容易进行显卡的硬件升级；其缺点是系统功耗有所加大，发热量也较大，需额外花费购买显卡的资金。

独立显卡主要分为两大类：Nvidia 通常说的“N”卡和 ATI 通常说的“A”卡。

通常，“N”卡主要倾向于游戏方面，“A”卡主要倾向于影视图像方面。但是，在非专业级别的测试上，这种倾向是较小的。现在随着画面的特效进入 DX10.1 时代，显卡也随之进行相应的升级。两大显卡厂商 Nvidia 和 ATI 相继推出新型显卡，Nvidia 700 系列和 ATI 8000 系列，它们全部有效支持 DX10.1 的特效处理。

N 卡系列市面上主要有 Nvidia G610 m、Nvidia G710m、Nvidia GT720M、Nvidia GT730m、Nvidia GT740m、Nvidia GT750m、Nvidia GT760m、Nvidia GT770m、Nvidia GT780m 这些，标号越高的产品性能越好，它们所对应的 8 代显卡分别是 HD8550m、HD8570m、HD8730m、HD8750m、HD8770m、HD8870m、HD8970m 等。在此基础上性能都有较大幅提升（通俗的讲，“GS”、“ GT”代表性能，其性能从高到低的顺序为 GTX、GT、GE、GS、GSO）。而 9 代的显卡还有一部分厂商在用，主要有自 9200-9650 等。

A 卡 ATI 4000 系列市面上主要有 4330、4530、4570、4650 这些，同样是标号越高性能越好。也有大部分产品采用 3000 系列的老显卡，有 3450、3470、3650 等等。A 卡的型号第三位数相当于 N 卡的 GS、GT。

显卡的性能辨别主要看 GPU 型号，性能标志，显存大小及显存频率。

9．定位设备

笔记本电脑一般会在机身上搭载一套定位设备（相当于台式电脑的鼠标，也有搭载两套定位设备的型号），早期一般使用轨迹球（Trackball）作为定位设备，现在较为流行的是触控板（Touchpad）与指点杆（Pointing Stick）。

10．电池

笔记本电脑和台式机都需要电流才能工作。它们都配备了小型电池来维持实时时钟（在有些情况下还有 CMOS RAM）的运行。但是，与台式机不同，笔记本电脑的便携性很好，单单依靠电池就可以工作。

镍镉（NiCad）电池是笔记本电脑中常见的第一种电池类型，较早的笔记本电脑可能仍在使用它们。它们充满电后的持续使用时间大约在两小时左右，然后就需要再次充电。但是，由于存在记忆效应，电池的持续使用时间会随着充电次数的增加而逐渐降低。

镍氢（NiMH）电池是介于镍镉电池和后来的锂离子电池之间的过渡产品。它们充满电后的持续使用时间更长，但是整体寿命则更短。它们也存在记忆效应，但是受影响的程度比镍镉电池轻。

锂电池是当前笔记本电脑的标准电池，如图 14-17 所示。它们不但重量轻，而且使用寿命长。锂电池不存在记忆效应，可以随时充电，并且在过度充电的情况下也不会过热。此外，它们比笔记本电脑上使用的其他电池都薄，因此是超薄型笔记本的理想选择。锂离子电池的充电次数在 950～1200 次。

许多配备了锂离子电池的笔记本电脑宣称有 5 小时的电池续航时间，但是这个时间与电脑使用方式有密切关系。硬盘驱动器、其他磁盘驱动器和 LCD 显示器都会消耗大量电池电量。甚至通过无线连接浏览互联网也会消耗一些电池电量。许多笔记本电脑型号安装了电源管理软件，以延长电池使用时间或者在电量较低时节省电能。

一般笔记本电脑因为具有可携带性，所以有内置变压器。尤其是出国时国内外的电器额定电压不相同。所以为了满足这一点笔记本电脑一般都内置了一个变压器。使笔记本电脑的适用范围和寿命都大大增加。

11．电源适配器

笔记本充电器（Laptop Charger），也叫笔记本电源适配器，也就是笔记本电脑的充电器，如图 14-18 所示。传统笔记本充电器只能输出单一的电压给一型号的笔记本电脑充电，行业里称这种传统的笔记本电源适配器为单波段笔记本充电器（主要为了和万能笔记本充电器区分）。

笔记本电源适配器的工作原理简单来说就是把不稳定的电源利用开关电源的原理通过转化电路变成笔记本电脑需要的恒压直流电，给笔记本电脑供电和充电。需要注意的是这种转化电路，一定有保护电路（过流保护电路，过压保护电路 短路保护电路等），防止意外时，保护笔记本电脑不至于烧掉。

现在网上卖的很多都是偷工减料的不合格产品，正常使用一下应该没问题，一旦出现意外就会烧掉你的笔记本电脑，省掉几十块却烧掉几千块的笔记本得不偿失。常见做法有乱标功率，比如实际只有 19V3.42A，却标 19V4.74A，这样会导致充电很慢，甚至损坏电池和笔记本电脑。还有把一些偷工减料，去掉保护，出现意外就会烧掉笔记本电脑。 所以建议用原装的，如需购买则应选专业的品牌电源适配器。

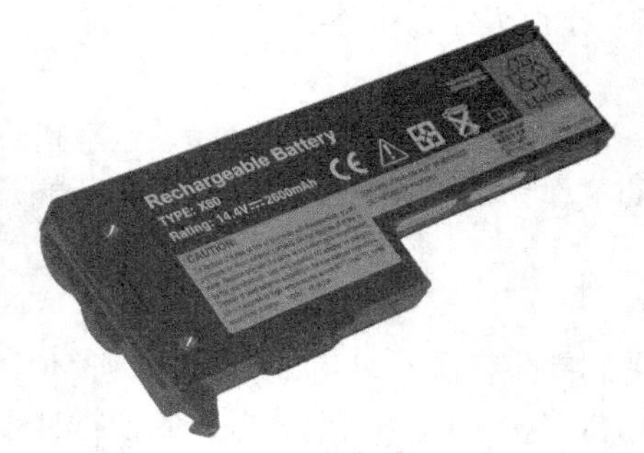

图 14-17　笔记本锂电池

图 14-18　笔记本电源适配器

14.4　笔记本电脑的主要性能参数

笔记本的主要性能参数包括以下几点。

（1）CPU 处理能力，现在主流的 CPU 耗电量低，运算能力强（即主频高）。

（2）显卡的处理能力，独立显卡固然好，但是你要看他的架构如何，现在主流的 nv9 系列的架构就比 nv8 系列的好些，所以有些 nv8 的高级显卡的价格会比较低，就看你的爱好了。如果不怕发热量的话，那就可以买一台配备 nv8600 以上的显卡的电脑。

（3）发热和续航能力，这个的重要性比较容易被忽视，发热量大的笔记本在夏天要注意散热，不然频繁重启会很麻烦。

14.5　笔记本电脑的选购

笔记本的选购注意以下几点。

1．前期准备，必不可少

购买前的细心准备往往能达到事半功倍的效果，前期准备首先要根据自己的预算，决定适合的品牌，千万别因贪图便宜而选择品质、售后都较差的小品牌或杂牌。其次要摸清这款机器的配置情况，以及预装系统和基本售后服务。最后要了解准备购买的机型近期的市场行情，价格走势，甚至是促销活动，这些资料都可以通过专业的网站和平面媒体查找到。而且由于网络媒体的反应速度较快，一般能第一时间洞察市场变化，只要在购买前对相关网站保持关注，就能基本摸清市场行情。

2．开箱前检查相当重要

在选好机型，并与商家谈好价钱后，就该进入繁琐，但又必须仔细的验机过程了。验机主要包括验箱、验外观和验配置三个过程。

可别小看开箱前对产品箱子的检验，这里往往是奸商设置陷阱的地方。 机器被商家拿来后，千万别着急开箱。首先要观察箱子的外观，如果发现包装箱发黄、发暗可就要小心了，这种箱子很可能被商家积压了很久，在有消费者要购买相关产品后，他们再将展示的样机装在里面，重新封口。而机箱崭新，但外面稍有小的损伤到不用太在意，这往往是运输过程中的问题，有时是无法避免的。

另外，包装箱往往能为用户提供一些有用的信息。很多厂商都会在包装箱上粘贴机器的身份证明——产品序号。一些大品牌还会提供产品序号的查询。要注意产品序号一定要与机箱内的保修卡、笔记本身上的号码相符合才行。而对于 ThinkPad 笔记本普遍存在的刷号机问题，通过简单的序号查询、对比是无法辨认的，只能借助机身背后的 COA 进行识别。COA 就是机器背面的 Windows 系列号标签，即微软的产品授权许可（Certificate Of Authenticity），行货的 COA 一般为红色，并附有 SimpChn 的字样，而水货则为蓝色。

3．检查外观 分辨样机好手段

样机是卖场里所展示笔记本的俗称，有时候会因销售人员的保护措施不当，在机身外壳有所损伤。其实大多数样机的硬件质量并无任何问题，因此如果商家肯便宜点出售，对资金紧缺的朋友来说，是很有诱惑力的。但商家可能不会这样做，而是将样机装在箱子里，重新封口以新品销售。消费者稍不注意，就会被蒙混过关。

有时候买到样机，不仅在“面子”上过不去，还会因样机出厂时间过长而减少或丧失相关服务。由于某些品牌对国际联保采用了出厂后一段时间自动生效的规定，如 HP 的机器通常在出厂后 59 天自动激活联保服务。如果您不幸买到了这些品牌的样机，很可能由于该机出厂时间过长而失去应得的售后服务。

检查样机是件考验眼神的事情，由于样机往往经过一段时间的展示，所以仔细查看一定会发现蛛丝马迹。先仔细检查机器的顶盖，通过不同角度与光线的组合，查找是否有划痕。另外，还可以检查机器的 I/O 端口、电源插头以及电池接口，全新的机器一定不会出现尘土、脏物，以及使用过的痕迹。

4．硬件辨别 软件帮忙

经过上面的包装箱、机器外观检验，就进入实质性的硬件配置检测环节了。其实通过查看 Windows 的系统属性也能简单了解相关的硬件情况，但是为了更加严谨、准确，笔者还是推荐您使用一些优秀的检测程序。

首先就要检查硬件是否符合商家所说，不过由于很多识别软件都需要机器本身安装好驱动后才能检测，无疑在准确性和便捷性上大打折扣。笔者为您推荐的 Hwinfo32 则是特殊的一款，它不仅能“免驱动”进行识别，还可以直接使用，无需安装。只要运行这个软件之后，一切的硬件信息就了然于胸了。

然后就是检查 LCD 屏幕了，相信任何人都不想买到带有 LCD 坏点的笔记本，虽然厂商和商家大肆宣扬坏点 3 个以内属正常现象的标准，但并不能成为用户为其买单的理由。毕竟坏点的几率还是很低的，因此，你大可不必在乎商家的夸夸其谈，验机时一定要多加留意。

通常所指的坏点，其实是“亮点”，它是坏点中的一种，比较明显，也容易发现。目前有少数几个品牌承诺的 LCD 无坏点，就是指无亮点。检测亮点的最好方法就是使用专业软件，如 Nokia Ntest。它是专业的显示器测试软件，能够查找亮点、偏色、聚焦不良等问题。不用安装，拷贝到硬盘里就可以直接使用，并且支持多个系统。

通过软件显示不同的图像组合可以发现 LCD 存在的问题，所以在你准备购机的时候，一定要准备好检测软件、U 盘，以及相关资料。

5．售后服务的保障

如果上面的所有检查都能通过，千万别以为现在已万事大吉，索要发票和填写保修卡也是不可忽视的重要环节。发票是商家履行国家三包规定的唯一合法证明，如果您相信商家的花言巧语，贪图一、二百元的便宜不要发票，当机器在三包规定期内出现问题，就无法享受 7 天退还、15 日内更换的服务。另外，大多数厂商都在自己的售后服务条款中规定，维修时必须同时出示保修卡与发票，否则在机器的合法性上无法得到确认。

在填写发票时还要注意，一定要将机器的型号、产品编码填写在上面，这一般也是厂商保修条款中的规定。保修卡也一定要加盖商家的公章，并将附联交由商家邮寄给厂商。

只要按照以上的方法去做就一定能够选择出一台满意的笔记本电脑。

14.6 笔记本电脑的维护

笔记本电脑的维护主要包括以下几个方面。

1．外壳的维护，注意不要划损外壳

笔记本电脑的外壳通常相当光滑，一些采用铝合金属外壳设计的就更容易维护了，通常只要一块绵布便可以使外壳一尘不染，需要注意的是，在移动的过程中，一定要使用独立的皮包或是布包将笔记本电脑装好，免得在途中划损外壳，在工作的时候，亦不要将笔记本电脑放到粗糙的桌面上，以保护外壳的光亮常新，建议可以使用湿纸巾来对外壳进行擦拭。

2．LCD 的维护注意用清水轻轻擦拭

笔记本电脑的外型大多数就像一本笔记本，折叠式的设计，内面分为显示屏，另一面的键盘、MOUSE 操作设备，侧面为各种外设（如 CD-ROM、软驱）和接口（USB、IDE、红外线接口），整体的外形设计趋于更轻巧更时尚的方向发展着。在笔记本电脑中，最容易受到损坏的是 LCD，一些超薄便携型的 LCD 那面如果受到挤压就很容易会受到损坏，这方面要相当注意，而一些使用了铝镁合金外壳的笔记本电脑，可承受的压力会大些。建议在一般时候不要被任何物件放在笔记本电脑之上。除了防止受到挤压之外，当然要进行日常的清洁，清洁液晶显示屏最好用蘸了清水（或纯净水）的不会掉绒的软布轻轻擦拭。除此之外，在软件上运用全黑屏幕保护亦有利于 LCD 的寿命。

3．键盘注意要防水

键盘是使用得最多的输入设备，按键时要注意力量的控制，不要用力过猛。在清洁键盘时，应先用真空吸尘器加上带最小最软刷子的吸嘴，将各键缝隙间的灰尘吸净，再用稍稍蘸湿的软布擦拭键帽，擦完一个以后马上用一块干布抹干。根据厂家的测试结论：洒向键盘的水滴是笔记本电脑最危险的杀手，它所造成的损失将是难以挽回的。幸好现在有一些笔记本电脑具备了防水键盘，这使得一些粗心大意的用户可以稍稍放心了。

4．光驱注意不用时取出盘片

现在很多笔记本电脑都配备了 DVD 光驱，当然这和 CD 光驱也是一样需要维护的。除了进行必要的定期清洗光头之外，还要注意不读写时应将光驱中的光盘取出来，否则，在发生坠地或碰撞时，盘片与磁头或激光头碰撞，会损坏光驱或盘中的数据。

5．硬盘注意防震与备份

尽管笔记本电脑都标榜着其硬盘拥有非常好的防震系数。但注意：震荡对于笔记本电脑的硬件来说危险还是相当大的，你不应该拿重要的数据去作为赌注吧，因此，尽量在平稳的地方进行工作。当然，像台式机一样进行数据整理与备份也是必要的。

6．电源注意稳定性

笔记本都可以使用市内的交流电来进行工作，这时需要注意电压是否稳定的问题，有条件的话可以配合稳压器，如果因为电流的波动大而造成笔记本的损伤，那是相当不值得的事情。

14.7 笔记本电脑的软硬件升级

笔记本电脑的升级方式，可分为软件升级与硬件升级，软件升级包括操作系统升级和BIOS的升级。

14.7.1 升级前的准备工作

首先需熟悉升级部件的类型、价格及性能。一般笔记本电脑厂商都提供有产品使用手册。在进行硬件升级的时候，参考该手册。也可以到其官方网站上下载获取相关信息。其次要准备好各类工具，包括螺丝刀、起子、小刀等。还要注意把拆卸下来的螺丝分开摆放，确保部件所用螺丝不会丢失。

14.7.2 升级操作

1．BIOS的升级

首先从所用笔记本电脑的厂家网站下载最新的BIOS文件，一定要检查下载的BIOS文件是否与机器型号相吻合，以免造成严重后果。将下载的BIOS文件解压到启动U盘上。注意刷新BIOS时一定不能断电。作好准备工作，开机进入BIOS设置菜单，把启动顺序设置成从U盘启动。然后在U盘启动下开机，开始刷新BIOS，具体请参照屏幕上的提示操作。BIOS升级完成后会显示"ROM Write Successful! "，升级完成后要注意把启动顺序调回来。BIOS的升级虽然不能直接对笔记本电脑的性能产生很明显的提高，但是在升级其他硬件前升级一下BIOS可以提高笔记本电脑对新硬件的兼容性。

2．硬件的升级

CPU的升级，笔记本电脑的CPU一般都是焊接在主板上的，不可更换。虽然也有一些笔记本电脑的CPU是抽取式的可以更换，但笔记本电脑的CPU价格较高，升级的意义不大。

内存的升级，在笔记本电脑升级中是最简单的，也是提高性能最明显的方式。对于笔记本电脑来讲，如果采用共享方式使用，同时负责内存、显存等所有存储功能，那么相比之下笔记本内存对于整机性能的影响则更为显著。大部分笔记本电脑都预留了两个DIMM插槽，有些采用集成内存设计的不需要占用扩展槽，有些则已经占用了一个插槽来安置内存。因为笔记本内存不同于台式机的内存，有时会出现兼容性不好或不兼容的问题，买的时候要选择名牌大厂的产品，尽量选用BGA封装的内存，不仅它比TSOP封装的内存体积更小，而且BGA封装使内存芯片尽可能少的被陶瓷所覆盖，可以获得更好的散热性能。对笔记本电脑的耗电量与散热都有好处。如有条件最好经过测试之后再购买。容量方面，鉴于目前流行的Windows7系统对内存的要求高，所以内存的升级更有必要。还有几点在升级之前一定要搞清楚，即你的电脑是否还有空余的内存插槽，每个插槽可以支持多大容量的内存，主板支持的是DDR2还是DDR3的型号内存。

硬盘的升级，随着使用时间的增长，储存的文件越来越多，原本就不大的硬盘空间越来越少。从体积上来说，笔记本电脑硬盘主要有9.5mm和12.5mm两种厚度规格。因此升级之前首先要注意尺寸，这是一个比较关键的问题，比如超轻薄机型只能使用9.5mm的硬盘，全内置和光软互换机型既可以使用9.5mm，也可以使用12.5mm的硬盘。部分超轻薄机型还使用的是特殊规格的硬盘。所以，在升级之前，最好查看一下机器的相关说明，看看电脑能够支持多大容量的硬盘，如果不支持是否可以通过升级BIOS来解决。如果已经没有可供升级的

BIOS，比如那些比较老的机型，建议最好是在最大容量限定的范围内来选择。对于替换下来的旧硬盘，可以买一个 USB 硬盘盒做一个移动硬盘。其次，还要注意最好选用高转速的硬盘，这样虽然发热量要大一些，但速度会提高很多。

以硬盘为例介绍，操作时首先要确保取下电池并且没有连上电源。其次要找到原部件，再换上新部件。针对硬盘找到硬盘仓并拧下螺丝，拔出硬盘的支架，再拧下支架上四周的螺丝把硬盘从支架上取下来。接下来把新硬盘安装上去，把之前的步骤反过来，需要先将硬盘接口与笔记本主板上的硬盘接口对接好（如图 14−19 所示），再用硬盘的螺丝固定好硬盘（如图 14−20 所示），完成了整个升级步骤。

显卡的升级，笔记本电脑的显卡分为共享显存显卡和独立显存显卡。以前的笔记本电脑，无论是共享还是独立显存的显卡，都是主板集成的，也就是说焊接在主板上，是无法升级的。现在有的厂家生产的笔记本电脑，带有独立的插槽，如 DELL 等大公司的一些机型，这样就给笔记本电脑显卡的升级带来了可能。其实，大多数人用笔记本电脑，是做文字处理等办公应用，所以对显卡的 3D 显示功能要求并不高。如果你就是这样的话，显卡的升级意义就不大，因为现在所有的笔记本电脑，也包括一些老机型的显卡，都可以很好的完成这些工作。但如果喜欢经常玩一些 3D 游戏，以及做一些图形处理的话，那你就可以考虑升级你的显卡了。

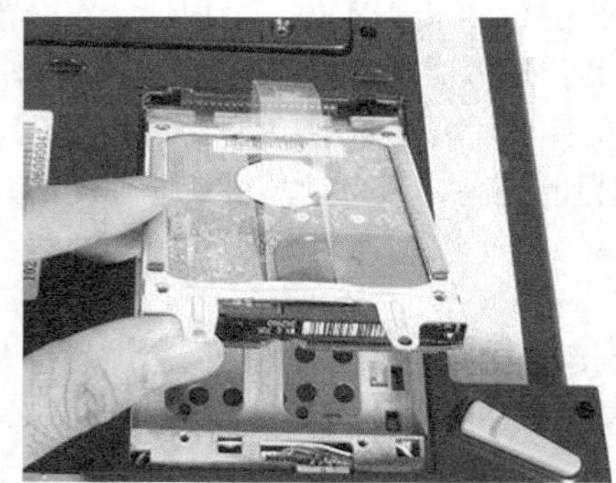

图 14−19　硬盘接口连接

图 14−20　固定硬盘螺丝

光驱的升级比较麻烦，需要到厂家的技术服务部门，去更换一个内置光驱模块，这样的升级花费较多。如果节省一些，只好舍去一些便携性，选择升级成外置式的光驱。

14.8　笔记本电脑拆装

面对昂贵而又娇气的笔记本电脑，其维修也比较贵。自己拆又容易拆坏。拆坏的主要原因则是没有规范的操作。对于拆装主要从四个方面阐述。

14.8.1　拆装注意事项

拆装需注意以下几点。

第一，拆装前关闭电源，并拆去所有外围设备，如 AC 适配器、电源线、外接电池、PC 卡及其他电缆等；因为在电源关闭的情况下，一些电路、设备仍在工作，如直接拆卸可能会引发一些线路的损坏。

第二，拆去电源线和电池后，再打开电源开关、一秒后关闭。以释放掉内部直流电路的电量。

第三，应配戴相应器具（如静电环等）。

第四，拆卸笔记本时需要绝对细心，对准备拆装的部件一定要仔细观察，明确拆卸顺序、安装部位，必要时用笔记下步骤和要点。

第五，使用工具，如镊子，钩针等。但使用时也要小心，不要对电脑造成人为损伤。

第六，拆卸各类电缆（电线）时，不要直接拉拽，而要明确其端口是如何吻合的，然后再动手，且用力不要过大。

第七，由于笔记本很多部件的材质是塑料，所以拆卸时遇到此类部件用力要柔，不可用力过大。

第八，排放好拆下的部件，不应当乱放、混放（如有部件压迫硬盘、软驱或光驱等）笔记本部件。

第九，由于笔记本当中很多部件或附件十分细小，比如螺丝、弹簧等，所以严格记录下每个部件的位置，相关附件的大小，位置等十分重要，拆卸下的部件按类顺序放置，对提高维修效率很有帮助。

最后注意安装时遵循记录，按照拆卸的相反程序依次进行。

14.8.2　拆装步骤

由于笔记本不具备通用，各种机型有差异，其拆装的一般步骤如图 14-21 所示。

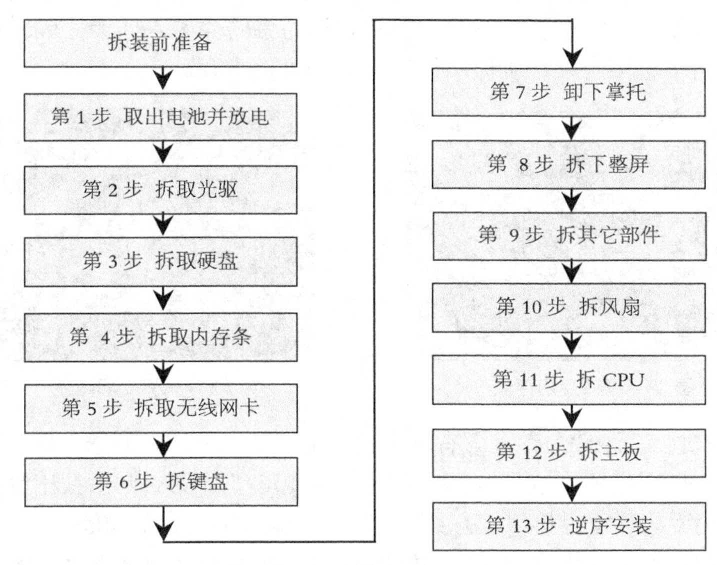

图 14-21　笔记本拆装步骤

14.8.3　拆装过程

步骤 1：取下电池，如图 14-22 所示。拆装器前，不管拆任何部件，都应先取下电池。按动电源开关三次，释放电荷。

步骤 2：取下可插拔 OpticalDrive 设备的光驱设备。注意：打开光驱锁，如图 14-23 所示，用手指推动，如图 14-24 所示中的弹簧锁，光驱即自动弹出。插入时将光驱推入插口，将光驱锁锁住。

步骤 3：拆除硬盘。用中号十字螺丝拧下硬盘固定螺丝，如图 14-25 所示。取出硬盘，如图 14-26 所示，注意硬盘要轻拿轻放，远离磁场。安装时步骤相反。

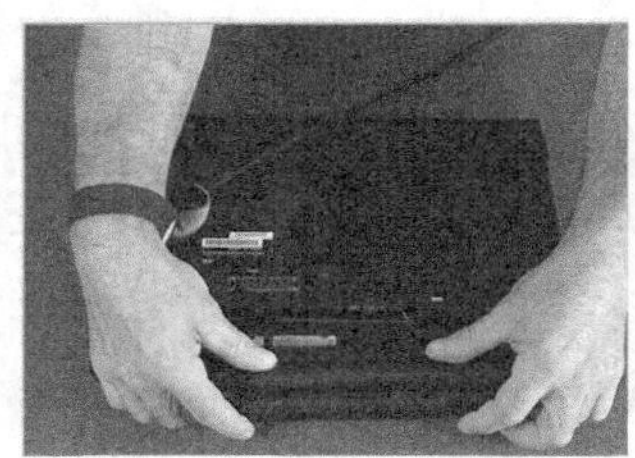
图 14-22　取下电池

图 14-23　打开光驱锁

图 14-24　拆光驱

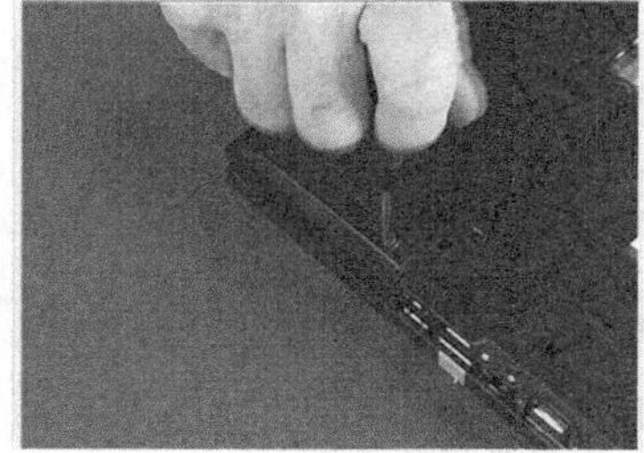
图 14-25　拆硬盘固定螺丝

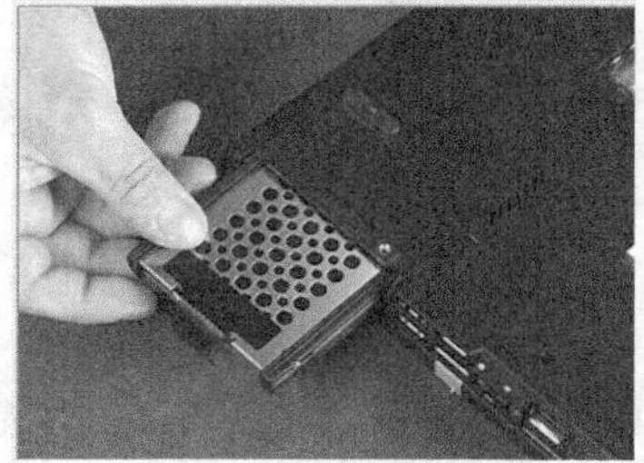
图 14-26　取出硬盘

步骤 4：拆取内存。内存后盖由一颗螺丝固定，卸下后取下内存盖，用手向两侧扳内存卡扣，如图 14-27 所示，内存弹起，用手抓住内存两侧，轻轻斜向外侧取下内存，如图 14-28 所示。注意：手不能接触内存上的芯片。安装时斜的将内存送入插槽，确保金手指部分完全插入内存槽内，向下轻按内存，确保两侧内存卡扣卡住内存。

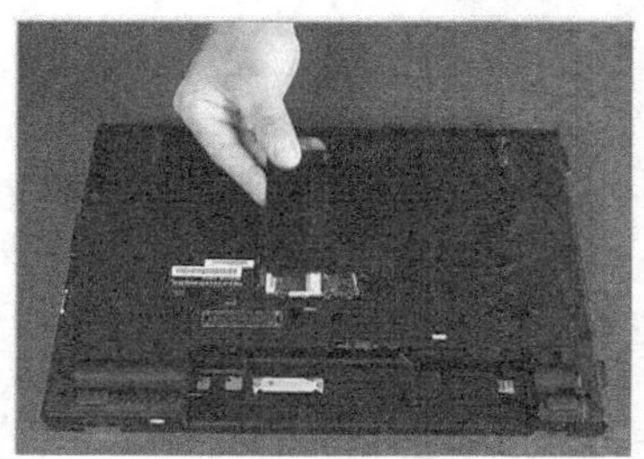
图 14-27　拆内存盖

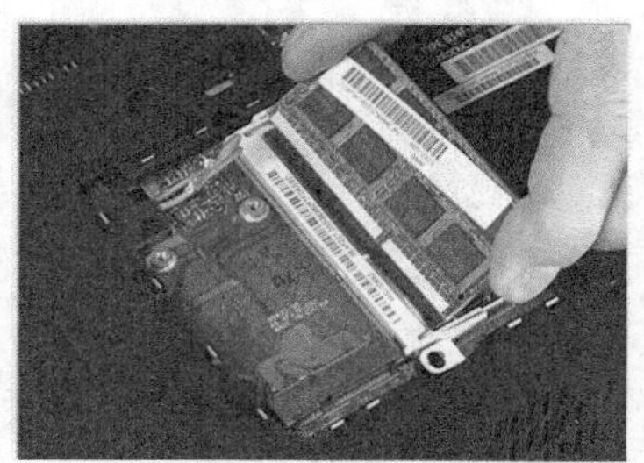
图 14-28　取内存

步骤 5：取下键盘。注意内存盖下有颗螺丝，用中号十字螺丝刀取下螺丝后，先向前轻推 KB，待 KB 下方卡槽露出后（如图 14-29 所示），抬起键盘下方，向后拉出键盘。露出键盘与主板连线，轻轻用手拉住键盘接口上方线向上垂直拉起键盘连线，如图 14-30 所示。必要时也可以用镊子辅助。安装时步骤相反，插好连线后，将 KB 前部插入掌托内，向后推，确保 KB 下方卡槽卡入掌托下方内。

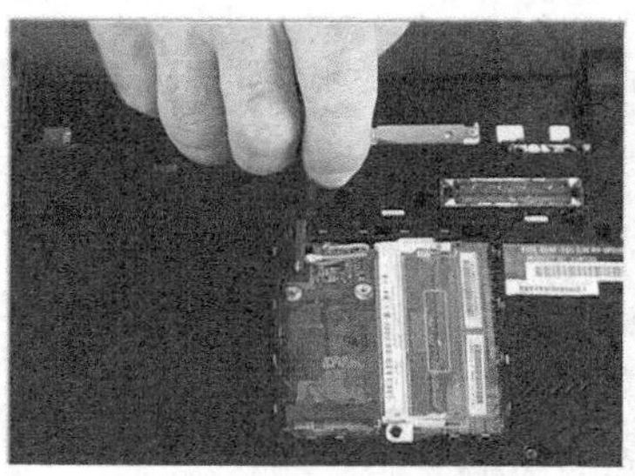
图 14-29　拆键盘固定螺丝

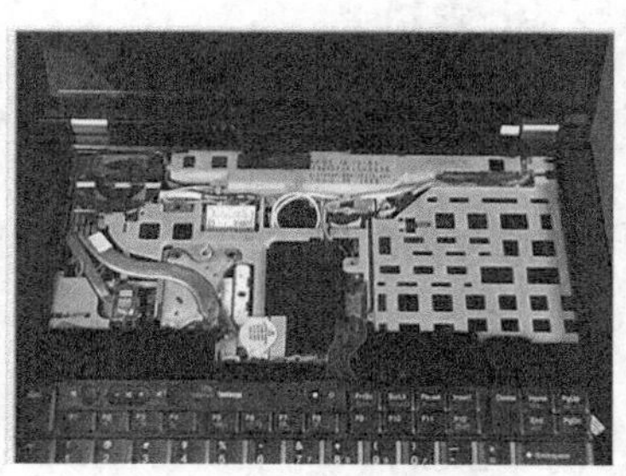
图 14-30　取键盘与主板连线

步骤 6：拆除 CMOS 电池。注意 CMOS 接口用小一字螺丝刀（接口用胶布裹住）轻翘两侧，用手辅助将线拔出。如图 14-31 与图 14-32 所示。

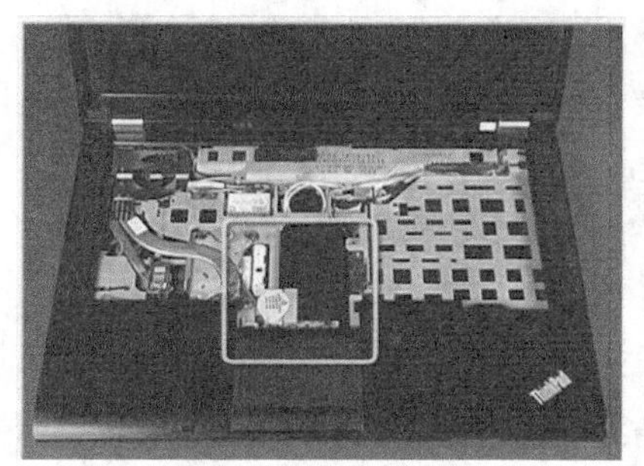

图 14-31　拆 CMOS 电池连线

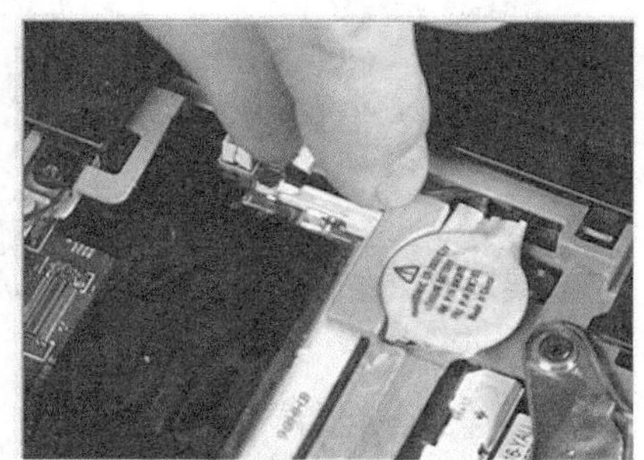

图 14-32　取 CMOS 电池

步骤 7：拆除无线网卡。拆除无线网卡要用小十字螺丝刀，如图 14-33 所示。注意：插拔无线天线用挑针或图示专用工具，避免用手直接拔。安装天线时对准位置用手指轻按。取下无线网卡时斜 45° 角将卡取出，如图 14-34 所示手握卡两端，避免直接接触芯片。

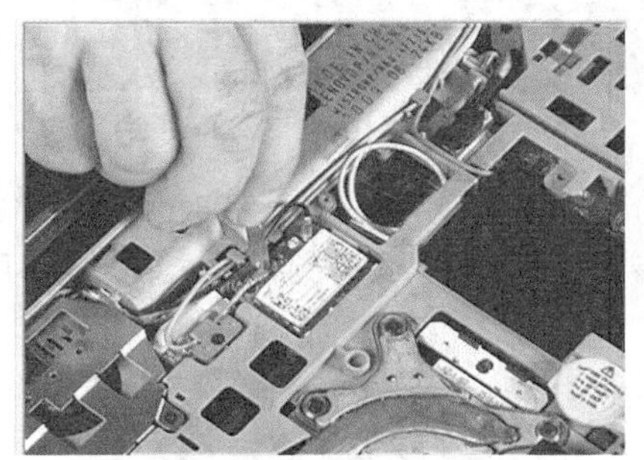

图 14-33　拆无线网卡天线

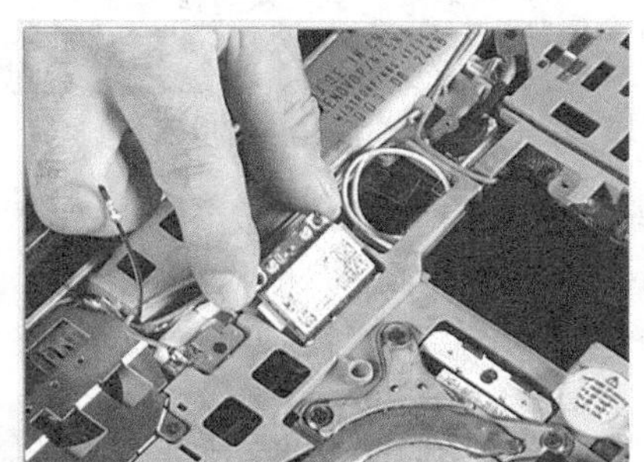

图 14-34　取无线网卡

步骤 8：卸下掌托。如图 14-35 与图 14-36 所示所示的螺丝位置，确保无未卸的螺丝后，再取下掌托，如图 14-37 所示，注意：掌托与底壳的卡扣，不能使蛮力。安装时注意各卡扣安装到位。

图 14-35　拆底壳螺丝

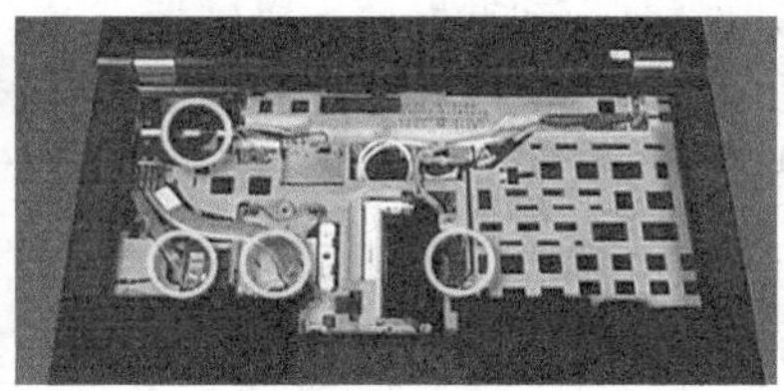

图 14-36　拆掌托固定螺丝

图 14-37　取掌托

步骤 9：取下 SPEAKER。左右喇叭由一个接口接在主板上，插拔线时用小一字螺丝刀（接口用胶布裹住）轻翘两侧，如图 14-38 所示，用手辅助将线拔起，如图 14-39 所示。拆其他主板接口线方法相同，如 CMOS 电池等。

步骤 10：拆下整屏。屏上有许多天线与主板相接，注意天线的走线规整。取下屏与主板接口，如图 14-40 所示，用手拉住屏线上方的拉手向上抬起，如图 14-41 所示，必要时也用镊子进行辅助。安装时将屏线对准插口，用手指轻压即可。

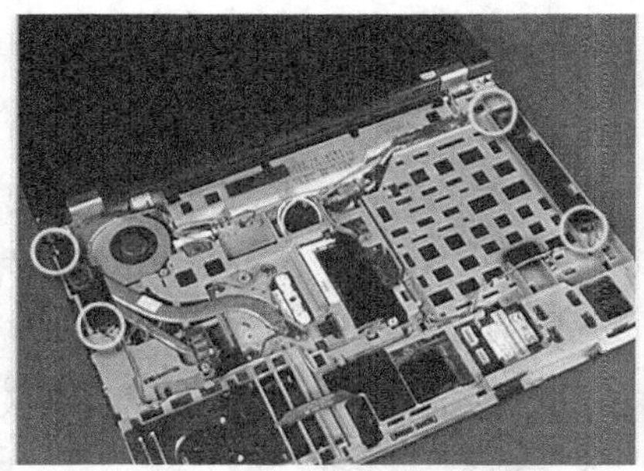

图 14-38　拆喇叭接线

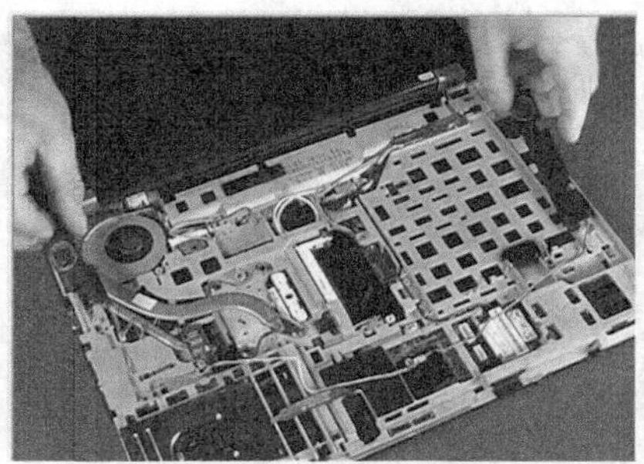

图 14-39　取喇叭

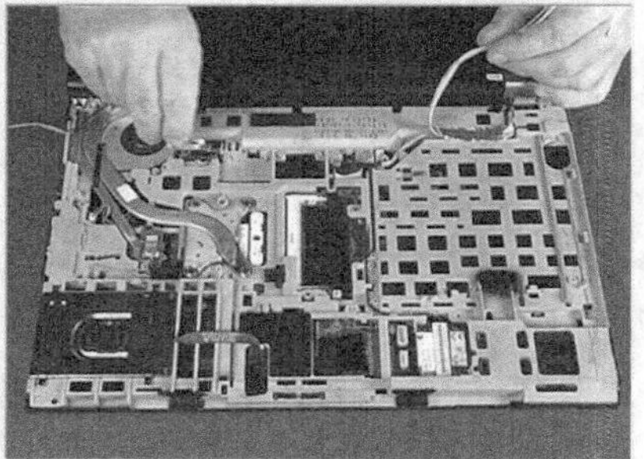

图 14-40　拆屏线

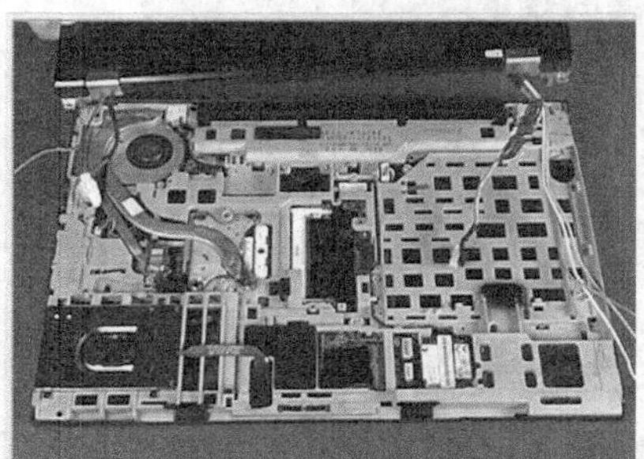

图 14-41　取 LCD 屏

步骤 11：取下 CPU 风扇。注意如图 14-42 所示的螺丝位置，插拔线时用小一字螺丝刀（接口用胶布裹住）轻翘，用手辅助将线拔起。插入时用镊子把线送到槽里，轻压接口上方，如图 14-43 所示。

图 14-42　拆 CPU 风扇固定螺丝

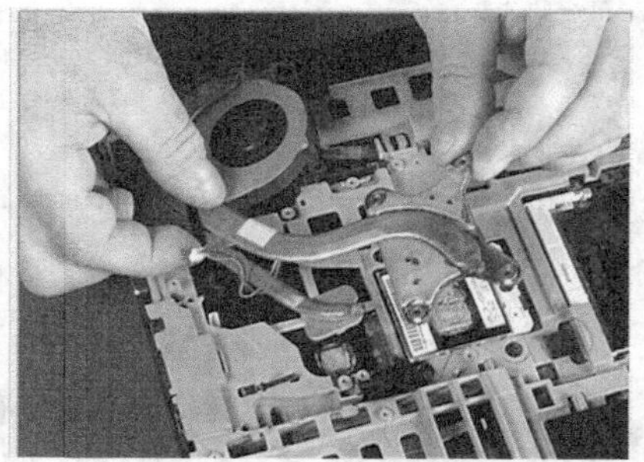

图 14-43　取 CPU 风扇

步骤 12：拆除防滚架。注意如图 14-44 所示螺丝的位置，拆除螺丝后，拆除防滚架如图 14-45 所示。安装时要安装到位。

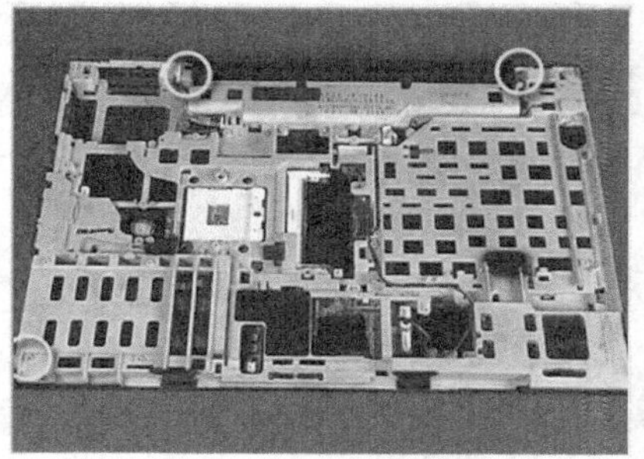

图 14-44　拆防滚架固定螺丝

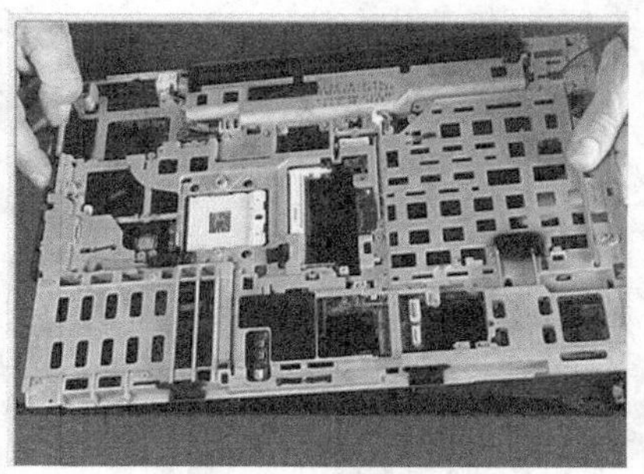

图 14-45　取防滚架

步骤 13：卸下主板。注意，如图 14-46 所示的螺丝位置：握主板的方式要用手接触主板的两侧，不要用手接触芯片，如图 14-47 所示卸下主板。

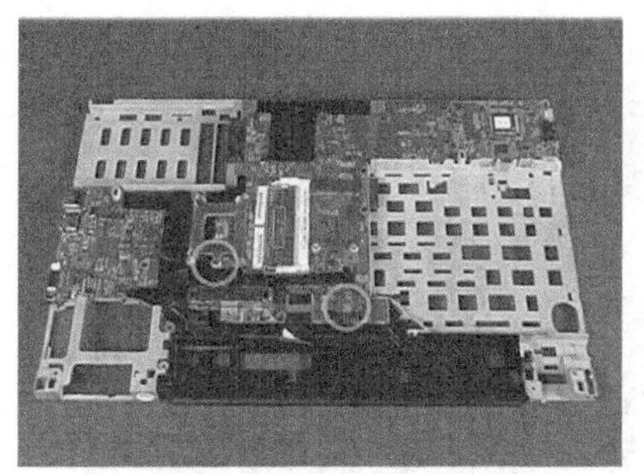
图 14-46　拆主板固定螺丝

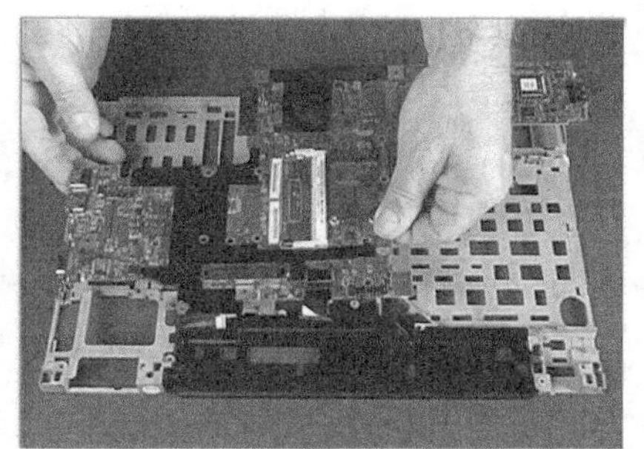
图 14-47　取主板

14.8.4　LCD 的拆装过程

步骤 1：取下屏框。注意螺丝的位置，每种机型不同，有的只有前方有钉固定，有的侧面也有，要注意观察后再动手。

注意如图 14-48 所示的屏幕螺丝的位置。拆下前屏框时要先先从屏框上部开始，向两侧扩展开，最后松开下部取下屏框，如图 14-49 所示。安装时屏框要以 20°～40° 的角度安装前面框的上部，然后将面框底部放平。从前面框上边的边角开始，向中间的顺序按压，使前面框卡位安装到位。

图 14-48　拆屏固定螺丝

图 14-49　取屏框

步骤 2：拆除 Inverter Card。注意接口的插拔，如图 14-50 所示，用工具辅助手来插拔。手拿板卡要拿两侧，不要握中间，如图 14-51 所示。

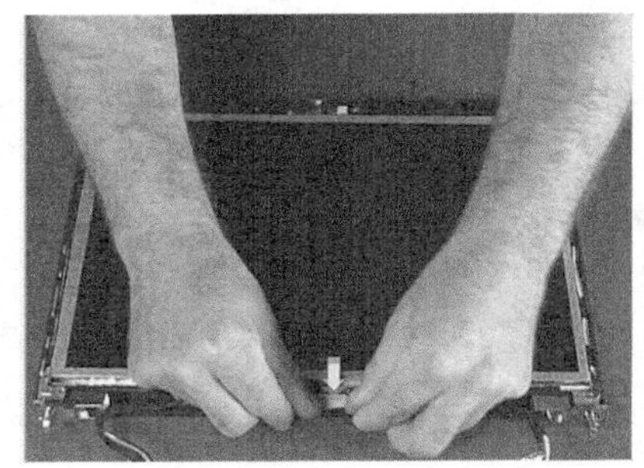
图 14-50　拆 Inverter Card

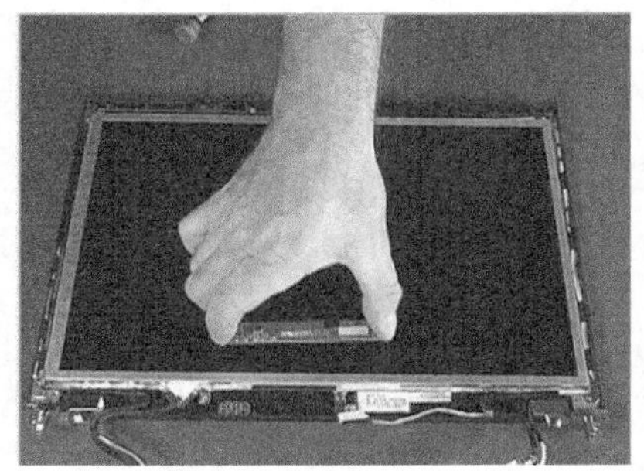
图 14-51　取 Inverter Card

步骤 3：卸下 LCD。如图 14-52 所示。注意要轻拿轻放，拆下的屏要用液晶保护套或袋保护，避免液晶屏划伤和弄脏。

步骤 4：卸下 LCD Cable。注意用手轻轻垂直将屏线从屏的接口取出，如图 14-53 所示，安装时将屏线对准插孔送入插紧即可。

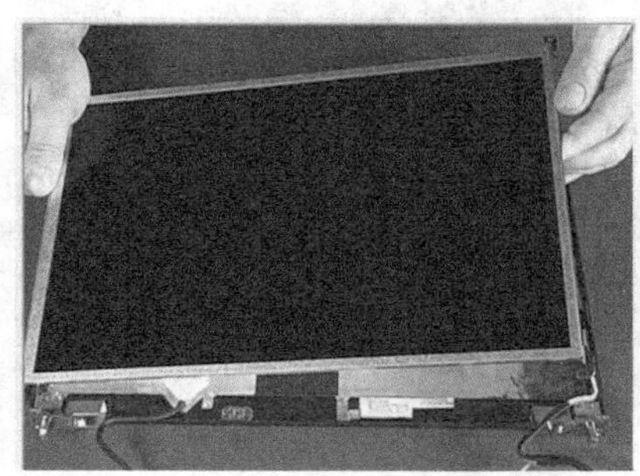

图 14-52　取液晶屏

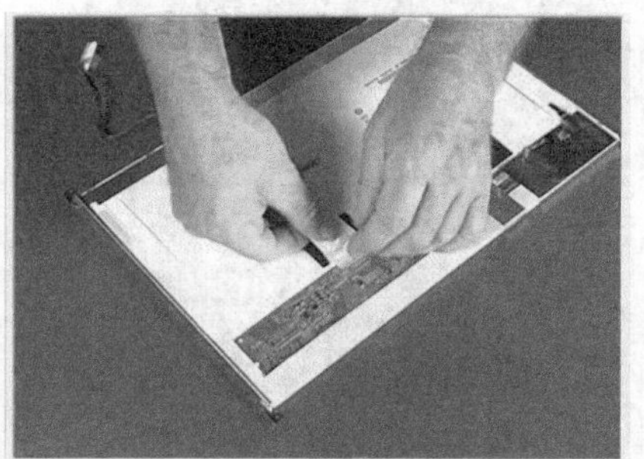

图 14-53　取屏线

步骤 5：安装 LCD

安装和拆卸顺序相反，操作规范一致。

14.9　习题

1. 简述笔记本电脑的主要品牌。
2. 笔记本电脑与台式机有何区别？
3. 笔记本电脑的硬件组成有哪些？
4. AMD 的 VISON 技术有哪些？
5. 笔记本电脑的性能指标有哪些？
6. 综述笔记本电脑的系统架构主要功能模块的功能。
7. 如何选购笔记本电脑？
8. 如何维护笔记本电脑？
9. 如何升级笔记本电脑？
10. 如何辨别“水货”笔记本电脑？
11. 简述笔记本电脑拆装步骤。

PART 15

第 15 章 计算机的日常维护

15.1 计算机日常维护简介

首先从计算机使用注意事项及笔记本电脑的日常保养两方面加以介绍。

15.1.1 计算机使用注意事项

计算机使用注意事项非常多，现在从使用环境及操作习惯两方面介绍。

1. 注意计算机的使用环境

- 定期开机，特别是潮湿的季节里，否则机箱受潮会导致短路，经常用的电脑反而不容易坏。但如果使用环境周围没有避雷针，则在打雷时不要开电脑，并且要将所有的插头拔下。
- 夏天时注意散热，避免在没有空调的房间里长时间用电脑，冬天注意防冻，电脑其实也怕冷的。不用电脑时，要用透气而又遮盖性强的布将显示器、机箱、键盘盖起来，能很好的防止灰尘进入电脑。
- 注意显示器周围不要放置音箱，会有磁干扰。显示器在使用过程中亮度越暗越好，但以眼睛舒适为佳。电脑周围不要放置水或流质性的东西，避免不慎碰翻流入引起麻烦。
- 注意机箱后面众多的线应理顺，不要互相缠绕在一起，最好用塑料箍或橡皮筋捆紧，这样做的好处是，干净不积灰，线路容易找，避免被破坏。还应注意定期对电脑进行一次大扫除，彻底清除内部的污垢和灰尘。

2. 养成良好的操作习惯

- 遵循严格的开关机顺序，应先开外设，如显示器、音箱、打印机、扫描仪等，最后再开机箱电源。反之关机应先关闭机箱电源。（目前大多数电脑的系统都是能自动关闭机箱电源的）要注意主机箱的散热，避免阳光直接照射到计算机上；
- 尽量不要频繁开关机，暂时不用时，干脆用屏幕保护或休眠。电脑在使用时不要搬动机箱，不要让电脑受到震动，除 USB 设备外，不要在开机状态下带电拔插硬件设备。
- 上网时要注意，不要乱点，尤其是一些色情类的图片，广告漂浮在浏览器页面当中的，不要点击它；如果它影响你浏览网页，就上下拖动滑动条，直到最佳视角为止。另外，一些上网插件尽量不要装。还有不要安装上网助手及其工具栏，这类软件有时会影响浏览器的正常使用。不要随便下载和安装运行互联网上的一些小的软件、程序或信件。尽量减少装、卸软件的次数。

定期对数据进行备份并整理磁盘。由于硬盘的频繁使用、病毒、误操作等，有些数据很容易丢失。所以要经常对一些重要的数据进行备份，以防止几个月完成的工作因备份不及时而全部丢失。

15.1.2 笔记本电脑的日常保养

笔记本的日常保养维护主要包括两个方面：整机方面和部件方面。

1．整机保养

整机保养就是在日常使用过程中对笔记本整机的维护，笔记本作为计算机的一种，其使用注意事项不再赘述。

2．部件保养

（1）液晶显示屏保养。

液晶显示屏是笔记本电脑上最娇贵的部件，其制造费用占到了整台笔记本电脑总成本30%左右的比率。它具有“低功耗，无辐射，无眩晕”等诸多优点，并且在很大的程度上保护了使用者的视力。液晶显示屏是笔记本电脑的“面子”，使用者绝大多数时间要面对它工作，如果使用不当的话，很可能就会缩短使用寿命，所以，对于液晶显示屏的保养要特别的重视，对此总结以下几点。

首先是保持干燥的工作环境。

根据笔记本电脑液晶显示屏的工作原理我们可以看出，它对空气湿度的要求比较苛刻，所以必须要保证笔记本电脑能够在一个比较干燥的环境中工作。特别是不能将潮气带入显示屏的内部，因此这对于一些工作环境比较潮湿的用户来说，尤为关键。如果水分已经进入液晶显示屏里面的话，则需要将笔记本电脑放置到干燥的地方，让水分慢慢的蒸发掉，这时千万不要贸然地打开电源，否则显示屏的液晶电极会被腐蚀掉，从而造成液晶显示屏的损坏。

其次避免不必要的震动。

由于笔记本电脑的液晶显示屏是由多层反光板、滤光板及保护膜组合而成的，而这些材料又非常脆弱且极易破损，所以过于猛烈的震动可能会对它造成不可修复的损坏，比如出现显示模糊，水波纹等现象，从而影响了显示输出效果。因此，在使用笔记本电脑的时候应避免在有着强烈震动的地方，以保证液晶显示屏的安全。

再次要注意操作习惯。

笔记本液晶屏是一个易损部件，长时间不使用电脑时，可透过键盘上的功能键暂时仅将液晶显示屏幕电源关闭，除了节省电力外亦可延长屏幕寿命。请勿用力盖上液晶显示屏幕屏幕上盖或是放置任何异物在键盘及显示屏幕之间，避免因重压上盖玻璃而导致内部组件损坏。

最后要注意定时清洁液晶显示屏。

由于灰尘等不洁物质，在液晶显示屏上难免会出现一些难看的污迹，所以要定时清洁显示屏。如果发现液晶显示屏上面有污迹，正确的清理方法是用沾有少许玻璃清洁剂的软布将污迹擦除，在擦拭时注意力度要轻，否则液晶显示屏会因此而短路损坏。清洁液晶显示屏要定时，频繁的擦洗是不可以的，那样做同样也会对液晶显示屏造成不良影响。

（2）光驱保养。

光驱也是“易损”的部件之一。笔记本使用的超薄光驱平均使用寿命都比较短，因此在使用过程中请尽量避免震动和高强度使用。注意尽量避免直接读取播放市面上常见的rmvb等格式的压缩光盘。超薄刻录机的速度一般会有所限制，如果时间允许，请尽量使用专门的刻录软件进行慢速刻录，避免连续、频繁刻录。

（3）键盘保养。

键盘是大家最常接触的一个部件，笔记本采用的X架构键盘键程较浅，使用较大的力道敲击键盘会对其造成一定损害。另外，如果不慎让食物残渣、沙粒或水进入键盘缝隙中，轻则影响使用手感，重则烧坏主板，因此注意享用美食和饮品时，尽量远离笔记本。

（4）电池保养。

现在的笔记本一般都使用锂离子电池，而镍氢电池和镍铬电池基本上已经不再使用了，区别就是锂离子电池的记忆效应明显比后两者少了。虽然锂离子电池的记忆不明显了，可以随便充放电，但是随意充放电还是会影响其寿命，所以如果没有特殊情况，还是尽量避免随意充放电。对于新笔记本，首几次充电时，应该注意这几点：尽量把笔记本电池电量用到不能开机的程度，但是不能用到一点不剩（就是彻底放电），然后在关机的状态（不要边用电脑边充电）下把电池电量完全充满，如此反复几次，这样你的电池可以说发挥出最大的电量潜能了，而以后只要不随意充放电，那么锂离子电池的记忆效应就不会对整块电池造成很大影响，如果有可能，请每个月对电池也进行一次全充放。另外，如果使用AC（Alternating Current，交流电）外接电源时最好将电池拔掉，否则电池长时间处于发热状态，其寿命会受到影响。尽量使用洁净的电力（电压不要过高或过低），注意不要把笔记本的电源适配器和大功率电器（比如说空调）接在同一个电源排座上，原因很简单，大功率电器开启都会形成瞬间高压。如果电池长期不用，请将它保存在阴凉的地方以减弱其内部自身钝化反应的速度；请至少二个月充放电一次，以保证它的活性。对于笔记本进水这种意外情况，首先要做的就是把电池卸下来，将笔记本自然凉干，然后送到专业的售后服务中心维修。

（5）散热注意事项。

散热是笔记本设计的难题之一。第一，应该有足够的散热空间。注意笔记本正确的摆放方式（天热可以支起笔记本下面的支架，增加散热面积），不要挡住散热孔。第二，不要长时间满负荷使用笔记本，CPU目前还是产热大户，可以用2个小时让其休息一下。第三，禁用一些没必要的设备，比如说蓝牙，光驱之类，既可以省电也可以减少散热。

15.2 计算机常用软件介绍

使用电脑，针对日常应用，实现不同功能，方便工作。下面介绍几款常用的软件。

1．常用系统软件

测试、优化、管理维护系统的正常的运行，使系统得到最佳的运行效果。主要有硬盘克隆软件NortonGhost、系统测试软件Sisoft Sandra、计算机游戏性能评测利器3DMark、系统优化软件Windows大师等。

2．办公软件

办公软件指可以进行文字处理、表格制作、幻灯片制作、简单数据库的处理等方面工作的软件。办公软件是在工作中经常需要的。推荐使用Office2010、WPS2013版本。

3．解压缩软件

现在从网上下载下来的文件，很多都是压缩的，所以需要一个解压缩软件来打开它。上传文件也需要用压缩软件压缩或者打包。这样便于文件存储和数据传输。常用的文件压缩软件有Winzip、WinRAR等。

4．下载软件

利用网络，通过 HTTP、FTP 等协议，下载数据（电影、软件、图片等）到电脑上的软件。可以说上网下载文件，没有下载软件非常不方便。推荐使用迅雷或 FlashGet。

5．影音播放软件

几乎每台电脑都要装影音播放软件，其常用的软件有以下几种。

酷我音乐盒作为酷我科技公司的旗舰产品，实现了即点即播的在线听歌功能，在国内率先解决了网民的第一上网需求。在基本的听歌体验外，酷我同时提供在线 MV、同步歌词、明星图片秀、明星新闻和个性歌曲推荐等增值服务。

酷狗（KuGou）是国内最大也是最专业的 P2P 音乐共享软件。酷狗主要提供在线文件交互传输服务和互联网通讯，采用了 P2P 的先进构架设计研发，为用户设计了高传输效果的文件下载功能，通过它能实现 P2P 数据分享传输，还有支持用户聊天、播放器等完备的网络娱乐服务，好友间也可以实现任何文件的传输交流，通过酷狗，用户可以方便、快捷、安全地实现音乐查找、即时通信、文件传输和文件共享等网络应用。

暴风影音，其兼容性较好，基于 MPC 内核，作为对 Windows Media Player 的补充和完善，暴风影音提供和升级了系统对常见绝大多数影音文件和流的支持，最新版本可完成当前大多数流行影音文件、流媒体、影碟等的播放而无需其他任何专用软件。

PPTV 网络电视（别名 PPLive）是在线视频软件，它是全球华人范围中领先的、规模最大、拥有巨大影响力的视频媒体，全面聚合和精编影视、体育、娱乐、资讯等各种热点视频内容，并以视频直播和专业制作为特色，基于互联网视频云平台 PPCLOUD 通过包括 PC 网页端和客户端，手机和 PAD 移动终端，以及与牌照方合作的互联网电视和机顶盒等多终端向用户提供新鲜，及时，高清和互动的网络电视媒体服务。

6．图像浏览软件 ACDSee

图像浏览软件 ACDSee 是目前最流行的数字图象处理软件，它能广泛应用于图片的获取、管理、浏览、优化甚至与他人的分享。使用 ACDSee，可以从数码相机和扫描仪高效获取图片，并进行便捷的查找、组织和预览。超过 50 种常用多媒体格式被一网打尽。作为重量级看图软件，它能快速、高质量地显示您的图片，再配以内置的音频播放器，我们就可以享用它播放出来的精彩幻灯片了。ACDSee 还能处理如 Mpeg 之类常用的视频文件。此外 ACDSee 可以作为图片编辑工具，轻松处理数码影像，拥有的功能如去除红眼、剪切图像、锐化、浮雕特效、曝光调整、旋转、镜像等，还能进行批量处理。

7．图像处理软件 Photoshop

Potoshop 是著名的专业图像处理与绘图软件。可以为您提供专业的图像编辑与处理，利用其广泛的编修与绘图工具，可以更有效地进行图片编辑工作。独特的历史纪录浮动窗口和可编辑的图层效果功能，使用户可以方便地测试效果。对各种滤镜的支持更令用户能够轻松创造出各种奇幻的效果。

8．即时通信软件

即时通讯（Instant Messenger，IM）是一种基于互联网的即时交流消息的业务。代表软件有 MSN、腾讯 QQ 等。

9．翻译软件

无论我们是浏览网页还是阅读文献或多或少都会遇到几个难懂的英文词汇，这时我们就不免要翻词典了。网上的词典工具大概可以分为两种：离线词典及在线翻译。离线词典可以不用联网，只要下载安装并运行就可以方便取词。在线翻译词典需要访问一个网站，而后输入要查找的词汇等内容。

常用的软件有海词词典、金山词霸、有道桌面词典。

10．杀毒及防火墙软件

抵御病毒，查杀有害病毒，采取措施把损失降到最低，使计算机正常工作。

杀毒软件，也称反病毒软件或防毒软件，是用于消除电脑病毒、特洛伊木马和恶意软件等计算机威胁的一类软件。杀毒软件通常集成监控识别、病毒扫描和清除以及自动升级等功能，有的杀毒软件还带有数据恢复等功能，是计算机防御系统（包含杀毒软件，防火墙，特洛伊木马和其他恶意软件的查杀程序，入侵预防系统等）的重要组成部分。

防火墙是位于计算机和它所连接的网络之间的软件，安装了防火墙的计算机流入流出的所有网络通信均要经过此防火墙。使用防火墙是保障网络安全的第一步，选择一款合适的防火墙，是保护信息安全不可或缺的一道屏障。

常见的杀毒软件有卡巴斯基、瑞星、诺顿等，常见的防火墙软件有天网、360 安全卫士等。国内用得较多的是 360 杀毒及 360 安全卫士防火墙组合。

15.3 系统的备份与还原

计算机系统的安全受到计算机病毒及网络的攻击，即使使用防病毒软件和网络防火墙也不能保证计算机系统的安全。在此情况下，保证计算机系统安全的最好办法就是采用系统备份，当系统出现问题后能利用备份的系统快速地使系统恢复到正常状态。

系统出现问题时，重装系统是一个较为简单彻底的办法，但重装系统要花费较长时间，会误删有用的数据。因此可以在刚装好系统和常用软件后对系统做一个备份，以便在出现问题时利用备份来恢复系统。目前比较流行的以 Ghost 软件为工具来进行系统的备份和还原，而且只对系统分区进行备份和还原。建议把硬盘至少分为两个区，一个分区用于安装操作系统和应用软件，另一个存放数据。整个备份过程可以认为是对一个文件的“另存为”的过程。

15.3.1 使用 GHOST 备份系统

使用 GHOST 软件备份系统的过程如下。

（1）首先用干净启动盘启动计算机，进入 DOS 模式下，然后启动 Ghost。在显示 Ghost 主界面后依次选择“Local”→“Partition”→“To Image”菜单项，将分区备份成一个映像文件，如图 15-1 所示。

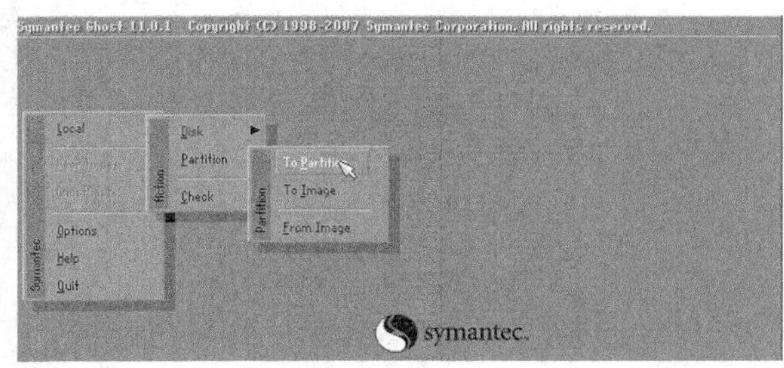

图 15-1 分区备份菜单

（2）选择要备份分区所在的源硬盘，如果只有一块硬盘，那就直接单击“OK”按钮。“Select source partition”（选择源分区）对话框，选中需要备份的分区，单击“OK”按钮。

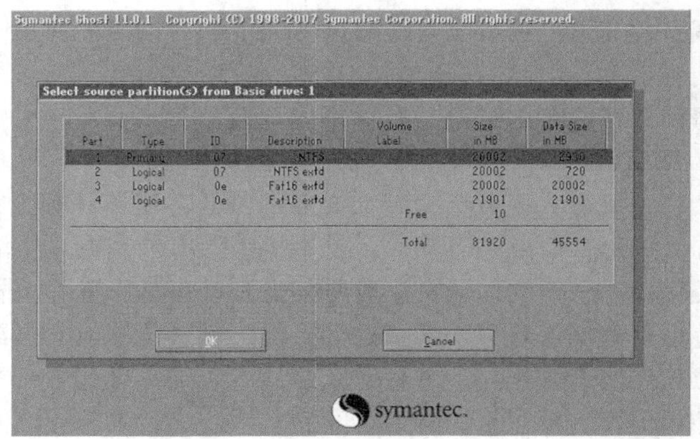

图 15-2 选择源分区菜单

（3）在弹出的“File name to copy image to”对话框中，选择映像文件要存放的位置，此对话框可以认为是一个“另存为”对话框，输入映像文件名，单击“Save”按钮，如图 15-3 所示。

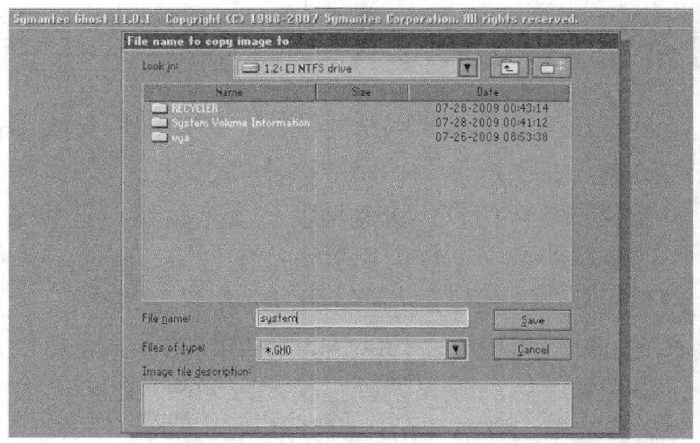

图 15-3 镜像文件保存对话框

（4）在弹出的“Compress Image ”对话框中，指定是否需要压缩映像文件，“No”指不压缩，“Fast”指进行小比例压缩但备份的速度较快，“High”指高压缩率进行压缩，但备份的速度较慢。一般选择“High”选项，虽然速度慢但镜像文件所占的空间会大大降低，如图 15-4 所示。

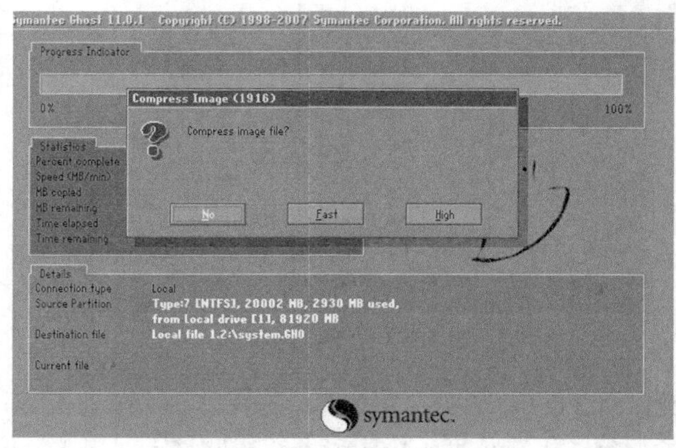

图 15-4 文件压缩比选择

（5）弹出含有“Image Creation Completed Successfully”文字的对话框，说明映像文件创建成功，如图 15-5 所示，退出 Ghost 即可。

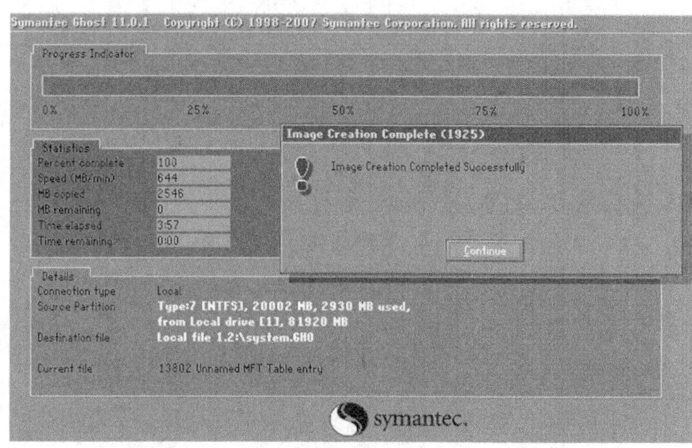

图 15-5　备份成功

15.3.2　使用 GHOST 还原系统

使用 GHOST 软件还原系统的过程如下。

（1）如果系统需要还原，只要启动 Ghost 后，依次选择“Local”→“Partition”→“From Image”菜单项，在弹出的“Image file to restore from”对话框中，找到先前备份的镜像文件（扩展名为.gho），如图 15-6 所示，单击“Open”按钮。

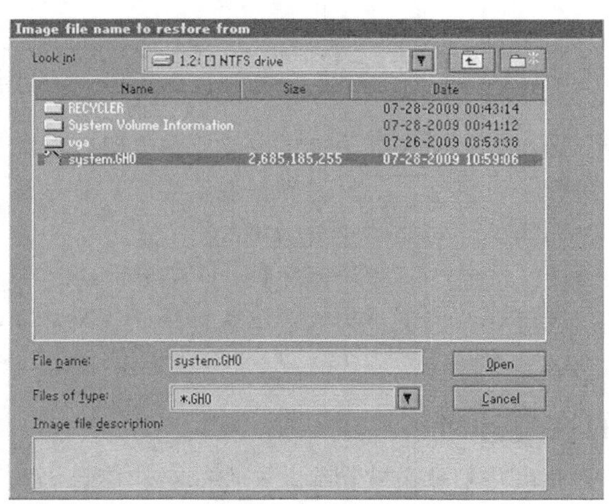

图 15-6　文件选择对话框

（2）选择恢复镜像文件的目标硬盘，一般是主硬盘。在“Select destination partition”对话框中，选择被还原的目标分区，一定注意目标分区不能选错。映像文件所在的分区不能被还原，以红色显示，如图 15-7 所示，单击“OK”按钮。

（3）出现警告对话框，确定继续还原，目标分区的数据将被覆盖，继续还原则单击“Yes”按钮，如图 15-8 所示。数据开始恢复，恢复的时间与制作镜像的时间大致相等。数据恢复完成后，弹出“Clone Complete”对话框，单击“重启”按钮，计算机重新启动。这样一个恢复好的系统就重新出现了。

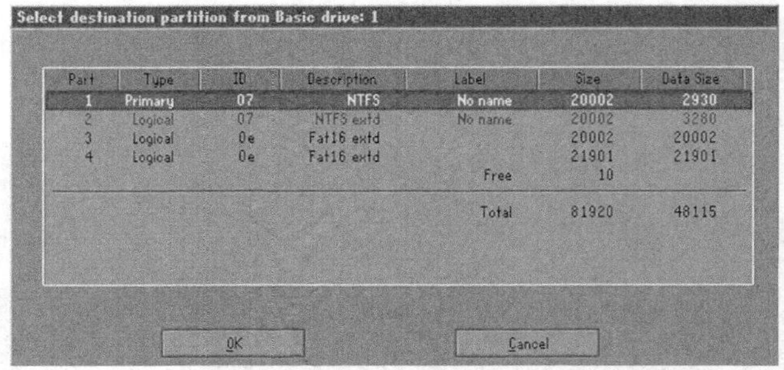

图 15-7 选择目标分区对话框

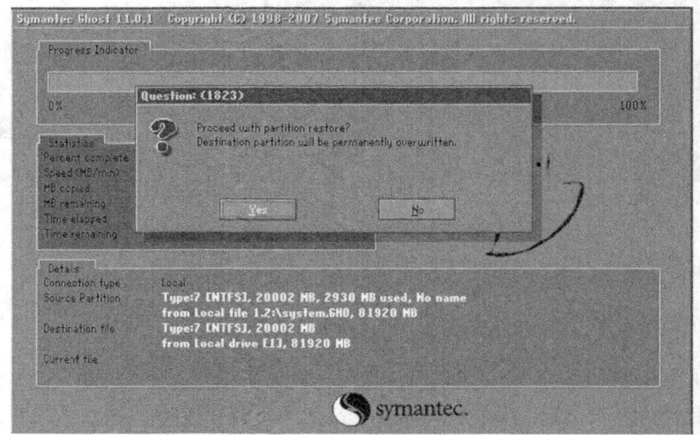

图 15-8 数据恢复警告对话框

15.4 硬盘数据的恢复

对计算机用户来说，硬盘故障简直就是一场灾难，很多时候硬盘里的数据代价远超硬盘本身甚至整台电脑。如果你没有备份，一旦遇到数据丢失的灾难要恢复起来就很难了，但通过一些软件和方法你还是有可能恢复一些重要数据的。

针对硬盘数据的安全性，大家平时要特别注意。但有时不小心误删除了文件，或者格式化了数据盘，只能想办法尽量弥补损失，运用数据恢复软件来弥补这些损失是大家日常维护计算机的一个常用的方法。

15.4.1 数据的恢复原理

删除文件时，其实文件也并未真正被删除，文件的结构信息仍然保留在硬盘上，计算机会做一个标记，表明这个文件被删除了，可以写入新的数据了。除非新的数据将之覆盖了，否则文件就是可以被恢复出来的。EasyRecovery 使用 Ontrack 公司复杂的模式识别技术找回分布在硬盘上不同地方的文件碎块，并根据统计信息对这些文件碎块进行重整。接着 EasyRecovery 在内存中建立一个虚拟的文件系统并列出所有的文件和目录。哪怕整个分区都不可见、或者硬盘上也只有非常少的分区维护信息，它仍然可以高质量地找回文件。

能用 EasyRecovery 找回数据的前提就是硬盘中还保留有文件的信息和数据块。但在你执行了删除文件、格式化硬盘等操作后，再在对应分区内写入大量新信息时，这些需要恢复的数据就很有可能被覆盖了！这时，无论如何都是找不回想要的数据了。所以，为了提高数据的修复率，就不要再对要修复的分区或硬盘进行新的读写操作，如果要修复的分区恰恰是系统启动分区，那就马上退出系统，用另外一个硬盘来启动系统。然后再运行 EasyRecovery 进行修复。

15.4.2 使用 EasyRecovery 恢复数据

下面讲述如何利用 EasyRecovery 找回被误删除的数据。

（1）启动 EasyRecovery 软件，选择左侧选项中的“数据恢复”选项，然后选择右侧的“删除恢复”选项，软件会自动扫描系统，如图 15-9 所示。

（2）左侧是选择分区，要确定被删除的文件原来在哪个分区，就选择该分区。如果你几个分区中都有被误删的文件，不能一次性恢复，需要重复恢复步骤。如现在 E 盘中的文件被误删除了，就选择 E 盘。然后单击“下一步”按钮，如图 15-10 所示。

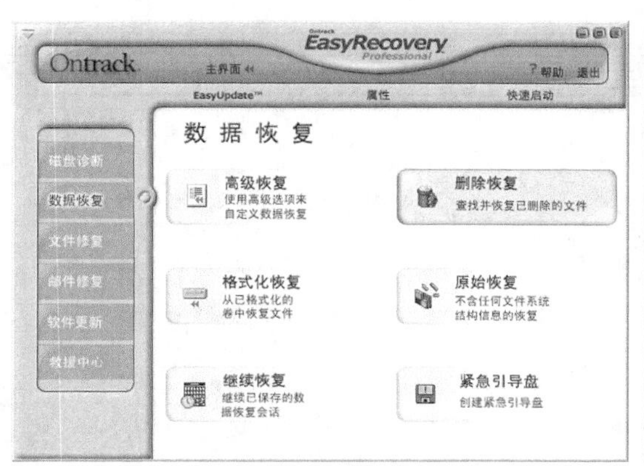

图 15-9 数据恢复主界面

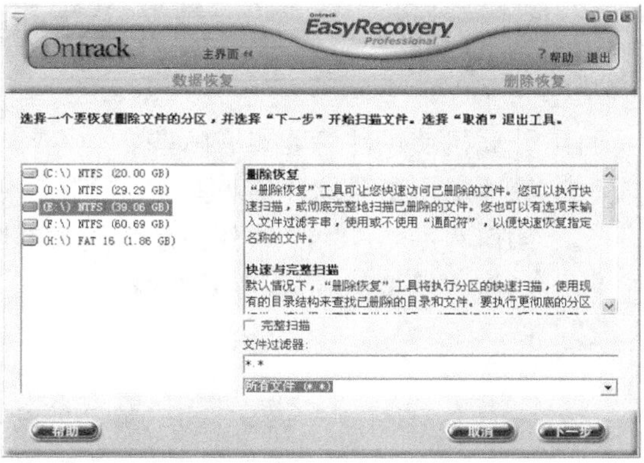

图 15-10 扫描删除文件

（3）经过一段时间扫描，程序会找到被删除的数据。在左侧窗口的方框内用鼠标单击一下，恢复所有找到的数据。如果你只想恢复你想要的数据，可以在右侧的文件列表中寻找，并在想要恢复的文件前面的方框内打勾。选择完毕之后，单击“下一步”按钮，如图 15-11 所示。

（4）选择数据恢复目标盘。最好不要将这些要恢复的数据放在被删除文件的盘内，如现在要恢复 E 盘的数据，那么恢复出来的数据最好不要放在 E 盘，否则很可能发生错误，导致恢复失败，或者数据不能完全被恢复。做好选择后，单击“下一步”按钮， 如图 15-12 所示。

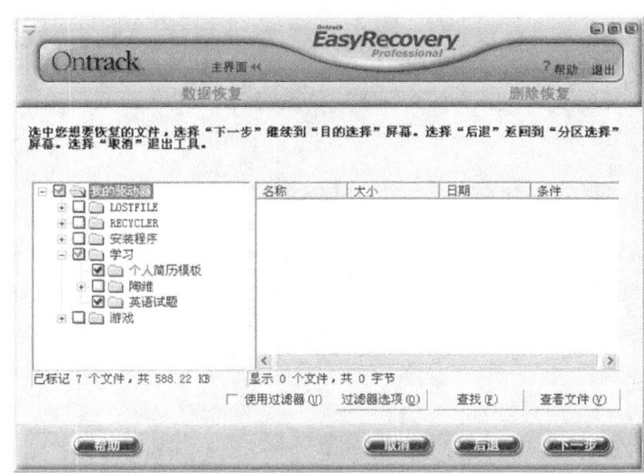

图 15-11 找到删除文件

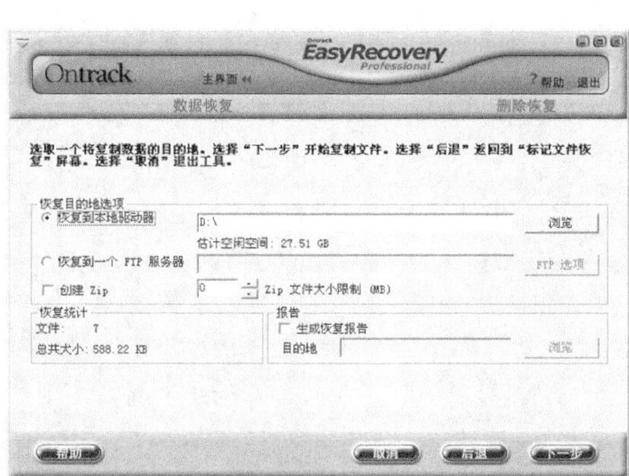

图 15-12 恢复数据目的地选择

（5）恢复数据，耐心的等待一下。恢复完毕后，就可以在相应的盘内找到数据了。

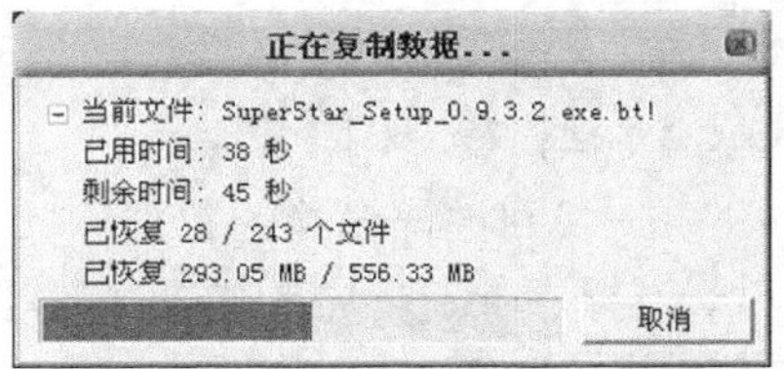

图 15-13　恢复数据过程

注意：数据恢复软件也不是万能的，并不能完全恢复所丢失的数据。所以大家还是要很好的保护好硬盘中的数据，对重要的数据要经常备份。

15.5　习题

1. 计算机使用注意要点有哪些？
2. 简述常用工具软件有哪些？
3. 如何利用 GHOST 软件做系统的一键恢复。
4. 如何恢复被格式化盘中的数据。

PART 16

第 16 章 计算机故障及维修

16.1 计算机维修概述

16.1.1 维修的基本原则

1．进行维修判断须从最简单的事情做起

简单的事情，一方面指观察，另一方面是指简捷的环境。

（1）观察主要包括：

- 电脑周围的环境情况——位置、电源、连接、其他设备、温度与湿度等；
- 电脑所表现的现象、显示的内容，及它们与正常情况下的异同；
- 电脑内部的环境情况——灰尘、连接、器件的颜色、部件的形状、指示灯的状态等；
- 电脑的软硬件配置——安装了何种硬件，资源的使用情况；使用的是何种操作系统，其上又安装了何种应用软件；硬件的设置驱动程序版本等。

（2）简捷的环境包括：

- 后续将提到的最小系统；
- 在判断的环境中，仅包括基本的运行部件或软件，和被怀疑有故障的部件或软件；
- 在一个干净的系统中，添加用户的应用（硬件、软件）来进行分析判断。

从简单的事情做起，有利于精力的集中，有利于进行故障的判断与定位。一定要注意，必须通过认真的观察后，才可进行判断与维修。

【案例分析】

故障现象：一台服务器的电源板经常损坏，更换几次电源板之后，故障仍然未能解决。

故障分析及解决方案：经检查发现服务器与空调安装在一个回路上，空调启动的时候测量电压就会降到一个较低的水平，服务器的电源供电电路受市电变化的冲击。改进了电路回路，该服务器之后再也没有出现类似故障。

从以上的案例就可以很清楚地看出，仔细地观察周边环境对于故障的排除非常的重要。

2．根据观察到的现象，要“先想后做”

先想后做，包括以下几个方面。

首先，想好怎样做、从何处入手，再实际动手。也可以说是先分析判断，再进行维修。

其次，对于所观察到的现象，尽可能地先查阅相关资料，看有无相应的技术要求、使用特点等，然后根据查阅到的资料，结合下面要谈到的内容，再着手维修。

最后，在分析判断的过程中，要根据自身已有的知识、经验来进行判断，对于自己不太了解或根本不了解的，一定要先向有经验的同事或你的技术支持工程师咨询，寻求帮助。

【案例分析】

故障现象：新购买的一条内存在主机上无法使用。

故障分析与排除：经检查，该内存在其他的机器上能够使用，在该品牌主机上无法使用，但是该机器使用其他的内存也没有问题。分析这是一个典型的设备兼容性的问题，更换其他品牌内存后解决问题。

3．在大多数的电脑维修判断中，必须“先软后硬”

即从整个维修判断的过程看，总是先判断是否为软件故障，先检查软件问题，当可判断软件环境是正常时，如果故障不能消失，再从硬件方面着手检查。

4．在维修过程中要分清主次，即“抓主要矛盾”

在复现故障现象时，有时可能会看到一台故障机不止有一个故障现象，而是有两个或两个以上的故障现象（如：启动过程中无显，但机器也在启动，同时启动完后，有死机的现象等），这时，应该先判断、维修主要的故障现象，当修复后，再维修次要故障现象，有时可能次要故障现象已不需要维修了。

16.1.2 维修的基本方法

1．观察法

观察是日常维修中最基本也最重要的方法，观察主要需要注意用户的周边环境，以及用户的软件以及硬件的环境，如用户家里的电压如何，用户家里有什么大功率的电器，是否会对计算机的使用造成干扰等；用户安装了什么非标配的硬件，安装了什么软件，尤其注意比较容易引起一些故障的软件，如3721软件等。另外观察，尤其是对于隐性的故障，一定要注意用户的计算机使用习惯。笔记本触控板就很容易由于用户的打字习惯造成一些使用上的不便（例如显示光标会因为用户手无意中碰到触控板造成跳动），用户往往会误认为是计算机的故障。在故障判断的时候，要和用户沟通，通常是在什么情况下出现故障，什么时间，做什么操作，使用什么应用程序等，这些对于故障的判断非常有帮助。

2．比较法

比较法即将故障部件与完好的部件进行外观比较，性能配置比较，或者是在两台配置相同或近似的计算机之间进行比较。

3．替换法

替换法是用好的部件去代替可能有故障的部件，以判断故障现象是否消失的一种维修方法。好的部件可以是同型号的，也可能是不同型号的。替换的顺序如下。

（1）根据故障的现象来考虑需要进行替换的部件或设备；

（2）按先简单后复杂的顺序进行替换。如先内存、CPU，后主板，又如要判断打印故障时，可先考虑打印驱动是否有问题，再考虑打印电缆是否有故障，最后考虑打印机或并口是否有故障等；

（3）最先考查与怀疑有故障的部件相连接的连接线、信号线等，之后是替换怀疑有故障的部件，再后是替换供电部件，最后是与之相关的其他部件；

（4）从部件的故障率高低来考虑最先替换的部件，故障率高的部件先进行替换。

4．最小系统法

最小系统是指，从维修判断的角度能使电脑开机或运行的最基本的硬件和软件环境。最小系统有以下两种形式。

- 硬件最小系统：由电源、主板和 CPU 组成。在这个系统中，没有任何信号线的连接，只有电源到主板的电源连接。在判断过程中可以通过声音来判断这一核心组成部分是否可正常工作；
- 软件最小系统：由电源、主板、CPU、内存、显示卡/显示器、硬盘和键盘组成。这个最小系统主要用来判断系统是否可完成正常的启动与运行。

对于软件最小环境，就“软件”有以下几点要说明。

（1）硬盘中的软件环境，保留着原先的软件环境，只是在分析判断时，根据需要进行隔离（如卸载、屏蔽等）。保留原有的软件环境，主要是用来分析判断应用软件方面的问题。

（2）硬盘中的软件环境，只有一个基本的操作系统环境（可能是卸载掉所有应用，或是重新安装一个干净的操作系统），然后根据分析判断的需要，加载需要的应用。需要使用一个干净的操作系统环境，是要判断系统问题、软件冲突或软、硬件间的冲突问题。

（3）在软件最小系统下，可根据需要添加或更改适当的硬件。如在判断启动故障时，由于硬盘不能启动，想检查一下能否从其他驱动器启动。这时，可在软件最小系统下加入一个光驱或干脆用启动 U 盘替换硬盘，来检查。又如：在判断音视频方面的故障时，应需要在软件最小系统中加入声卡；在判断网络问题时，就应在软件最小系统中加入网卡等。

最小系统法，主要是要先判断在最基本的软、硬件环境中，系统是否可正常工作。如果不能正常工作，即可判定最基本的软、硬件部件有故障，从而起到故障隔离的作用。

最小系统法与逐步添加法结合，能较快速地定位发生的故障，提高维修效率。

5．逐步添加/移除法

逐步添加法，以最小系统为基础，每次只向系统添加一个部件/设备或软件，来检查故障现象是否消失或发生变化，以此来判断并定位故障部位。

逐步移除法，正好与逐步添加法的操作相反。

逐步添加/移除法一般要与替换法配合，才能较为准确地定位故障部位。

16.1.3　维修工具

1．主要工具

（1）大十字螺丝刀。

大十字螺丝刀用来在拆装电脑部件和机箱时拧下和安装上固定螺钉，这个是必备的维修工具。现在部分的计算机部件拆装可以不使用到螺丝刀了，被称之为免螺钉设计。但是这些机器的主板固定还是会用到螺丝刀，所以当大家拆装这些免螺钉设计的计算机主板时还是需要螺丝刀，如图 16-1 所示。

大十字螺丝刀的长度是以适于维修操作为标准的，一般台式机的机箱厚度在 200mm 左右，所以要求大十字螺丝刀（不含把）的长度在 150～200mm 也是根据这个标准来制定的。

（2）螺丝盒。

用来存放拆卸下来的螺钉、跳接线帽等（在笔记本维修中此工具显得尤为重要）。技术规范中会有一个要求，拆下的螺丝必须放在螺丝盒中，如图 16-2 所示。

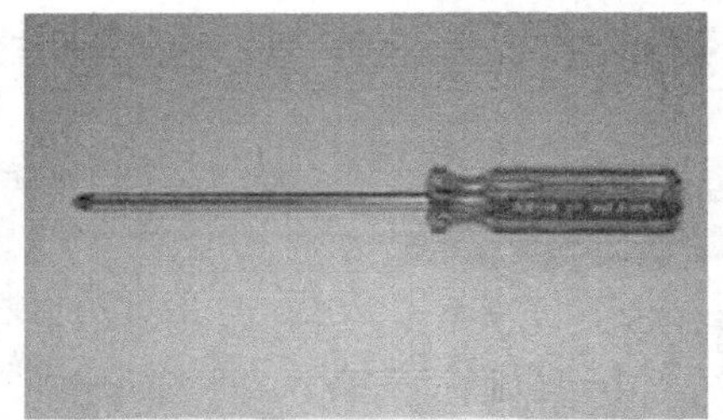

图 16-1　大十字螺丝刀

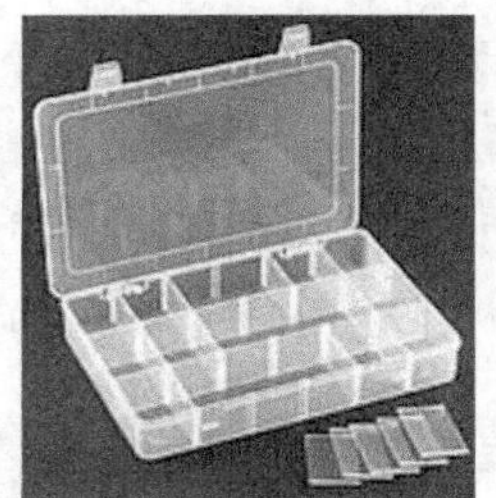

图 16-2　螺丝盒

2．辅助工具

（1）一字螺丝刀。

老式的 Intel Socket370 结构以及 AMD Socket 462 解构的 CPU 散热器的拆装需要使用一字螺丝刀，如图 16-3（a）所示。

（2）镊子。

调整部件上的跳线，调整 CPU 等设备引脚等（部分的跳线在两个扩展槽之间，用手也无法进行调整），如图 16-3（b）所示。

（3）尖嘴钳。

用于处理变形挡片。部分机箱固定主板使用了卡扣，当拆卸此类主板的时候，也需要使用尖嘴钳来处理，如图 16-3（c）所示。

（4）截断钳。

用于拆开捆绑线，如果没有此工具，可以用小剪刀代替，如图 16-3（d）所示。

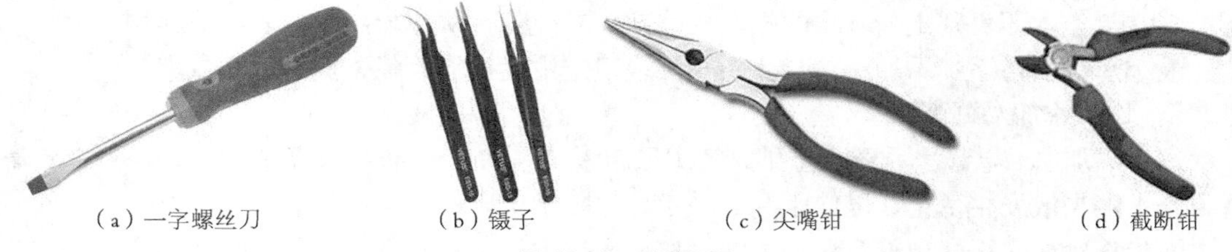

（a）一字螺丝刀　（b）镊子　（c）尖嘴钳　（d）截断钳

图 16-3　辅助工具

（5）回路环（含网卡回路环、并口回路环与串口回路环）。

测试用户的网卡，并口以及串口的功能（需要使用 Ping 命令或者 AMIDiag 的工具配合测试），如图 16-4 所示。

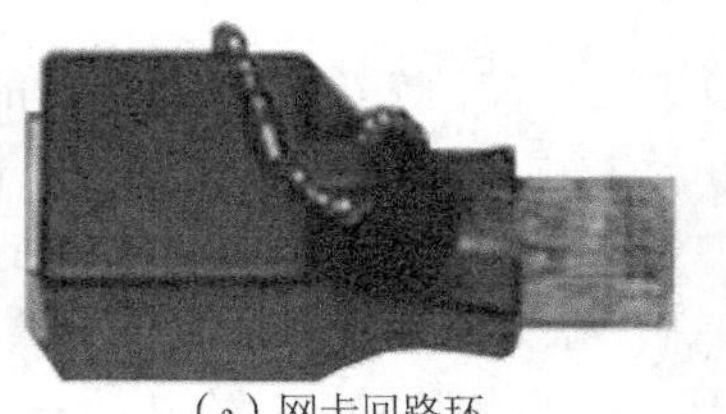

（a）网卡回路环

（b）并口回路环

（c）串口环路环

图 16-4　回路环

（6）捆绑线。

用于固定机箱内的电缆或连接线，改善机箱内部的风道散热情况，另外也给用户以细心专业的感觉。捆绑线如图 16-5 所示。

（7）硅脂。

用于使 CPU 与风扇接触充分，改善散热环境，如图 16-6 所示。硅脂的涂抹务必不能够过多，过多的涂抹硅脂反而不利于散热的要求。

图 16-5 袋装捆绑线

图 16-6 硅脂

3．清洁工具

（1）小刷子。

25～35mm 的宽棕毛刷，如图 16-7（a）所示。刷子用于清扫部件上的灰尘。

（2）胶囊（或皮老虎）。

用于吹出机箱内（尤其是扩展槽内）小量的尘土，如图 16-7（b）所示。

（3）橡皮。

用于清洁内存、各种板卡的金手指部分，如图 16-7（c）所示。

（4）清洁剂和清洁布。

主要用于机箱外部和显示器外壳的清洁，图 16-7（d）所示为联想清洁套装。

（a）小刷子

（b）胶囊

（c）橡皮

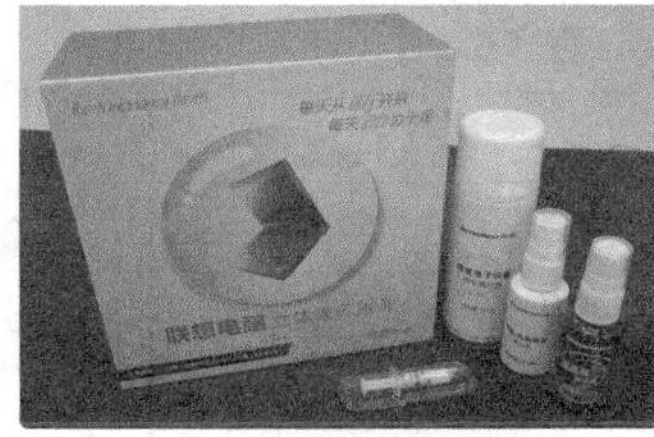

（d）清洁套装

图 16-7 清洁工具

清洁时要注意以下几点。

① 用小刷子的时候要用宽棕毛刷，而不用塑料刷。用塑料刷更容易产生静电，并且产生静电后不容易释放，其次塑料刷子较硬，容易对板卡等设备造成划伤。

② 酒精不能用来清洁机箱和显示器的外壳，酒精虽然可以杀菌和消毒，也可以除去污垢，但是由于现在电脑的很多部件都有防氧层涂层，酒精会对加速破坏防氧层，导致空气对机箱材料的侵蚀。水可以用来清洁机箱或者键盘、鼠标，但是不能够过多，潮湿程度以不能按出水为好。清洁以上部件时可以使用一些专业的清洁剂。

③ 内存等金手指不能够使用白纸来清洁，使用白纸等质地较硬的材料来擦拭内存，反而更加容易造成金手指上镀金的脱落，一定要使用橡皮来清洁金手指。

4．防静电工具

（1）防静电手环。

通过防静电手环（如图 16-8 所示）与其他接地设备的连接，将人体的静电缓慢的释放到大地。防静电手环的佩带，达到腕带上的金属片直接与人体皮肤紧密接触，不影响操作即可。

（2）防静电桌布。

主要用导静电材料、静电耗散材料及合成橡胶等通过多种工艺制作而成。产品一般为二层结构，表面层为静电耗散层，底层为导电层。防静电桌布（如图 16-9 所示）使用时间持久，具有很好的防酸、防碱、防化学熔剂特性，并且耐磨，易清洗。

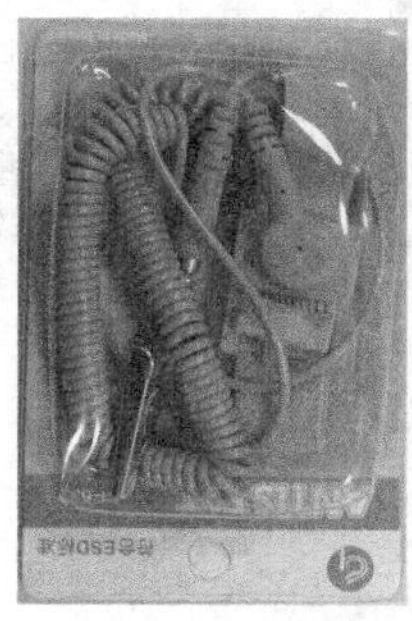

图 16-8　静电手环

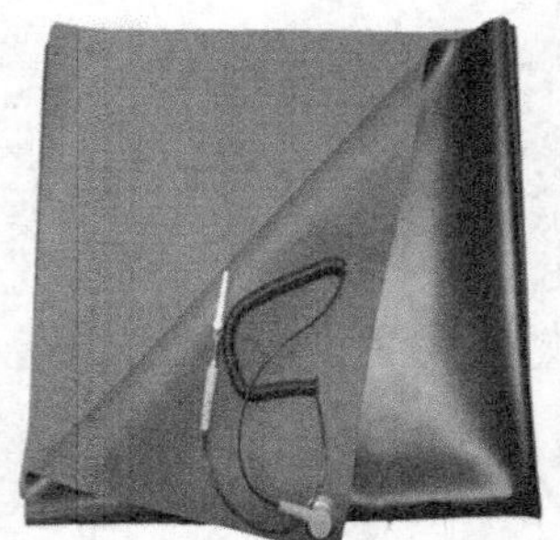

图 16-9　防静电桌布

16.1.4　技术规范

1．市电检查

市电检测包括两个方面的内容：一是测量市电输出的交流电压，要求在 220V ± 10%的范围内，另外一个方面就是检测地线接地情况。如两方面均正常，用户所处的市电电压才是在正常范围内的。

表 16-1　　市电测量

测量内容	正 常 值	异常原因
火线与零线	220V ± 10%	市电线路、插座连接
火线与地线	220V ± 10%	零地间大于 5V，地线不好； 零地间完全为 0，无地线。
零线与地线	0<N−G<5V	

注意事项如下。

（1）断开市电与主机连接，防止市电电压异常波动损坏主机；

（2）测试插排以及市电是否合格；

主要包括市电电压输出，市电接地情况。操作中注意先插排，后市电，如果插排上电压不正常再测试市电，火－零电压测试三次，每次测试要间隔一定的时间。

（3）保证所测各项值在正常范围，否则主机可能工作不正常。

2．释放电荷

计算机主板以及其他板卡上有不少大容量的电解电容，该电容即使切断电源之后仍然会残留有充电电荷，如果这些电荷在维修之前未彻底的释放的话，在维修过程中，一旦发生放电，就会造成板卡的损坏。所以在拆装计算机之前应先充分释放主机的残留电荷。

具体操作：在断电（拔掉市电电源线、笔记本电脑需要取下电池）的情况下，按动电源开关 3 次释放残余电荷。

3．静电防护

静电防护应注意以下几点：

- 铺好防静电布，做到平整、干净，防静电布地线与地连接（紧贴墙壁）；
- 配戴好防静电手环，并保证手环上的金属部分与人体皮肤直接接触，另一端连接到防静电布上；
- 主机应放到防静电布上进行拆装；
- 暂不使用或更换下来的部件须放入防静电袋或备件盒中。

4．电源检查

（1）开机箱后，使用简易电源负载测试仪与万用表测试主机电源电压；

（2）主机电源电压输出值须在正常范围（+3.3V、±5V、±12V、+5VSB），否则主机无法正常工作或会烧毁主机部件，并先解决电源问题。

表 16-2　　电源测量

各组电压	线　　色	电压允许范围（V）	误差范围
+5VSB	紫色	+4.75　~　+5.25	±5%
+3.3V	橙色	+3.135　~　+3.465	±5%
+5V	红色	+4.75　~　+5.25	±5%
−5V	白色	−4.5　~　−5.5	±10%
+12V	黄色	+11.40　~　+12.60	±5%
−12V	蓝色	−10.8　~　−13.2	±10%

首先测试主电源输出是否正常，这里要注意的是不要用传统的黑绿线短接方式来测试电源供电是否正常。建议维修工程师用电源负载测试仪测试是否供电，同时用万用表配合各引脚电压是否正常。

只要打开机箱，准备更换部件，在进行更换之前，都需要进行电源的输出检测。

注意事项如下。

- 大部分电源在不加负载的情况下，短接 20PIN 插头的黑线和绿线启动后，测量输出电压比标称输出电压要偏高。在加负载后，输出电压回落到正常范围。因此，不能在无负载的情况下，来判定电源的输出是否正确和是否稳定。
- 部分型号的电源在不加负载或负载过小的情况下会自动进入保护状态。即在不加任何负载的情况下，短接 20PIN 插头的黑线和绿线，电源启动后检测到无负载或负载过小，自动切断输出。
- 由于电源负载测试仪上的电阻阻值较小，所以流经电阻的电流较大，产生的热量较高，建议电源负载测试仪的通电时间不宜过长，最好不要超过 30 秒，否则有可能烧毁电源负载测试仪。
- 电源负载测试仪上的灯点亮表明有电压输出，但是不表示输出的电压值在正常范围，正确测量的方法是将万用表的黑表笔压到测试仪接地（GND）的焊盘上，将万用表的红表笔依次点压到其他焊盘上测量电压。

5．主板检查

使用 POST 卡（如图 16-10 所示）检测主板，对照说明书，并观测代码和指示灯是否正常，使用 POST 卡检测的时候需要注意使用硬件最小化。主机开机无显的问题是一个比较复杂的问题，涉及很多的部件，使用 POST 卡来协助判断，有利于判断的快速性和准确性。

图 16-10 POST 卡

6．部件放置

部件放置的要求如下。

- 部件须在防静电布上或盒内摆放整齐，没有堆叠；
- 拆下的螺丝放入螺丝盒中，安装之后应无缺漏的螺丝；
- 机箱侧盖板可以立放，也可以平放。如果选择平放，注意其外侧有漆的一面朝上放置，避免划伤；
- 对部件进行保护，防止静电或者其他外界的因素造成部件的非正常损坏。

之所以要求维修人员掌握计算机维修技术规范，主要是因为以下几点。

（1）有利于大家判断故障产生的原因，尤其是对于一些隐性的故障，例如说地线等原因造成的主机运行不稳定，尤为重要，还有电源检测，主板检查；

（2）规范操作，避免部件非正常损坏，如释放余电与防静电操作；

（3）专业的操作，展现专业的形象，有利于提高用户对维修工程师的技术认可程度，也有利于避免用户对于维修工程师技术的不满意，如部件放置与验机操作等。

16.2 计算机常见故障分析与排除

为了保证计算机的正常工作，要求计算机有一个良好的运行环境，同时还要对系统进行常规的维护，并对一些故障进行简单的维修。在使用的过程中计算机系统功能出错或者系统性能下降，其主要表现在硬件损坏、品质不良、安装方法或设置不正确、板卡间的接触不良等。为了便于理解，下面把常见的计算机故障进行分类，如图 16-11 所示。

16.2.1 加电自检类故障分析与排除

从按下主机电源开关（或复位、热启）到自检完成这一段过程称为加电自检过程。加电自检类故障即反映在这一过程中电脑所发生的故障。

故障描述

可能出现的故障现象如下。

① 主机不能加电（如电源风扇不转或转一下即停等）、有时不能加电；

② 开机无显也无报警，开机无显但有报警；

③ 自检报错或死机，如自检过程中报硬盘错误，或所显示的配置与实际不符等；

④ 电脑开机后噪声大；

⑤ 反复重启、自动开、关机；

⑥ 保存在 CMOS 中的配置丢失、时钟不准；

⑦ 开机掉闸、机箱金属部分带电等。

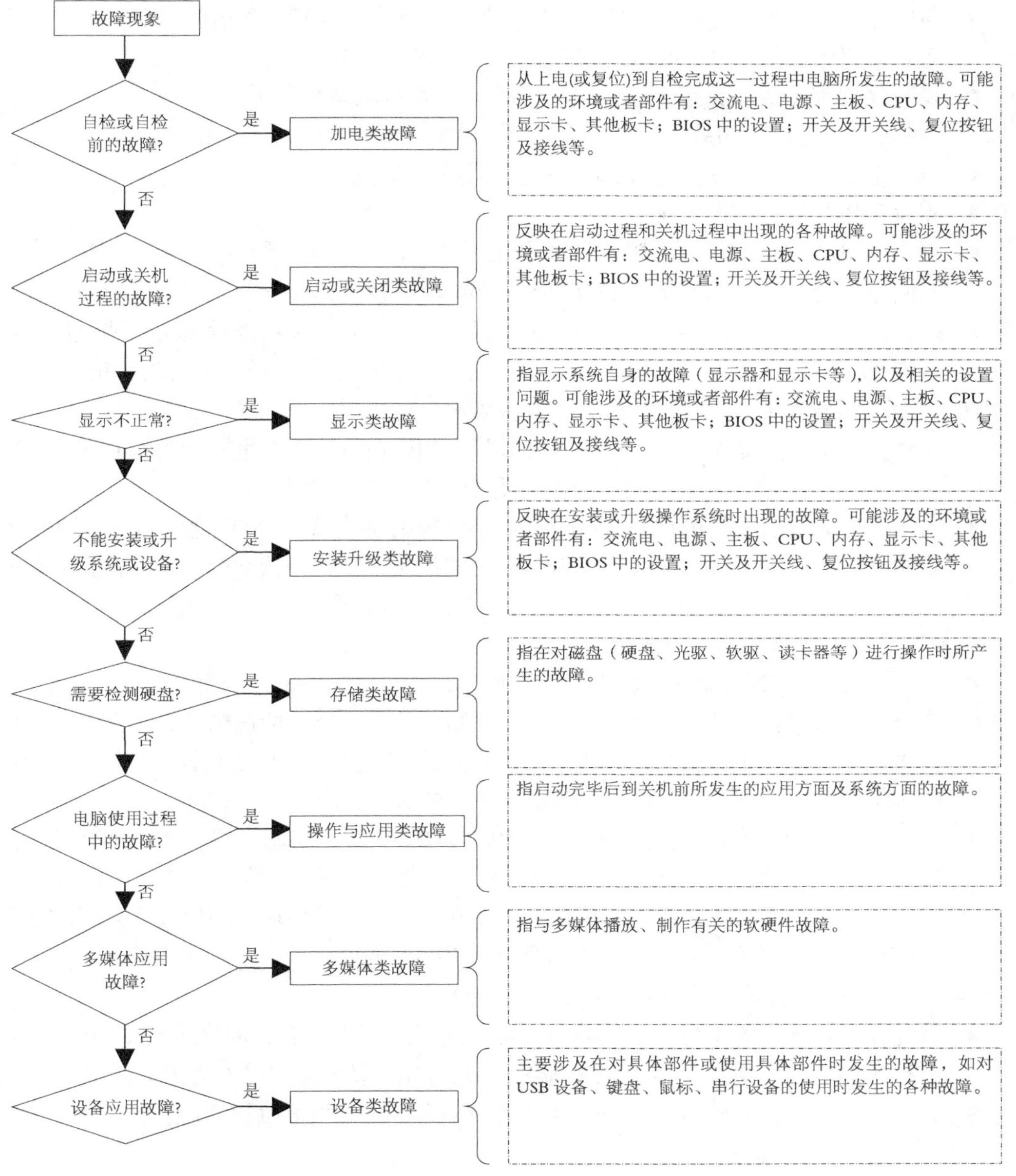

图 16-11　计算机故障分类

故障分析及排除步骤

（1）对于不加电的故障。

- 观察电脑设备内外是否变形、变色或有异味、灰尘等现象；
- 观察环境的温度情况；
- 检查市电状况，即是否已停电、或电压不稳（市电电压是否在220V±10%范围内）；
- 在断电的情况下，使用释放电荷法消除电脑内部的残余电荷；
- 重新正确连接市电到主机，确认正确后开机检查，如故障消失，则为接触不良；若出现异响或异味等，立即关机；

- 断电后，拔除所有与主机连接的外部设备，打开机箱检查内部的各种部件安装是否正确，最好重新插拔各部件（主要的是内存、扩展卡等）；
- 以上操作都无效时，考虑硬件的可能性，主要有电源和主板。

（2）对于加电无显示的故障。

- 观察电脑设备内外是否有变形、变色、异味、灰尘等现象；
- 观察环境的温度情况；
- 检查市电状况，即是否已停电、或电压不稳（市电电压是否在220V ± 10%范围内）；
- 在断电情况下，使用释放电荷法消除电脑内部的残余电荷；
- 确认故障现象是显示器无显示，还是主机无显示（方法是：查看主机的硬盘指示灯是否有无规律闪烁的现象，如果有，则为显示器或显示卡问题，否则为主机问题；
- 使用硬件最小系统，开机检查，若有报警声，可用逐步添加法，安装内存、显示卡等部件，如果故障复现，则为接触不良故障。如果在最小系统下不能听到报警声，应借助POST卡来进一步确认最小系统中哪个部件是故障件；
- 对于加电无显有报警的现象，可根据报警声来判断故障部件的位置，如一长两短的报警音代表内存问题等，这时可先在断电的情况下，重新插拔内存，并测试，如果故障依旧，可借助POST卡来确认是内存还是主板的故障。

（3）对于自检报错或死机的故障。

- 尽可能看到自检时的错误信息提示（这对于自检死机现象尤为重要）；
- 在能看到自检报错信息的前提下，首先在断电的情况下，检查相应的部件的安装情况是否正确（通过重新安装来检查，并要特别注意连接电缆是否完好——是否有死折、破损等现象）。如果重新安装后仍然报错，可考虑相应部件已损坏；
- 对于实在不能看到报错信息的情况，可将硬盘、光驱、键盘、鼠标及其他外设全部拔除（断开信号连接和电源连接），开机测试，若仍然死机，则主板应该有故障了。否则，使用逐步添加法，逐次连接拔除的硬件，直到故障复现，则使故障复现的部件为故障件，若故障不再复现，则为接触不良现象引起的。

（4）对于开机（包括运行中）噪声较大的故障。

- 首先要确认噪音的来源。在电脑中可能出现噪音的部件有：散热风扇（CPU 风扇、显卡风扇、电源风扇、机箱风扇等）、硬盘等驱动器电机（主轴电机和步进电机）；
- 如果是风扇旋转过程中或机械部件转动中出现有类似物体碰撞的声音，应该确认部件有安装问题或故障；
- 对于具备温控功能的电脑，应检查BIOS中的温控设置是否正确或恰当（具备温控功能的电脑，一般在刚开机或重启时风扇的转速较高，因而噪音会较大，但过一两秒钟即会声音减小）；
- 注意环境温度情况、电脑的摆放位置。如果通风不好，会使散热风扇高速旋转，从而也会引起较大的噪声；
- 有些情况下，由于机箱中各部分配合不当，也会引起较大的噪音。如对于无需螺钉固定硬盘的机箱，可能硬盘导轨过松，当硬盘工作时，就产生了震动，从而产生噪声。

（5）对于所谓CMOS掉电的故障（如在操作系统中时钟不准、在BIOS中运行的设置不能保存等）。

- 对于时钟不准的现象，一定要确定是否是CMOS中的时钟不准。这可通过进入BIOS

Setup 中先将时钟调准，然后关机，等待 12～24h 再开机，再次进入 BIOS Setup 中查看时钟是否变慢或快，如果发生快或慢的现象，则为 CMOS 时钟不准，否则为操作系统中的时钟不准；

- 对于 CMOS 时钟不准或设置不能保存的现象，可先更换主板电池并重新设置如 BIOS 设置及时钟，关机 12～24h 后测试，若故障仍旧，则为主板故障。

（6）对于反复重启或自动开关机的故障。

- 首先检查散热情况，特别是 CPU 风扇安装是否正确（风扇是否转动、散热片是否与 CPU 完全紧密接触）；
- 检查市电是否稳定，电源线是否插牢；
- 在 BIOS Setup 中是否设置了来电自动开机；
- 在上次使用过程中是否有不正常断电的情况发生，如果有，只需重新正常启动、关机一次即可；
- 是否设置了网络唤醒或 Modem 来电唤醒功能。

（7）对于开机使市电的空气开关掉闸或机箱金属部分带电的故障。

- 带电现象，常常是由于电脑电源未接地线所致，一般不是故障；
- 掉闸问题，首先要检查在市电的同一路线路上或接线板上是否安装了过多的电脑，一般不要超过 6 台；
- 检查市电连接插板上的零火线连接是否正确，即一般连接是左零右火；
- 检查市电上漏电保护器的容量是否过小。

16.2.2 启动与关机类故障分析与排除

所谓启动是指从主板或电脑厂商 Logo 消失后到操作系统的桌面出现这一过程；而所谓关机，是指在操作系统中执行关机命令开始，到主机电源关闭或开始重新自检这一过程。

启动与关机类故障就是反映在启动过程和关机过程中出现的各种故障。

故障描述

可能出现的故障现象如下。

① 启动过程中报错、或总是执行一些不应该的操作（如总是磁盘扫描、启动一个不正常的应用程序等）；

② 启动过程中死机、无显示、反复重启等；

③ 只能以安全模式或命令行模式启动；

④ 登录时失败、报错或死机；

⑤ 关闭操作系统时死机或报错。

故障分析及排除步骤

（1）对于启动报错，或总是执行一些不应该执行的程序故障。

- 根据报错信息确定是何原因（这要求对操作系统的启动过程有比较清楚的了解。在这里不准备深究）；
- 检查硬盘或光盘介质是否有损伤（可通过硬盘检测程序或更换光盘、硬盘来测试）；
- 检查系统中是否有病毒，或操作系统本身有部分损坏（可通过重新安装操作系统来测试）；
- 确认在此之前客户是否安装软件或硬件；

- 检查系统内存是否有故障；
- 倾听驱动器工作时是否有异响，检查驱动器连接正确及连接电缆是否完好，驱动器上的跳线设置是否与驱动器连接在电缆上的位置相符等。

（2）对于启动过程中死机、无显示、重启等的故障。

- 确认客户是否在这之前安装过软件或硬件；
- 硬件驱动器等的连接线是否正确、牢靠；
- 使用硬盘检测程序等检查硬盘驱动器是否有损坏；
- 检查 CPU 散热器是否与 CPU 紧密接触、CPU 风扇转动是否正常；
- 检查是否可以安全模式或最后一次正确配置来启动；
- 检查显卡及其驱动和内存部件是否有故障；
- 可通过重新安装操作、查杀病毒来检查操作系统自身是否有问题或是否存在病毒。

（3）对于只能以特定的方式启动操作系统的故障。

- 如果只能从某个驱动器启动，则检查 BIOS Setup 中的启动顺序设置是否正确；
- 重新安装操作系统。

（4）关于系统登录时的故障。

- 确认是否在登录后出现故障，若是，最好通过 Msconfig 程序，关闭所有启动项来测试；
- 确认是否要登录到域。若是，确认域选择是否正确，以及是否有登录到域的权限（如 Windows XP Home 版本就不能登录到域）；
- 确认输入的客户名、密码是正确的，及键盘的大写开关是否激活状态。如果忘记密码，只要请系统管理员来解决，如果是系统管理员密码忘记，就只有重新安装操作系统了；
- 检查系统中是否存在病毒。

（5）关于关机过程中的故障。

- 最好是手工将系统中的所有应用程序关闭后，再关机；
- 检查系统中是否有病毒；
- 检查操作系统自身是否有问题；
- 检查硬件部件是否有故障（如显卡、网卡等）。

16.2.3　操作系统安装与升级故障分析与排除

这类故障主要是反映在安装或升级操作系统时出现的故障。

故障描述

可能出现的故障现象：

① 安装操作系统时，在进行文件复制过程中死机或报错；

② 在进行系统配置时死机或报错；

③ 在进行操作系统升级（如安装补丁或更新）时出现异常。

故障分析及排除步骤

（1）对于安装操作系统时，进行复制文件的过程中死机或报错的故障。

- 按照操作系统安装要求检查 BIOS Setup 中的设置是否正确；
- 检查硬盘驱动器是否有坏道等故障，驱动器连接电缆是否连接正确、完好；
- 检查操作系统安装介质（通常是光盘）是否完好；
- 检查光盘驱动器是否有故障，驱动器连接电缆是否连接正确、完好（可将光盘中的内容复制到硬盘上的其他分区中测试，或更换一张安装光盘测试）；

- CPU 风扇的转速是否过慢或不稳定；
- 检查系统内存是否有故障。

（2）对于安装操作系统过程中在进行系统配置时死机或报错的故障，此故障即在复制完成后第一次重启及之后发生的故障。

- 关机，并再次开机，观察故障现象是否消失；
- 检查操作系统安装介质是否完好（可通过更换一张安装介质来检查）；
- 关机断电，将主机中多余的扩展卡及连接到主机上的其他外设拔除，再测试；
- 检查内存、主板、CPU 是否有故障。

（3）对于安装操作系统安装补丁或进行升级出现异常的故障。

- 检查网络是否正常，且网络是否太拥挤；
- 确认已安装的操作系统是正版的；
- 如果曾经维修过主板，应重新更新 BIOS 来测试；
- 重新安装操作系统后再重新安装或升级补丁。

（4）对于安装操作系统的过程中不能分区的故障。

- 如果硬盘上无可用的空闲空间，应先删除分区再重新进行分区操作；
- 建议在命令提示符状态下删除硬盘上的所有分区，或执行 Fdisk/MBR 命令后，重新进行安装测试；
- 将硬盘在命令行状态上先行分区再安装操作系统，如果不能继续安装，则应考虑硬盘是否有故障，否则可更换一张安装光盘测试；
- 如果在命令行方式下也不能分区或删除分区，可考虑先查杀病毒，再考虑硬盘是否有故障。

16.2.4 操作系统与软件应用类故障分析与排除

这类故障主要是指启动完毕后到关机前所发生的应用方面及系统方面的故障。

故障描述

可能的故障现象：

① 休眠后无法正常唤醒；
② 系统运行中出现蓝屏、死机、非法操作等故障现象；
③ 系统运行速度慢；
④ 运行某应用程序，导致硬件功能失效；
⑤ 游戏无法正常运行；
⑥ 应用程序不能正常安装、使用及卸载、报错等。

故障分析及排除步骤

（1）市电及连接检查。

- 检查与主机连接的其他外设工作是否正常；
- 设备间的连接线是否接错或漏接。

（2）周边及外观检查。

- 检查与主机连接的其他外设工作是否正常；
- 驱动器工作时是否有异响，CPU 风扇的转速是否过慢或不稳定；

- 观察机箱内灰尘是否太多，而导致各插件间接触不良。先除尘后可用橡皮等擦拭金手指，去除氧化层或灰尘，然后重新插上；
- 观察系统是否有异味，元器件的温升是否过高或过快。

（3）显示与设置检查
- 详细记录报错信息，判断可能造成故障的部位；
- 注意 CMOS 中对于硬盘、系统时间、CPU 温度的设置，注意在自检时显示的硬件信息和电脑配置是否相符；
- 仔细阅读软件的使用指南，注意软件运行的环境要求。

（4）充分与用户沟通。
- 了解用户的使用情况；
- 出故障前的现象；
- 做过什么操作后出现目前的故障。

（5）检查是否由于用户误操作引起。
- 电脑出现死机、蓝屏或无故重启时，首先要考虑到用户的操作是否符合操作规范和要求，要仔细询问、观察用户的操作方法是否符合常理，并在电脑上用正确的方法操作，查看是否出现故障。若不出现，则可认为是用户操作不当引起的；
- 若经过上述操作故障依然存在，可用系统文件检查用户的电脑系统是否有丢失的 DLL 文件，并尝试恢复；
- 注意观察用户的电脑在死机、蓝屏或无故重启时有没有规律（如电脑在运行某一程序时或电脑开机在一定时间内死机），并找出可能引起电脑故障的原因；
- 通过与另一台软硬件相同且无故障的电脑进行比较，查看故障机的文件大小或相差不大，主程序的版本是否一致。

（6）检查是否由于病毒或防病毒程序引起故障。
- 检查电脑是否被病毒感染，使用杀毒软件杀毒；
- 检查是否安装了两个或两个以上的防毒软件，建议使用其中一个，并卸载其他的防毒软件；
- 检查是否有木马程序，用最新版的杀毒程序可以查处木马程序。可以通过安装补丁来弥补程序中的安全漏洞，或者安装防火墙。

（7）检查是否由于操作系统问题引起故障。
- 检查硬盘是否有足够的剩余空间，并检查临时文件是否太多。整理硬盘空间，删除不需要的文件；
- 对于系统文件的损失或丢失，可以使用系统文件检查器进行检查和修复；
- 查看操作系统是否安装了合适的系统补丁（对于 Win nt 可在启动时观察 service pack 的版本，推荐使用 SP6；Win 2k 和 Win xp 可以在系统属性中查看，Win2k 推荐使用 SP4，Win xp 推荐使用 SP2）；
- 检查是否正确安装了设备的驱动程序，并且驱动的版本是否合适。检查驱动安装的顺序是否正确（如首先安装主板驱动）。

（8）检查是否由软件冲突、兼容引起的故障。
- 检查应用软件的运行环境是否与现有的操作系统（NT/98/2K/XP）相兼容，可通过查看软件说明书或应用软件网页上查看相关资料，并查看网页上有没有对此软件的升级程序或补丁可安装；

- 可用任务管理器观察故障电脑的后台是否有不正常的程序在运行，并尝试关闭程序只保留最基本的后台程序；
- 注意查看故障机内是否有共用的 DLL 文件，可通过改变安装顺序或安装目录来解决问题。

（9）检查硬件设置是否不正确。

- 首先，检查 CMOS 设置是否正确，可恢复默认值；
- 在设备管理器中检查硬件是否正常，中断是否有冲突，如有冲突，调整系统资源（对于某些硬件，要阅读说明书，按照说明正确设置硬件）；
- 在设备管理器中将硬件驱动删除，重新安装驱动程序（最好安装版本正确的驱动程序），查看硬件驱动是否恢复正常；
- 运行硬件检测程序，检测硬件是否有故障；
- 在软件最小系统情况下，重新更新硬件驱动，观察故障是否消失。

（10）检查是否为兼容问题。

- 遇到兼容性问题时，应检查硬件的规格和标准（如同时使用多条内存时检查内存是否为同一厂家、同一规格、同一容量、内存芯片是否为同一型号或规格），是否允许在一起使用。
- 阅读说明书或网页上查找相关资料，检查硬件正常使用所需的软件要求，现在的软件环境是否符合要求，软硬件之间是否相互支持；
- 在设备管理器中检查系统资源是否有冲突，如有冲突，手动调整系统资源。
- 在设备管理器中检查电脑硬件的驱动是否安装正确，更新合适版本的设备驱动（如某些显卡用 Windows 2000 或 Windows XP 自带的公版驱动，会造成某些大型游戏无法运行）；
- 对于品牌电脑，应该对产品配置清单，检查是否有非标配的硬件，及其是否可正常工作，如不可正常工作，建议客户更换自行添加的硬件或查找硬件相关资料进行解决。

（11）检查是否由于硬件性能不佳或损坏引起。

- 使用相应的硬件检测程序，检测硬件是否有故障，如果有，利用替换法排除相应的硬件；
- 用替换法检查检测程序无法判断的硬件故障。

【案例分析】

故障现象：电脑经常无故重新启动

故障分析与排除。

第一，电脑的用电环境是不是经常瞬间停电或瞬间波动很大。这可查看或询问用户在电脑重启时，其他电器是否有异常现象，电灯是否会突然暗一下，如果是这样，建议用户能够安装交流稳压器或 UPS 电源；

第二，检查电源与主机的连接电缆是否接插牢靠，这可通过重新连接电源线（接地板一端和主机一端）来测试；

第三，检查一下主机的 Reset 按钮是否有问题（如接触不良，过松，致使稍有震动，该开关就会开合一下，造成主机重启）；

第四，使用杀毒软件检查系统中是否有病毒或后门程序等；

第五，注意电脑摆放的位置是否通风不良，这可通过将主机移到通风良好的位置或打开机箱盖测试，此时也可关注一下 CPU 风扇转速是否较低（这也可从 BIOS Setup 中查看 CPU 转速），及 CPU 散热器的安装状态是否与 CPU 完全紧密接触；

第六，在安全模式下测试故障是否消失，或完全重新安装一个干净的操作系统来测试；

第七，考虑 CPU、内存或主板电源等是否有故障。

16.2.5 存储应用类故障分析与排除

存储应用类故障是指在对磁盘（硬盘、光驱、软驱、读卡器等）进行操作时所产生的故障。

故障描述

可能的故障现象如下。

① 硬盘驱动器。

- 硬盘有异常声响，噪声较大；
- 硬盘指示灯常亮或不亮、硬盘干扰其他驱动器的工作等；
- 不能分区或格式化、硬盘容量不正确、硬盘有坏道、数据损失等；
- 逻辑驱动器盘符丢失或被更改、访问硬盘时报错；
- 在对文件（夹）进行操作（拷贝、删除、保存）时报错。

② 光盘驱动器。

- 光驱噪声较大、光驱划盘、光驱托盘不能弹出或关闭、光驱读盘能力差等；
- 光驱盘符丢失或被更改、系统检测不到光驱等；
- 访问光驱时死机或报错等；
- 光盘介质造成光驱不能正常工作。

故障分析及排除步骤

1．硬盘驱动器判断要点

（1）检查硬盘连接。

- 对于 P-ATA 硬盘，注意其上的 ID 跳线是否正确，它应与连接在数据电缆上的位置匹配；
- 连接硬盘的数据线是否接错或接反；
- 硬盘连接线是否有破损或硬折痕，可通过更换连接线检查；
- 硬盘连接线是否与硬盘的技术规格要求相符；
- 硬盘电源是否已正确连接，不应有过松或插不到位的现象。

（2）硬盘外观检查。

- 硬盘电路板上的元器件是否有变形、变色，以及断裂缺损等现象；
- 硬盘电源插座之接针是否有虚焊或脱焊现象；
- 加电后，硬盘自检时指示灯是否不亮或常亮；工作时指示灯是否能正常闪亮；
- 加电后，要倾听硬盘驱动器的运转声音是否正常，不应有异常的声响及过大的噪声。

（3）硬盘的供电检查。

供电电压是否在允许范围内，波动范围是否在允许的范围内等。

（4）建议在软件最小系统下进行检查，并判断故障现象是否消失，这样做可排除由于其他驱动器或部件对硬盘访问的影响。

（5）参数与设置检查。

- 硬盘能否被系统正确识别，识别到的硬盘参数是否正确；BIOS Setup 中对 IDE 通道的传输模式设置是否正确（最好设为“自动”）；
- 显示的硬盘容量是否与实际相符、格式化容量是否与实际相符（注意，一般标称容量是按 1000 为单位标注的，而 BIOS 中及格式化后的容量是按 1024 为单位显示的，二者之间有 3%~5%的差距，而且容量越大差距越大，如标称 320GB 的硬盘，BIOS 中识别的容量与标称容量可相差 10%。另格式化后的容量一般会小于 BIOS 中显示的容量）。硬盘的容量根据系统所提供的功能（如带有一键恢复功能），会比实际容量小很多，缩小的值请参考产品的用户手册中的相关说明；
- 检查当前主板的技术规格是否支持所用硬盘的技术规格，如对于大于 80GB 硬盘的支持、对高传输速率的支持等。

（6）硬盘逻辑结构检查。

- 检查磁盘上的分区是否正常、分区是否激活、是否格式化、系统文件是否存在或完整；
- 对于不能分区、格式化操作的硬盘，在无病毒的情况下，应更换硬盘。更换仍无效的，应检查软件最小系统下的硬件部件是否有故障；
- 必要时进行修复或初始化操作，或完全重新安装操作系统。

（7）系统环境与设置检查。

- 注意检查系统中是否存在病毒；
- 认真检查在操作系统中有无第三方磁盘管理软件在运行；设备管理中对 IDE 通道的设置是否恰当；
- 是否开启了不恰当的服务。在这里要注意的是，ATA 驱动在有些应用下可能会出现异常 ，建议将其卸载后查看异常现象是否消失

（8）硬盘性能检查。

- 当加电后，如果硬盘声音异常、根本不工作或工作不正常时，应检查一下电源是否有问题、数据线是否有故障、BIOS 设置是否正确等，然后再考虑硬盘本身是否有故障；
- 应使用相应硬盘厂商提供的硬盘检测程序检查硬盘是否有坏道或其它可能的故障。

2．光盘驱动器判断要点

（1）检查光驱连接。

- 光驱上的 ID 跳线是否正确，它应给予连接在线缆上的位置匹配；
- 连接光驱部分的数据线是否接错或接反；
- 光驱连接是否有破损或硬折痕。可通过更换连接线检查；
- 光驱连接线类型是否与光驱的技术规格要求相符；
- 光驱电源是否已正确连接，不应有过松或插不到位的现象。

（2）光驱外观检查。

- 光驱电路板上的元器件是否有变形、变色及断裂缺损等现象 ；
- 光驱电源插座之间是否有虚焊或脱焊现象；
- 加电后，光驱自检时指示灯是否不亮或常亮；工作时有异常的声响及过大的噪声。

（3）光驱的检查，应用光驱替换软件最小系统中的硬盘进行检查判断（即只接光驱，并用可启动光盘进行启动）。且在必要时，移出机箱外检查。检查时，用可启动的光盘来启动，以初步检查光驱的故障。

（4）使用光驱检测程序进行测试。

（5）光驱性能检查。

- 对于读盘能力差的故障，先考虑防病毒软件的影响，然后用随机光盘进行检测，如故障复现，更换维修，否则根据需要及所见的故障进行相应的处理；
- 必要时，通过刷新光驱的 firmware 检查光驱的故障现象是否消失（如由于光驱中放入了一张 CD 光盘，导致系统第一次启动时，光驱工作不正常，可尝试此方法）；

（6）操作系统中配置检查。

- 在操作系统下的应用软件能否支持当前所用光驱的技术规格；
- 设备管理器中的设置是否正确，IDE 通道的设置是否正确。必要时卸载光驱驱动重启，以便让操作系统重新识别。

【案例分析】

故障现象：硬盘的容量明明写的是 80GB，但在 Windows 的磁盘管理器中却显示只有 76GB 左右，或比这个更少。

故障分析与排除：硬盘生产商在标注一个硬盘的容量时，是以十进制的 1000 来表示，即 80GB 的硬盘容量，就是十进制的 80000000000B，但电脑只能用二进制数来表示任何量。也就是说，在电脑中表示“1000”实际上是 1024。这样就看到二进制 1000 比十进制的 1000 大了近 3%，也就是说二进制表示的同一个量，比十进制表示的量小了近 3%。而且这个差随着值得加大，误差会更大，设置相关近 10%。如 320GB 的硬盘，用二进制表示时只有 298GB，它们误差近 7%。

另外，在一些品牌电脑中为方便用户备份或简化安装操作系统的麻烦，一般都提供了诸如一键恢复等功能，这样会使客户在电脑中看到的容量更少。

所以，在确认硬盘是否真的与标称硬盘不符时，一要注意标称容量的十进制与二进制计算的不同，还要注意是否有一部分空间被电脑厂商隐藏为它用。在除去这些因素后，硬盘的实际大小仍比标称容量小很多，甚至大很多，在排除病毒的影响后，就应该认为是硬盘故障了。

16.2.6 显示应用类故障分析与排除

显示应用类故障是指显示系统自身的故障（显示器和显示卡等），以及相关的设置问题。

故障描述

可能的故障现象：

- 开机无显、显示器有时或经常不能加电；
- 显示偏色、抖动或滚动、显示发虚、花屏等；
- 在某种应用或配置下花屏、发暗（甚至黑屏）、重影、死机等；
- 屏幕参数不能设置或修改；
- 亮度或对比度不可调或范围小、屏幕大小或位置不能调节或范围较小；
- 休眠唤醒后显示异常；
- 显示器异味或有声音。

故障分析及排除步骤

（1）市电检查。

- 市电电压是否在 220V ± 10%、50Hz 或 60Hz，市电是否稳定；

- 其余参考加电类故障中有关市电检查部分。

（2）连接检查。

- 显示器与主机的连接牢靠、正确（特别注意，当有两个显示端口时，是否连接到正确的显示端口上）；电缆接头的针脚是否有变形、折断等现象，应注意检查显示电缆的质量是否完好；
- 显示器是否正确连接上市电，其电源指示是否正确（是否亮及颜色）；
- 显示设备的异常，是否与未接地线有关。

（3）周边及主机环境检查。

- 检查环境温、湿度是否与使用手册相符（如钻石珑管，要求的使用温度为 18～400°C）；
- 显示器加电后是否有异味、冒烟或异常声响（如爆裂声等）；
- 显示卡上的元器件是否有变形、变色，或温升过快的现象；
- 显示卡是否插好，可以通过重插、用橡皮或酒精擦拭显示卡（包括其他板卡）的金手指部分来检查；主机内的灰尘是否较多，进行清除；
- 周围环境中是否有干扰物存在（这些干扰物包括：日光灯、UPS、音箱、电吹风机、相靠太近（50 厘米以内）的其他显示器，以及其他大功率设备、线缆等）。注意显示器的摆放方向也可能由于地磁的影响而对显示设备产生干扰；
- 对于偏色、抖动等故障现象，可通过改变显示器的方向和位置，检查故障现象能否消失。注意：禁止带电搬动显示器及显示器方向，在断电后的一段时间内（2～3 分钟）也最好不要搬动显示器。

（4）观察指示灯。

主机加电后，是否有正常的自检与运行的动作（如有自检完成的鸣叫声、硬盘指示灯不停闪烁等），如有则重点检查显示器或显示卡。

（5）调整显示器与显示卡。

- 通过调节显示器的 OSD 选项，最好是恢复到 RECALL（出厂状态）状态来检查故障是否消失；
- 显示器的参数是否调得过高或过低（如 H/V-MOIRE，这是不能通过 RECALL 来恢复的）；
- 显示器各按扭可否调整，调整范围是否偏移显示器的规格要求；
- 显示器的异常声响或异常气味，是否超出了显示器技术规格的要求（如新显示器刚用之时，会有异常的气味；刚加电时由于消磁的原因而引起的响声、屏幕抖动等，但这些都属于正常现象）。

（6）BIOS 配置调整。

- BIOS 中的设置是否与当前使用的显示卡类型或显示器连接的位置匹配（即是用板载显示卡、还是外接显示卡；是 AGP 显示卡还是 PCI_E 显示卡）；
- 对于不支持自动分配显示内存的板载显示卡，需检查 BIOS 中显示内存的大小是否符合应用的需要。

（7）检查显示器/卡的驱动。

- 显示器/卡的驱动程序是否与显示设备匹配、版本是否恰当；
- 显示器的驱动是否正确，如果有厂家提供的驱动程序，最好使用厂家的驱动；
- 是否加载了合适的 Direct X 驱动（包括主板驱动）；

- 如果系统中装有 Direct X 驱动，可用其提供的 Dxdiag.exe 命令检查显示系统是否有故障，该程序还可用来对声卡设备进行检查。

（8）显示属性、资源的检查。

- 在设备管理器中检查是否有其他设备与显示卡有资源冲突的情况，如有先去除这些冲突的设备；
- 显示属性的设备是否恰当（如：不正确的监视器类型、刷新速率、分辨率和颜色深度等，会引起重影、模糊、花屏、抖动、甚至黑屏的现象）。

（9）操作系统配置与应用检查。

- 在系统中显示卡是否存在与其他设备的资源冲突（如中断、I/O 地址等）；
- 显示卡的技术规格或显示驱动的功能是否支持应用的需要；
- 是否存在其他软、硬件冲突。

（10）硬件检查。

- 当显示调整正常后，应逐个添加其他部件，以检查是何部件引起显示不正常；
- 通过更换不同型号的显示卡或显示器，检查是否存在它们之间的匹配问题；
- 通过更换相应的硬件检查是否由于硬件故障引起显示不正常（建议的更换顺序为显示卡、内存、主板）。

【案例分析】

故障现象：显示器总是在抖或闪烁。

故障分析与排除：对于这个问题来说，可以分为以下两种情况来讨论。

① 对于 LCD 显示器。

首先检查显示属性中显示器的属性设置是否正确，再检查显示器与电脑主机的连接是否正确、牢靠。排除这些因素后，考虑显示器故障，但对于集成显示卡，应检查内存是否有问题。

② 对于 CRT 显示器。

除了像LCD 显示器那样检查显示属性中的形式器属性设置是否正确及连接是否正确牢靠外，要重点检查或观察周围环境中的电磁干扰及摆放在桌面和环境是否稳固，有无震动源等。

16.2.7 多媒体应用类故障分析与排除

此类故障是指与多媒体播放、制作有关的软硬件故障。

故障描述

可能的故障现象：

① 播放 CD、VCD 或 DVD 等报错、死机；

② 播放多媒体软件时，有图像无声音或无图像有声音；

③ 播放声音时有杂音，声音异常、无声；

④ 声音过小或过大，且不能调节；

⑤ 不能录音、播放的录音杂音很大或声音较小；

⑥ 设备安装异常。

故障分析及排除步骤

（1）检查市电的电压是否在允许的范围内（220V ± 10%）。

（2）检查设备电源、数据线连接是否正确，插头是否完全插好，如音箱、视频盒的音/视频连线等，开关是否开启，音箱的音量是否调整到适当大小。

（3）观察操作方法是否正确。

（4）检查周围使用环境，有无大功率干扰设备，如空调、背投、大屏幕彩电、冰箱等大功率电器，如果有应与其保持相当的距离（50cm以上）。

（5）检查主板BIOS设置是否被调整，应将设置恢复出厂状态，特别检查CPU、内存是否被超频。

（6）对声音类故障（无声、噪音、单声道等），首先确认音箱是否有故障，方法为将音箱连接到其他音源（如录音机、随身听）上检测，声音输出是否正常，此时可以判定音箱是否有故障。

（7）检查是否由于未安装相应的插件或补丁，造成多媒体功能工作不正常。

（8）音频播放性能的检查。

- 对多媒体播放、制作类故障，如果故障是在不同的播放器下、播放不同的多媒体文件均复现，则应检查相关的系统设置（如声音设置、光驱属性设置、声卡驱动及设置），乃至检查相关的硬件是否有故障；
- 如果是在特定的播放器下才有故障，在其他播放器下正常，应从有问题的播放器软件着手，检查软件设置是否正确，是否能支持被播放文件的格式，可以重新安装或升级软件后，看故障是否排除；
- 如果故障是在重装系统、更换板卡、用系统恢复盘恢复系统、或使用一键恢复等情况下出现，应首先从板卡驱动安装入手检查，如驱动是否与相应设备匹配等；

（9）视频播放性能检查。

- 对于视频输入、输出相关的故障应首先检查视频应用软件采用信号制式设定是否正确，即应该与信号源（如有线电视信号）、信号终端（电视等）采用相同的制式，中国地区普遍为PAL制式；
- 进行视频导入时，应注意视频导入软件和声卡的音频输入设置是否相符，如软件中音频输入为MIC，则音频线接声卡的MIC口，且声卡的音频输入设置为MIC；

（10）系统检查。

- 当仅从光驱读取多媒体文件时出现故障，如播放DVD/VCD速度慢、不连贯等，先检查光驱的传输模式，应设为“DMA”方式；
- 检查有无第三方的软件，干扰系统的音视频功能的正常使用。例如杀毒软件会引起播放DVD/VCD速度慢、不连贯等；

（11）软件检查。

- 检查系统中是否有病毒；
- 检查声音/音频属性设置：音量的设定，是否使用数字音频等；
- 检查视频设置：视频属性中分辨率和色彩深度；
- 检查DirectX的版本，安装最新的DirectX，同时使用其提供的Dxdiag.exe程序，对声卡设备进行检查；
- 设备驱动检查：在WINDOWS下“系统——设备管理”中，检查多媒体相关的设备（显卡、声卡、视频卡等）是否正常，即不应存在有“？”或“！”等标识，设备驱动文件应完整。必要时，可通过卸载驱动再重新安装或进行驱动升级，对于说明书中注明必须手动安装的声卡设备，应按要求删除或直接覆盖安装（此时，不应让系统自动搜索，而是手动在设备列表中选取）；

- 如重装过系统，可能在装驱动时没有按正确步骤操作（如重启动等），导致系统显示设备正常，但实际驱动并没有正确工作，此时应重装驱动，方法可同上；
- 用系统恢复盘恢复系统、或使用一键恢复后有时会出现系统识别的设备不是实际使用的设备，而且在 WINDOWS 下“系统——设备管理”中不报错，这时必须仔细核对设备名称是否与实际的设备一致，不一致则重装驱动（如：更换过主板后声卡芯片与原来的不一致）；
- 重装驱动仍不能排除故障，应考虑是否有更新的驱动版本，应进行驱动升级、或安装补丁程序。

（12）硬件检查。

- 用内存检测程序检测内存部分是否有故障，考虑的硬件有主板和内存；
- 首先采用替换法检查与故障直接关联的板卡、设备。声音类的问题：声卡、音箱、主板上的音频接口跳线；显示类问题：显卡；视频输入、输出类问题：视频盒/卡；
- 当仅从光驱读取多媒体文件时出现故障，在软件设置无效时，用替换法确定光驱是否有故障；
- 对于有噪声问题，检查光驱的音频连线是否正确安装，音箱自身是否有问题，音箱电源适配器是否有故障，及其他匹配问题等；
- 用磁盘类故障判断方法，检测硬盘是否有故障；
- 采用替换法确定 CPU 是否有故障；
- 采用替换法确定主板是否有故障。

【案例分析】

故障现象：在 Windows 操作系统下，播放任何声音文件都无声音。

故障分析与排除：

第一，要确认电脑是否有播放声音的功能（即是否有声卡）。这个问题看起来很简单，却很容易忽视。

第二，在有声卡的情况下，要检查声卡的驱动、主板驱动是都已正确安装，Windows 中的相关服务（Windows Audio）是否被停用（默认应该是自动启动）；

第三，检查系统音量是否过小或静音；音频属性中系统默认的音频设备是否是当前设备；

第四，检查播放器安装是否正确，播放器与播放文件是否匹配；

第五，为了彻底排除软件问题，也可考虑重新安装操作系统测试；

第六，排除以上原因后，考虑硬件故障，主要是声卡故障。

16.2.8 设备应用类故障分析与排除

设备应用类故障主要涉及在对具体部件或使用具体部件时发生的故障，如对 USB 设备、键盘、鼠标、串行设备的使用时发生的各种故障。

故障描述

可能的故障现象：

① 键盘工作不正常、功能键不起作用；

② 鼠标工作不正常；

③ 不能打印或在某种操作系统下不能打印；

④ 打印时报错、死机；

⑤ 打印机未识别；

⑥ 在某个应用软件中不能打印；

⑦ 串行通信错误（如传输数据报错、丢数据、串口设备识别不到等）；

⑧ 使用 USB 设备不正常（如不能识别、USB 硬盘带不动，不能接多个 USB 设备等）；

⑨ 设备驱动程序无法安装或安装报错等。

故障分析及排除步骤

（1）连接及外观检查。

- 设备数据电缆接口是否与主机连接良好、针脚是否有弯曲、缺失、短接等现象；
- 对于一些品牌的 USB 硬盘，最好使用外接电源以使其更好地工作；
- 连接端口及相关控制电路是否有变形、变色现象；
- 连接用的电缆是否与所要连接的设备匹配。

（2）外设检查。

- 外接电源的适配器是否与设备匹配；
- 检查外接设备是否可加电（包括自带电源和从主机信号端口取电）；
- 更换一条数据线检查故障是否消失；
- 如果外接设备有自检等功能，可先行检验其是否为完好，也可将外接设备接至其他电脑上检测。

（3）尽可能简化系统，无关的外设先去掉。

（4）端口设置检查（BIOS 和操作系统两方面）。

- 检查主板 BIOS 设置是否正确，端口是否打开，工作模式是否正确。
- 通过更新 BIOS、更换不同品牌或不同芯片组主板，测试是否存在兼容问题。
- 检查系统中相应端口是否有资源冲突。接在端口上的外设驱动是否已安装，其设备属性是否与外接设备相适应。在设置正确的情况下，检测相应的硬件如主板等。
- 检查端口是否可在 DOS 使用，可通过接一外设或用下面介绍的端口检测工具检查。
- 对于串、并口等端口，须使用相应端口的专用短路环，配以相应的检测程序（推荐使用 AMI）进行检查。如果检测出有错误，则应更换相应的硬件。

（5）设备及驱动程序检查。

- 驱动重新安装时优先使用设备驱动自带的卸载程序。
- USB 设备、驱动、应用软件的安装顺序要严格按照使用说明操作。
- 对于打印机扫描仪等外设来说：

① 检查设备软件设置是否与实际使用的端口相对应，如 USB 打印机要设置 USB 端口输出；

② 在操作系统下，打印机等外设的驱动是否正确安装，对于打印机，是否设置为默认打印机；

③ 通过打印机的自检操作或打印测试页来检查打印设备是否正常，打印驱动及设置是否正确；

④ 检查在一些应用软件中是否有不当的设置，导致一些外设在此应用下工作不正常，如在一些应用下，设置了不当的热键组合使不能正常工作；

⑤ 检查主板等部件是否有故障；

⑥ 确认外设是有故障的。

【案例分析】

故障现象：将一个 USB 移动硬盘插入到电脑上时，系统中无任何反映，既不提示找到新硬件，也不报错。

故障分析与排除：对于此类故障，可按以下步骤进行。

（1）在磁盘管理中，查看相应的设备是否存在，如果存在，给其分配一个盘符即可；对于打印机等设备，要到设备管理器中的“通用串行总线控制器”是否有新增的 USB 控制器，如果存在，则说明驱动程序不正确。如果不存在，则考虑一下当前的操作系统是否支持（如：WinNT、Windows 98 第一版就不支持或不能很好地支持 USB 设备）；

（2）检查 USB 设备是否完全插入到电脑的端口中，并将设备从端口中拔下，过 10 秒钟再重新插好（也可换一个端口），检查故障是否消失（在拔下后不要立即重新插入）；

（3）如果 USB 设备是通过机箱前面板上的端口接入的，应检查前置端口的连接线是否连接正确、牢靠，也可将设备移到机箱后面的端口上接入；

（4）检查在 BOIS Setup 中相应的 USB 控制器是否被禁用，有的电脑 USB 控制器的设备还要使用主板上的相关跳线来设置，所以还要注意主板上的跳线是否设置正确；

（5）检查系统是否有问题，如有无病毒感染，也可通过安装一个干净的操作系统测试。

（6）如果通过以上操作仍不能解决问题，应考虑主板或前置板电路是否有故障。

16.3 习题

1. 防静电有哪些措施？
2. 计算机维修方法有哪些？
3. 常见的计算机故障有哪些？
4. 综述计算机维修技术规范在实际应用过程中的意义。

参 考 文 献

[1] 刘瑞新. 计算机组装与维护教程（第5版）.北京：机械工业出版社.2011.
[2] 谭浩强. PC组装与维护. 北京：清华大学出版社.2010.
[3] 成昊. 新概念计算机组装与维护教程（第6版）.北京：科学出版社.2011.
[4] 周洁波，王丁. 计算机组装与维护教程（第3版）. 北京：人民邮电出版社.2012.
[5] 郭江峰，姚素红. 计算机组装与维护实践教程. 北京：人民邮电出版社.2012.
[6] 王先国，韩晋艳. 计算机组装与维护教程（第4版）. 北京：清华大学出版社.2012.
[7] 陈锦玲. 计算机组装与维护. 北京：人民邮电出版社.2012.
[8] 王茂凌. 计算机组装与维护（第2版）. 北京：清华大学出版社.2009.
[9] 王刃峰. 计算机系统组装与维修教程. 北京：人民邮电出版社.2011.
[10] 沈玉书，杨晓云. 计算机组装与维护教程（第2版）. 北京：电子工业出版社. 2009.
[11] 刘志都. 计算机组装与维护教程. 武汉：武汉大学出版社. 2008.
[12] 候贻波. 计算机组装与维护实训教程. 北京：电子工业出版社.2013.
[13] 科教工作室. 电脑组装与维护（第2版）. 北京：清华大学出版社.2011.